JN491830

디지털공학실험

오성미디어

머 리 말

21세기 정보화 사회를 이끌어 나갈 문화혁명의 핵심 키워드는 '디지털(Digital)'이다. IMT-2000으로 대표되는 이동전화, 국내 TV 방송사에서 시험 서비스 중인 디지털 방송, 수백 개의 고화질 채널을 언제 어디서나 시청할 수 있는 디지털 위성방송, 그리고 위성방송과 인터넷에 의한 홈쇼핑, 홈뱅킹, 원격진료 등을 할 수 있는 기술의 원천은 디지털이다.

이 책은 디지털 공학에 관한 기초실험 및 응용실험에 관한 기본서로서 디지털 기초이론과 기본논리게이트, 조합논리회로, 순차논리회로, A/D, D/A 변환기 등에 관한 실험 실습 위주로 구성하여 디지털회로를 이해하고 응용력을 배양할 수 있도록 하였다. 따라서 전기, 전자, 정보통신, 컴퓨터 분야를 처음 시작하는 학생이나 디지털에 대한 실무적인 이해가 부족한 분들을 위하여 이론에 토대를 둔 디지털 시스템의 대한 이해를 돕고 실무 능력의 향상을 돕는데 그 목적이 있다.

본 교재는 실험 실습의 일괄성을 기하도록 가급적 TTL IC를 중점적으로 사용하였으며, TTL 중에서도 일반적으로 구입하기 쉽고, 쉽게 접할 수 있는 74LS×× 시리즈를 사용하였다.

그리고 학생들에게 매뉴얼의 사용법을 숙지시키기 위해 실험에 이용되는 논리회로도의 핀 번호는 삭제하였으니, 매뉴얼을 참조하여 회로를 구성하여야 한다. 이론 교재의 모든 것을 실습한다는 것은 짧은 시간에 불가능하므로 기본적인 사항만 다루었으며, 좀 더 복잡한 응용회로는 다른 교재를 참고하기 바란다.

부족하나마 디지털 분야를 배우고자 하는 독자들에게 조금이나마 도움이 되고자 심혈을 기울였으나, 미진한 부분이 많을 것으로 사료되며 미진한 부분이나 독자들에게 필요한 새로운 응용회로들은 계속 수정 보완해 나갈 것을 약속드리며, 많은 지도 편달을 바랍니다.

저자 씀

차 례

Ⅰ. 디지털공학 실습을 위한 기본 개념

1. 목적

본 장에서는 본격적인 실험에 앞서 디지털 실험장치, TTL IC 및 C-MOS IC의 사용법, 그리고 디지털 공학 실험을 위한 기초이론을 정립하고 이해함으로써 실험의 효과를 배가시키고자 하는데 그 목적이 있다.

2. 기초이론

(1) 집적 회로(Integrated Circuit)

집적회로(Integrated Circuit)는 반도체 소자를 집적하여 칩이라고 하는 부품 내에 회로화한 전자 부품의 총칭으로 매우 순도가 높은 실리콘의 칩 위에 트랜지스터, 다이오드, 저항, 콘덴서 등의 소자를 넣은 회로이다.

집적회로의 외관은 대부분 세라믹이나 플라스틱으로 덮여져 있다. 일반적으로 세라믹 패키지는 사용 온도 범위가 넓고 특성적으로도 엄격하게 되어 있어 군사용이나 우주 항공용 등의 특별한 곳에 사용된다.

집적회로는 그 집적도(실리콘 칩 위에 집적되는 소자의 수)에 따라서 다음과 같이 분류된다.

표 1 집적도에 따른 IC의 분류

분 류	소자의 수	용 도
SSI(Small Scale Integration)	100개 이하	단독게이트
MSI(Medium Scale Integration)	100～1,000	디코더, 가산기
LSI(Large Scale Integration)	1,000～100,000	프로세서, 메모리
VLSI(Very Large Scale Integration)	100,000～1,000,000	메모리어레이
ULSI(Ultra Large Scale Integration)	1,000,000개 이상	CPU(486, 펜티엄)

집적회로(IC)는 기능에 따라서 크게 두 세가지로 분류할 수 있다. 먼저 디지털 신호를 다루는 논리 IC, 메모리, 마이크로프로세서 등의 디지털 회로를 기본으로 하는 디지털 IC가 있고, 아날로그 신호를 다루는 연산 증폭기, 레귤레이터, 필터 등의 아날로그 IC(또는 Lenear IC), A/D, D/A 변환기 등의 디지털·아날로그 혼합형IC가 있다.

이중에서 현대에 가장 광범위하게 사용되는 디지털 IC는 다시 바이폴라 계와 MOS 계열로 나눌 수 있다.

- 바이폴라 계 - DTL, TTL, ECL
- MOS 계 - PMOS, NMOS, CMOS

① DTL(Diode Transistro Logic)

DTL은 다이오드와 트랜지스터를 사용하여 논리를 구성하고 있다. 표준의 논리 IC로서 처음으로 시리즈화 되었지만, 그 후에 값이 싸고 성능이 좋은 TTL이 등장함에 따라 점차 사용되지 않게 되어 , 현재는 제조하지 않고 있다.

② TTL(Transistor Transistor Logic)

TTL은 값이 싸서, 여러 메이커에서 다양한 IC가 제조되고 있다. TTL은 전자산업계의 매우 중요한 부분을 차지하여 여러 가지 형태로 사용되고 있다. 그러나 최근에는 빠른 속도의 TTL 이외는 CMOS로 바뀌어 가는 경향이 있다.

③ ECL(Emitter Coupled Logic)

ECL은 CML(Current Mode Logic)이라고 부르고, 이미터 결합에 의해 매우 고속 동작을 실현하고 있다. ECL은 주로 대형 전자 계산기의 CPU나 주변기기, 계측 분야 등 특히 고속 처리가 필요한 분야에서 사용된다.

④ PMOS(P channel Metal Oxide Semiconductor)

PMOS는 P채널의 MOS FET에 의해서 구성된다. 마이너스 전원을 필요로 하므로 현재에는 거의 사용되지 않는다.

⑤ NMOS(N channel Metal Oxide Semiconductor)

NMOS는 N 채널의 MOS-FET에 의해서 구성된다. CMOS와 비교해서 소비전력이 크기 때문에 점차 제조되지 않게 되어 왔다.

⑥ CMOS(Complementary Metal Oxide Semiconductor)

현재의 디지털 IC의 주류이다. 동작전원 범위가 넓고, 노이즈에 강하며, 특히 저소비 전력이므로, 전지로 동작시키는 전자 제품에는 대부분 이 CMOS가 사용되고 있으며, 특히 소형의 회로에 많이 사용되고 있다.

위에서 설명한 디지털 IC중에서 가장 보편적으로 사용되고 있는 TTL IC 계열에는 74시리즈, 74S(Schottky) 시리즈, 74LS(Low Power Schottky) 시리즈, 74F(Fast) 시리즈, 74ALS(Advanced Low Power Schottky) 시리즈 그리고 74AS(Advanced Schottky) 시리즈 등이 있다.

그리고 디지털 회로의 설계에 앞서 집적회로의 특성을 이해함으로서 실제 설계시에 적절한 논리게이트를 선택하여 적절하게 사용할 수 있을 것이다. 따라서 TTL IC의 일반적인 특성에 대하여 알아보면 다음과 같다.

① 허용 전압 범위

높은 전압을 V_H, 낮은 전압을 V_L 라고 할 때, 전압의 이상적인 크기는 V_H=5[V], V_L=0[0] 이다. 그러나 전압은 아날로그 양으로 집적회로가 동작하는데 필요한 최소한의 전압의 범위가 있다.

- V_{iH}= 높은 상태(H)를 위한 입력 전압의 범위 : 2~5[V]
- V_{iL}= 낮은 상태(L)를 위한 입력 전압의 범위 : 0~0.8[V]

*입력전압 0.8~2[V] 범위의 전압은 부정으로 H와 L상태가 아닌 임계전압으로 이 범위의 전압을 회로의 입력에 가하면 출력이 예측

하기 어렵기 때문에 가해서는 안되는 금지 입력이 된다.

- V_{oH}= 높은 상태(H)를 위한 출력 전압의 범위 : 2.4~5[V]
  (즉, IC가 H라고 판단할 수 있는 전압 범위)
- V_{oL}= 낮은 상태(L)를 위한 출력 전압의 범위 : 0~0.4[V]
  (즉, IC가 L라고 판단할 수 있는 전압 범위)

*출력전압 0.4~2.4[V] 범위의 전압은 부정으로 H와 L상태가 아닌 임계전압으로 불분명한 출력상태가 된다.

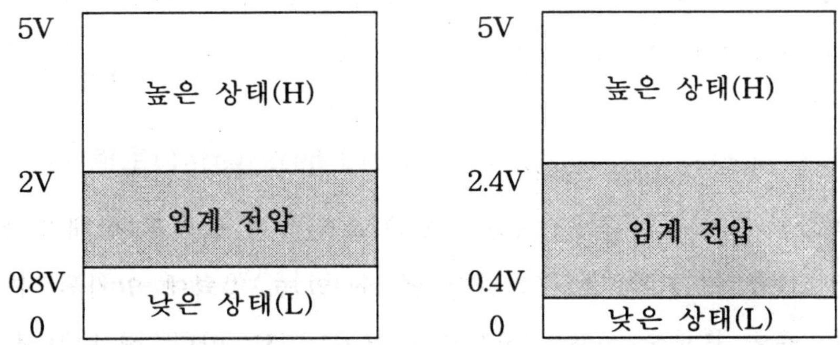

(a) 입력 전압 범위 (b) 출력 전압 범위

그림 1. TTL IC의 입력과 출력 전압 범위

② 팬 아웃(Fan-out)

한 논리 게이트의 정상적인 동작에 영향을 주지 않고, 게이트 출력에 접속시킬 수 있는 표준 부하의 수이다. 표준 부하는 동일 계열의 다른 게이트 입력이 필요로 하는 전류의 크기로서, 과도한 게이트의 접속은 정상적인 동작을 할 수 없게 한다. 또한 논리 계열의 팬인(fan-in)

은 논리 게이트가 허용하는 최대 입력수를 말한다.

③ 전력 소모(power dissipation)

게이트의 동작시 필요한 전력의 크기로 단위는 [㎽](milliwatt)이다.

④ 전달 지연시간(propagation delay time)

어떤 IC도 입력신호가 주어지고 나서 출력이 응답하기까지 지연이 생긴다. 즉 전달지연시간은 신호가 입력에서 출력으로 전달되는 평균 지연시간으로 그 단위는 [ns](nano-seconds)이다. 여러개의 게이트로 접속된 회로에서 전달지연시간은 각 게이트에서 소요되는 시간의 합이 되므로 고속의 동작시 각 게이트의 전달지연시간이 짧을수록 또한 게이트의 접속수가 적을수록 짧아진다.

⑤ 잡음 여유도(noise margin)

회로의 입력에 나타난 잡음 전압으로 인하여 출력의 상태가 잘못된 상태변화를 일으키지 않고 견디어 낼 수 있는, 입력에 인가될 수 있는 최대 잡음 전압으로 잡음 여유도의 크기는 [V] 이다. 예를 들면, 그림 2 (a)는 한 TTL 소자가 다른 TTL 소자를 동작시키는데 있어서 연결 선로에서 아무런 잡음 전압이 유기되지 않았을 경우에 TTL IC 는 정상적인 동작을 함을 나타낸다. 그러나 그림(b)는 TTL 소자간의 연결선로에 원치 않는 0.5[V]의 잡음 전압이 유기되었다. 이 때문에 두 번째 TTL 소자의 입력전압이 0.9[V]로 상승하게되므로 이 소자의 입력전압은 1의 상태도 아니고 0의 상태도 아닌 임계전압 범위에 위치하게 된다. 따라서 두 번째 소자의 출력상태는 불의의 변화로 오동작을 일으킬 수도 있다. 그러므로 낮은 상태(L)에서 잡음여유도 V_{nL}은

$$V_{nL} = V_{iL(\max)} - V_{oL(\max)}$$
$$= 0.8[V] - 0.3[V] = 0.5[V]$$

이다. 그러므로 그림 (b)에서의 잡음여유도는 0.5[V]이나 실제 인가된 잡음은 0.6[V]이므로 잡음여유도를 벗어나 결론적으로 오동작을 일으 키게 된다.

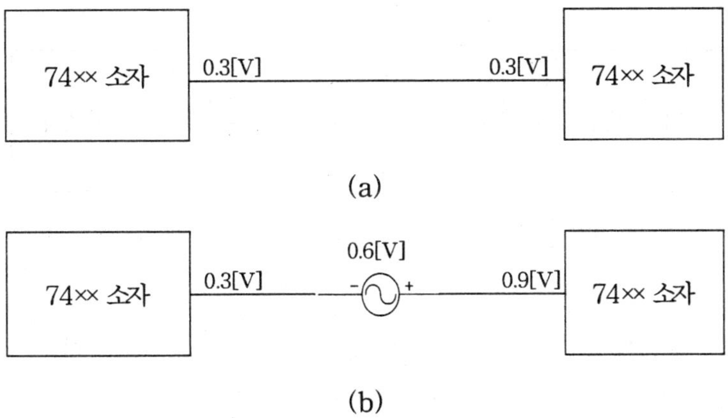

그림 2. TTL IC의 잡음에 의한 낮은 상태의 오동작

그림 3은 높은 상태(H)에서 원하지 않는 반대 극성의 잡음 0.6[V]가 유기되어 잘못된 상태 변화를 일으킨 예를 보여주고 있다. 즉 두 번째 단에서 높은 상태를 유지할 수 있는 최소입력전압 $V_{iH(\min)}$은 2.0[V]이지만 실제 연결선로에서 잡음에 의해 유기된 전압의 영향으로 두 번째 단에 입력되는 전압은 1.9[V]가 되었다. 따라서 이 소자의 입력전압은 임계전압 범위에 위치하게 되므로, 두 번째 소자의 출력상태는 불의의 변화로 오동작을 일으킬 수도 있다. 높은 상태(L)에서 잡음여유도 V_{nH}는

$$V_{nH} = V_{oH(\min)} - V_{iH(\min)}$$
$$= 2.5[V] - 2.0[V] = 0.5[V]$$

이다. 그러므로 그림 3의 잡음여유도는 0.5[V]이나 실제 인가된 잡음은 0.6[V]이므로 잡음여유도를 벗어나 결론적으로 오동작을 일으키게 된다.

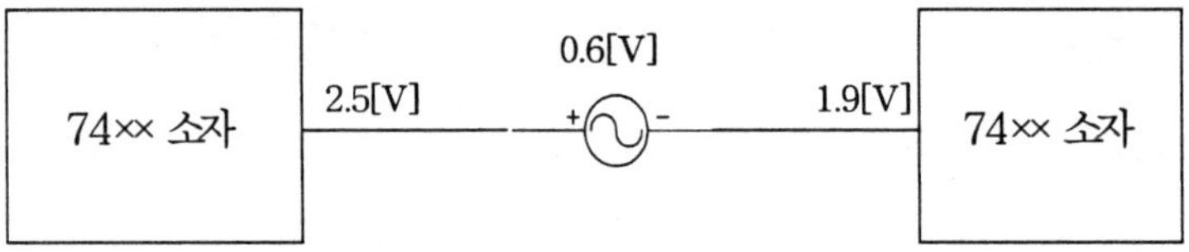

그림 3 TTL IC의 잡음에 의한 높은 상태의 오동작

표 2은 지금까지 논의한 디지털 IC의 특성을 나타내었다.

표 2 디지털 IC 특성 비교

구분		팬 아웃 [개]	전력소모량 [mW]	전달 지연시간 [ns]	잡음여유도 [V]
TTL	74××	10	10	10	0.4
	74S××	10	22	3	0.4
	74LS××	20	2	10	0.4
ECL		25	25	2	0.2
CMOS		50	0.1	25	3

참고로 ECL은 전력소모는 크고 잡음여유도가 적지만 전달지연시간이 2[ns]이므로 고속동작용에 적합하다. 그리고 CMOS는 소비전력이

적어 팬아웃은 50 정도이고 잡음여유도가 크지만 전달 지연시간이 크므로 고속의동작이 요구되는 시스템에서는 부적합하다. 그러나 최근에는 고속의 CMOS형도 출시되고 있는 추세이다.

⑥ 사용하지 않는 단자의 처리

IC를 사용할 경우, 사용하지 않는 단자에 대한 적절한 조치가 필요하다. 적절한 조치를 하지 않을 경우에는 오동작을 초래하거나, 심하면 IC를 파괴하는 경우도 있으므로 주의가 필요하다.

▸ TTL IC의 미사용 단자에 대한 조치

입출력을 모두 사용하지 않는 게이트에 대해서는 별도의 조치가 필요 없으나, 한 게이트의 많은 입력 가운데 일부 입력이 사용되지 않을 경우 GND 또는 V_{CC} 에 접속할 필요가 있다.

▸ C-MOS IC의 미사용 단자에 대한 조치

일부 입출력이 모두 사용되지 않는 게이트의 경우에는 TTL IC와 같은 조치가 필요하지만, 입출력이 모두 사용되지 않는 게이트의 경우에는 반드시 GND 또는 V_{CC} 에 접속할 필요가 있다. 그대로 방치하고 사용하게 되면 불필요한 큰 전류와 정전 파괴를 일으키는 경우가 있기 때문에 주의가 필요하다.

⑦ 디지털 논리회로 구성시 주의사항

- 회로간의 배선길이는 가능한 한 짧게 한다.
- 배선이 길어질 경우에는 트위스트 페어선을 이용한다.
- C-MOS IC는 정전기에 약하므로 보관시에 은박지 등으로 포장하며, 가급적 IC의 핀에 손이 닿지 않도록 한다.

- TTL IC의 전원 전압은 5V를 넘지 않도록 한다.
- TTL IC의 사용시 게이트의 입력 단자를 개방상태로 놓아두면 논리 1로 인식을 하지만, 노이즈의 영향으로 오동작을 일으킬 우려가 있으므로 +전원에 연결한다.

⑧ IC의 핀 번호

74 시리즈의 IC의 핀 번호를 읽는 방법은 위에서 보았을 때 반시계 방향을 1번부터 순차적으로 위치한다.

그림과 같이 1번 핀의 위치를 점으로 표시하던지 1번 핀과 마지막 핀 번호 사이에 index notch를 파 놓아서 1 번 핀의 위치를 표시하고 있다.

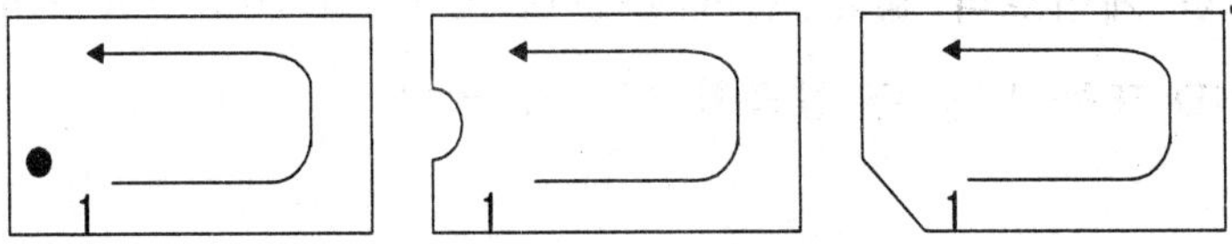

그림 4 IC의 1번 핀의 표시

(2) 디지털 실험장치(digital experiment system)

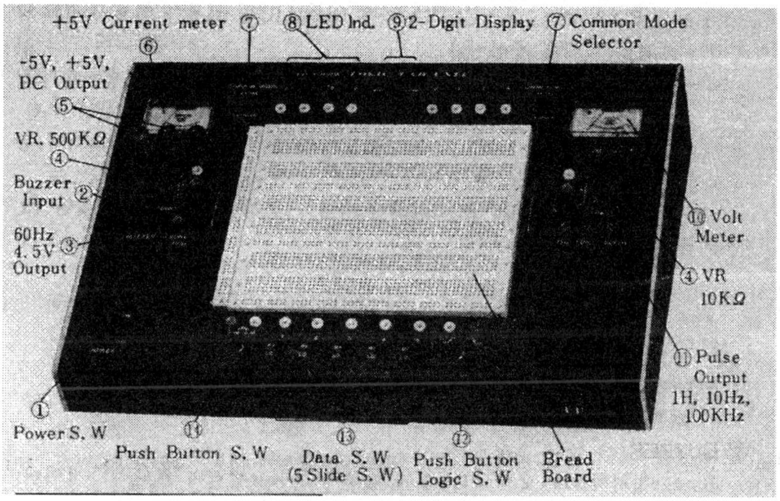

그림 5 디지틀 실험 장치

디지틀 실험장치의 구성은 그림 5와 같다.

실험기판은 저항, 콘덴서, 다이오드(diode), 트랜지스터(transistor), IC, 전자부품 및 연결선(lead wire) 등을 꽂을 수 있도록 구멍이 뚫려 있는 단위 구간 내에 세로로 배열된 구멍들은 서로 연결되고 있고, 전원과 접지를 위한 구멍들도 서로 연결되어 있다.

기판 주변에는 TTL 게이트의 ON-OFF 상태를 나타내는 스위치, TTL 게이트의 LED 표시기, 5[V]의 전원장치 외에 전류계·전압계·가변저항기 등 다수의 출력단자가 있다. 이들에 대한 각부의 명칭과 사용 방법에 대한 설명을 하도록 한다.

① Power S/W

AC 110[V] 또는 220[V]의 전원을 공급 또는 차단시키는 스위치이다.

② buzzer

· buzzer 입력 잭으로 2~5[V], 1[mA] 이하의 drive 전력에 의하여 동작한다. 즉, CMOS 와 같은 적은 drive 입력으로 동작한다.

· AC 5[V](rms)가 출력되며 이는 AC 60[Hz]를 이용하여 클록신호 및 time base 등으로 사용한다.

④ 가변저항 조절기(500[kΩ])

실험회로에서 시상수 가감 또는 입력 level 가변시 사용할 수 있다.

④ 가변저항조절기(10[kΩ])

실험회로에서 시상수 가감 또는 입력레벨 가변시 사용할 수 있다.

⑤ 직류 출력단자

DC +5[V]와 -5[V]의 전원을 디지틀 실험회로와 OP AMP 등에 공급한다.

⑥ 전류계(current meter)

+5[V] 단자에 직렬로 연결되어 있으며 이 +5[V]의 부하 전류를 나타낸다.

⑦ common mode selector

LED indicator의 입력극성을 선택하는 스위치이다. 입력이 “0”일 때 또는 TTL open collector 출력에서 LED에 불이 들어오게 하려면 common mode selector를 anode 쪽으로 전환하고, 또 입력이 “1”일 때

LED에 불이 들어오게 하려면 selector를 cathode쪽으로 접속되도록 한다.

⑧ LED indicator

좌우 각각 4개의 BCD 입출력이나 8비트 binary 입출력, 또는 개별적으로 디지틀 회로의 출력과 입력상태를 모니터(monitor)해 볼 수 있게 한다..

⑨ Hexadecimal number 디스플레이(2digit)

2 digit으로서 binary 입력에 따라 Hexadecimal number 0~9와 A~F까지 나타낸다.

⑩ 전압계(volt meter)

내부저항 100[kΩ]으로 0~15[V] 범위를 지시한다.

⑪ 펄스 출력단자

디지틀 회로에 필요한 클록펄스(clock pulse) 1[Hz], 10[Hz], 100[kHz]의 구형과 출력을 발생한다.

◎ bread board

그림 4에서와 같이 소켓보드(socket board) 위에 IC를 구성하고, 전원 소켓보드에는 접지와 전원을 공급한다.

⑫ 푸시버튼 로직 스위치(push button logic switch)

제어입력 등을 제공하는 스위치로 이 스위치를 누르면 positive edge (↗)와 negative edge(↘)의 trigger pulse를 출력한다.

⑬ 데이터 스위치(data switch)

5개의 side 스위치는 “0”과 “1”(Low와 High)의 logic level을 출력하는 스위치로 디지틀 회로의 데이터 입력이나 제어입력을 임의로 조작하면서 실험할 수 있다.

logic level을 출력하는 모든 스위치는 채터링 현상을 방지하기 위하여 특별히 설계된 로직 스위치를 로직펄서, 또는 디바운스드 스위치(debounced switch)라 한다.

⑫ 푸시버튼 스위치(push button switch)

푸시버튼 스위치는 접점이 ground common 되지 않은 floating 상태의 접점 출력을 나타낸다. 회로 중간에 직렬 삽입하여 ON-OFF조작을 시키는 데 사용한다.

Ⅱ.조합 논리회로
(Combinational Logic Circuits)

실험 1 AND, OR 및 NOT 게이트

1. 목적

(1) AND, OR, NOT 게이트의 동작을 이해한다.
(2) 진리표, 논리회로, 부울대수를 표현할 수 있는 능력을 배양한다.
(3) TTL 및 C-MOS IC의 사용법을 배운다.

2. 이론

논리 게이트(logic gate)는 디지털 회로에서 하나 또는 그 이상의 입력 신호선과 하나의 출력 신호선을 갖는 논리 회로를 말한다. 이러한 논리 게이트(logic gate)에는 AND 게이트, OR 게이트, NOT 게이트가 있으며 이들 게이트가 가장 기본적인 구성을 이룬다.

(1) AND 게이트

AND 게이트는 두 개 이상의 입력과 하나의 출력으로 구성되며, 입력이 모두 1이 되어야만 출력의 값이 1이 되는 논리 연산 기능을 갖는 회로이다.

그림 1-1(a)는 2입력 AND게이트의 논리 기호를 나타내며, (b)는 진리표, (c)는 타이밍 도를 나타낸다.

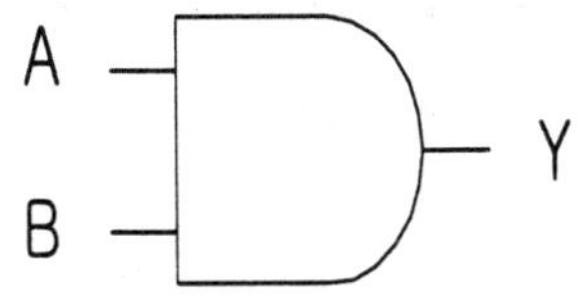

(a) 논리 기호

입 력		출 력
A	B	Y
0	0	0
0	1	0
1	0	0
1	1	1

(b) 진리표

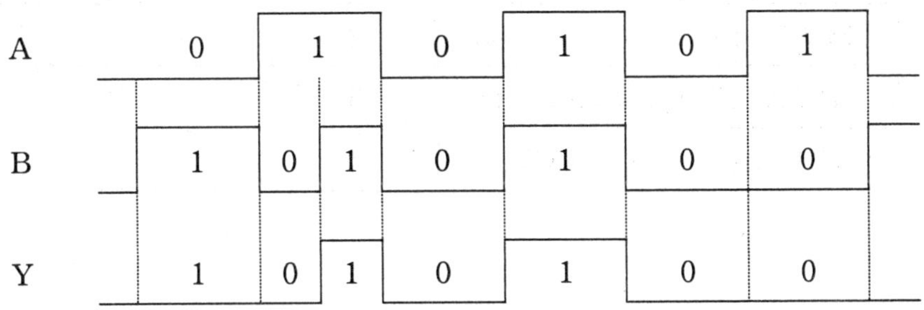

(c) 타이밍도

그림 1.1 AND 게이트

이러한 2 입력 AND게이트의 부울 대수식은 다음과 같다.

$$Y = A \cdot B = AB$$

위 논리식의 표현 방법은 “Y는 A AND B 이다” 혹은 “Y는 A와 B의 논리적(logical product)이다”라고 읽는다.

그리고 AND 연산은 논리곱셈과 같은 것으로

$$0 \cdot 0 = 0$$
$$0 \cdot 1 = 0$$
$$1 \cdot 0 = 0$$
$$1 \cdot 1 = 1$$

가 성립한다.

현재 일반적으로 많이 사용되고 있는 대표적인 디지털 IC의 TTL과 CMOS AND 게이트 소자는 다음 표 1-1 과 같다.

표 1-1. TTL과 CMOS IC의 AND 게이트

TTL IC	CMOS IC	입력 수	패키지당 gate 수
74LS08, 09	4081 74C08	2	4
74LS11, 15	4073 74C11	3	3
74LS21,	4082	4	2

(2) OR gate

OR 게이트는 입력 중 하나 이상의 입력에 논리 1이 가해지면 1이 출력되는 논리 회로이다. 그림 1-2의 (a)는 2개의 입력 단자를 갖는 OR게이트의 논리 기호를 나타내며 (b)는 진리표, (c)는 타이밍도를 나타낸다.

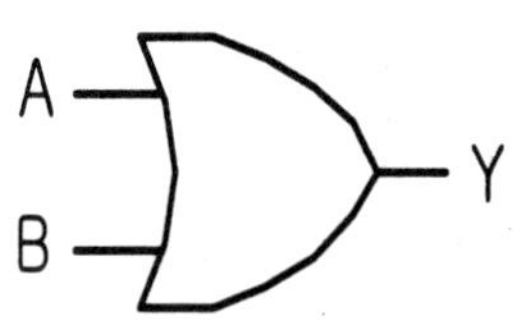

(a) 논리 기호

입력		출력
A	B	Y
0	0	0
0	1	1
1	0	1
1	1	1

(b) 진리표

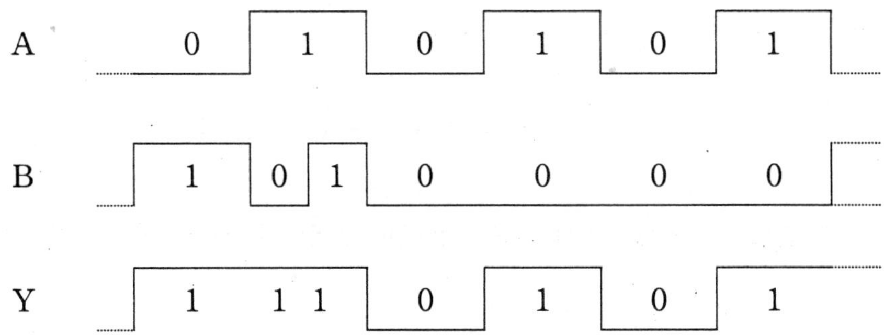

(c) 타이밍도

그림 1-2. 2입력 OR 게이트

2개의 입력을 갖는 OR 게이트에서 입력이 각각 A, B이고 출력을 Y라고 할 때 2입력 OR 게이트의 부울대수식은

$$Y = A + B$$

와 같으며, 여기서 기호 '+'는 더하기를 나타내는 것이 아니고 OR 연산을 의미한다. "Y=A+B"를 읽을 때에는 "Y는 A OR B 이다" 또는 "Y는 A와 B의 논리합(logical sum)이다"라고 읽는다.

그리고 OR 게이트의 연산은 진리표 중에서 3개는 논리합과 같으며,

$$0 + 0 = 0$$
$$0 + 1 = 1$$
$$1 + 0 = 1$$

네 번째 즉,

$$1 + 1 = 1$$

은 자리올림수를 나타낸 결과와 같다.

그림 1-3 (a)에서 3개의 입력을 갖는 OR 게이트는 2^3 = 8개의 입력

상태가 있을 수 있으며, 부울식은

$$X = A + B + C$$

으로 표현할 수 있다. 이때 모든 입력이 0 일 때 만 출력은 0이 된다.

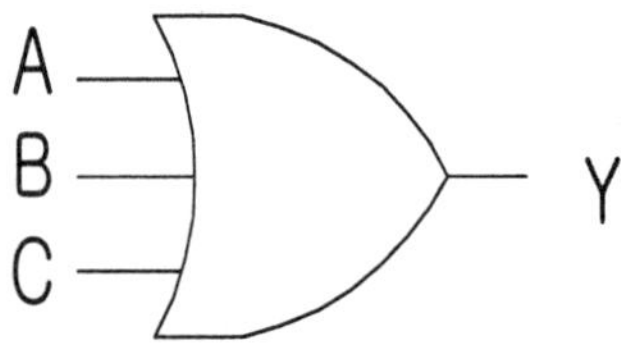

a) 논리 기호

입 력			출 력
A	B	C	Y
0	0	0	0
0	0	1	1
0	1	0	1
0	1	1	1
1	0	0	1
1	0	1	1
1	1	0	1
1	1	1	1

(b) 진리표

그림 1-3. 3입력 OR 게이트

현재 일반적으로 많이 사용되고 있는 대표적인 디지털 IC의 TTL 과 CMOS OR 게이트 소자는 다음 표 1-2와 같다.

표 1-2. TTL과 CMOS OR 게이트

TTL IC	CMOS IC즈	입력 수	패키지당 gate 수
74LS32	4071 74C32	2	4
-	4075	3	3
-	4072	4	2

(3) NOT 게이트

NOT 게이트는 입력 신호를 부정(not)하여 입력과 반대의 출력 논리 연산 기능을 갖는 회로로 정의되며, 단일입력 즉, 하나의 입력과 하나의 출력만을 갖는 모든 논리 함수들의 가장 간단한 형태이다.

NOT 게이트를 인버트(invert) 혹은 부정회로(complementing circuit)라고도 한다.

그림 1-4은 NOT 게이트의 논리 기호(a), 진리표(truth table)(b), 그리고 타이밍도(c)를 나타내고 있다.

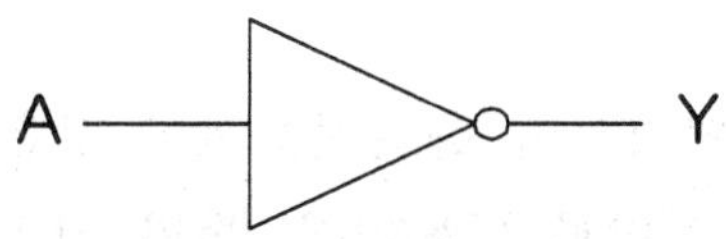

(a) 논리 기호

입 력	출 력
A	Y
0	1
1	0

(b) 진리표

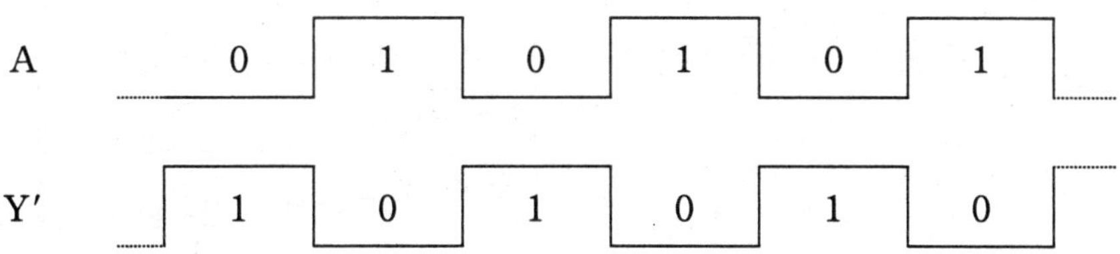

(c) 타이밍도

그림 1-4. NOT 게이트

위의 그림 1-4(a)의 기호에서 삼각형은 증폭기를 표시하며 출력 부분의 작은 원은 신호의 반전을 의미한다.

NOT 게이트를 부울 대수로 표현하면 다음과 같다.

$$Y = A' \text{ 혹은 } Y = \overline{A}$$

여기서 (′) 또는 (-) 기호는 NOT 동작을 표시하는 것으로서 어떤 변수 값의 역 또는 보수(complement)를 의미한다. 그러므로 Y = $\overline{A}$를 읽을 때는 "Y는 A가 아니다" 또는 " Y는 A의 역이다" 혹은 "Y는 A의 보수이다"라고 읽는다.

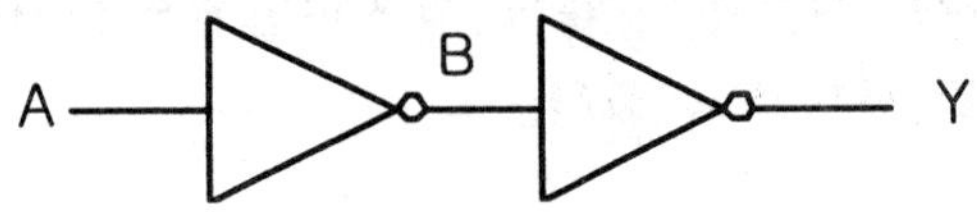

그림 1-5. NOT 게이트의 직렬 연결

한편, NOT 게이트 2개를 직렬로 연결하면 출력신호선의 값은 입력과 같다. 이것을 버퍼(buffer)라고 하며, 버퍼의 논리식, 논리 기호와 진리표는 그림 1-6.과 같다. 이러한 버퍼는 디지털 파형을 깨끗한 재생한다든지 보다 큰 출력의 전압 및 전류를 전달하려고 할 때에 사용된다.

$$Y = A = \overline{\overline{A}}$$

(a) 논리식

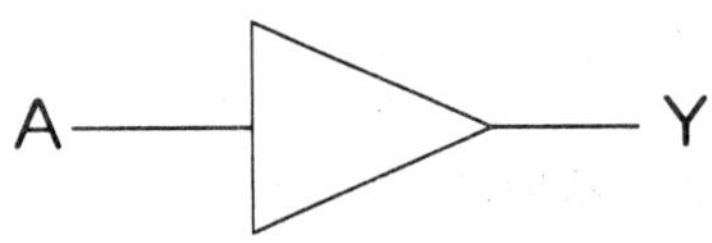

(b) 논리 기호

입 력	출 력
A	Y
0	0
1	1

(c) 진리표

그림 1-6. 버퍼(buffer)

현재 일반적으로 많이 사용되고 있는 대표적인 디지털 IC인 TTL과

CMOS형의 NOT 및 버퍼 게이트 소자는 다음 표 1-3과 같다.

표 1-3. TTL과 CMOS형의 NOT 및 버퍼 게이트

종류	TTL IC	CMOS IC	입력 수	패키지당 gate 수
NOT	74LS04 74LS05(OC)	4009, 4049, 4069 74C04	1	6
버퍼	74LS07, 34, 359(OC)	4010, 4050 74HC07	1	6

3. 사용기기 및 부품

구분	품 명	규 격	수량	비 고
사용 기기	논리회로실험장치		1	
	오실로스코프		1	
	멀티미터		1	
부품	TTL IC	7404, 7406, 7408, 7432,		
	C-MOS IC	4081, 4071, 4069,		

4. 실험순서

(1) 그림 1-7과 같은 AND 게이트 회로를 구성하고, 표 1-4와 같이 입력상태를 설정하여 멀티 미터로 출력 전압을 측정하시오.

(단, 앞으로 별도의 언급이 없어도 IC의 전원을 먼저 공급한다. 예를 들어, 74LS08의 경우에 14번 핀은 +5[V], 7번 핀은 GND에 접속한다.)

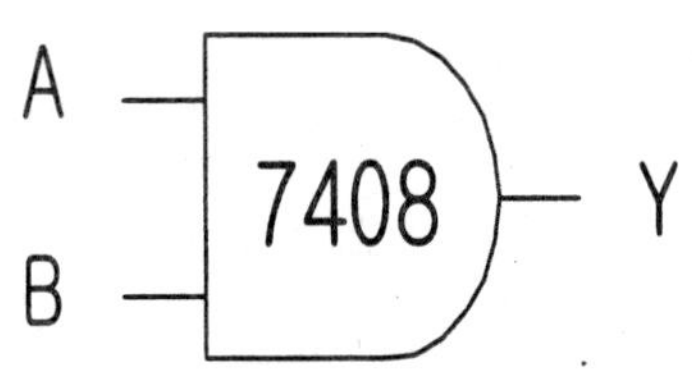

그림 1-7 TTL IC

입력		출력
A	B	Y
0	0	
0	+5	
+5	0	
+5	+5	

표 1-4

(2) 이번에는 C-MOS 타입의 AND 게이트인 4081을 사용하여 실험 과

정 (1)을 반복하시오.

> ◆ C-MOS IC 사용시 주의사항
> 1. 가능한한 손으로 직접 핀을 만지지 않도록 한다.
> 2. 사용하지 않는 게이트의 입력단자는 모두 GND 또는 V_{CC} 에 접속해 두어야 한다.

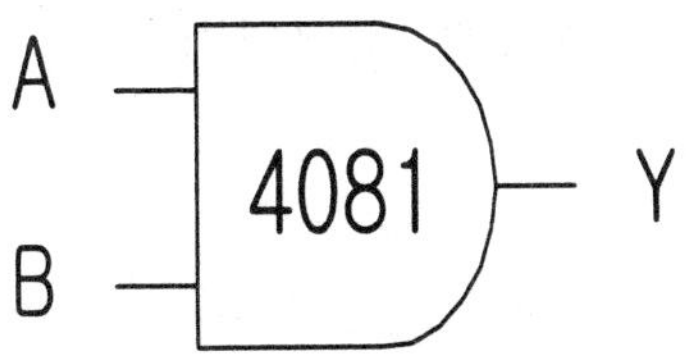

그림 1-8 C-MOS IC

입 력		출력
A	B	Y
0	0	
0	+5	
+5	0	
+5	+5	

표 1-5

(3) 그림 1-9와 같이 TTL형과 C-MOS 형의 OR 게이트 회로를 구성하고, 표 1-6과 같이 입력상태를 설정하여 멀티미터로 출력 전압을 측정하시오.

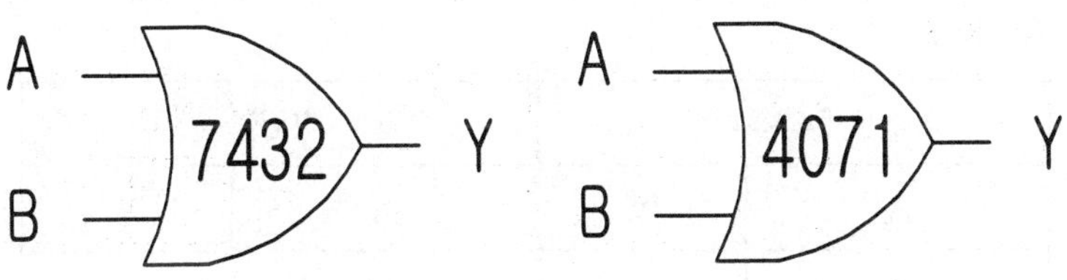

(a) TTL IC (b) C-MOS IC

그림 1-9 OR 게이트

표 1-6

7432			4071		
A	B	Y	A	B	Y
0	0		0	0	
0	+5		0	+5	
+5	0		+5	0	
+5	+5		+5	+5	

(4) 그림 1-10과 같이 TTL형과 C-MOS 형의 NOT 게이트 회로를 구성하고, 표 1-7과 같이 입력상태를 설정하여 멀티미터로 출력 전압을 측정하시오.

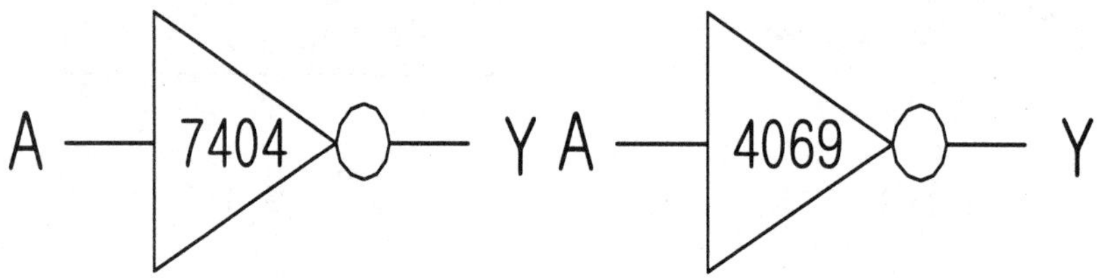

(a) TTL IC (b) C-MOS IC

그림 1-10 NOT 게이트

표 1-7

7404		4069	
A	Y	A	Y
0		0	
+5		+5	

(5) 그림 1-11과 같은 논리 회로를 구성하고, 표 1-7과 같이 입력 상태를 설정하여 멀티미터로 출력 전압을 측정하시오.

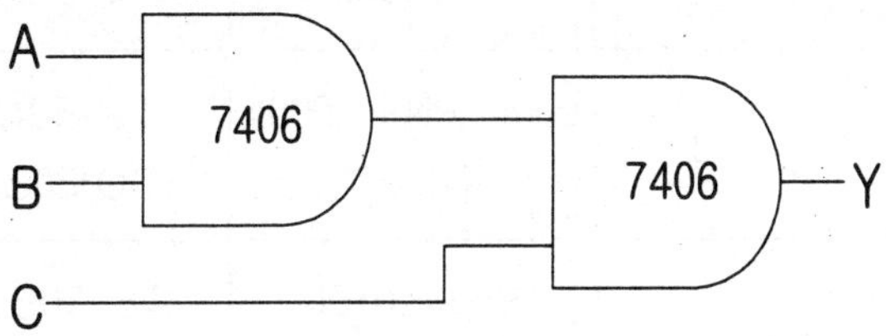

그림 1-11

표 1-8

입 력			출 력
A	B	C	Y
0	0	0	
0	0	+5	
0	+5	0	
0	+5	+5	
+5	0	0	
+5	0	+5	
+5	+5	0	
+5	+5	+5	

5. 실험 결과보고서

실습제목	실험 1. AND, OR 및 NOT 게이트		
실습일자		실습장소	
학 번	(조)	성 명	

(1) 표 1-4

입 력		출력
A	B	Y
0	0	
0	+5	
+5	0	
+5	+5	

(2) 표 1-5

입 력		출력
A	B	Y
0	0	
0	+5	
+5	0	
+5	+5	

(3) 표 1-6

7432			4071		
A	B	Y	A	B	Y
0	0		0	0	
0	+5		0	+5	
+5	0		+5	0	
+5	+5		+5	+5	

(4) 표 1-7

7404		4069	
A	Y	A	Y
0		0	
+5		+5	

(5) 표 1-8

입 력			출 력
A	B	C	Y
0	0	0	
0	0	+5	
0	+5	0	
0	+5	+5	
+5	0	0	
+5	0	+5	
+5	+5	0	
+5	+5	+5	

[검토 및 고찰]

(1) 각 실험에서 입력과 출력값을 0은 0으로, +5는 1로 표시한 논리 레벨로 바꾸어 진리표를 작성하시오.

(2) 각 실험에서 입력과 출력의 관계를 부울 대수식으로 표현하시오.

(3) 74×× IC 와 40×× IC를 이용한 실험에서 구한 출력의 차이점을 쓰시오.

(4) 실험 (5)의 결과를 보고 어떤 게이트와 같은지를 설명하시오.

(5) 고찰

실험 2 NAND 게이트와 NOR게이트

1. 목적

(1) NAND와 NOR 게이트의 동작을 이해한다.

(2) AND, OR 및 NOT 게이트를 이용하여 NAND와 NOR 게이트를 구성한다.

(3) 개방 컬렉터(open-collector) 소자와 Wired 논리에 대하여 이해한다.

2. 이론

(1) NAND 게이트

NAND 게이트는 값싸고 다양하게 응용할 수 있어 디지털 시스템에서 가장 널리 사용되는 게이트 중의 하나이다.

NAND 게이트는 AND 게이트와 NOT 게이트를 결합한 회로로서 AND 함수의 역의 출력을 갖는다. 그림 2-1은 2입력 NAND 게이트의 논리 기호(a), 진리표(b), 타이밍도(c)를 나타낸다.

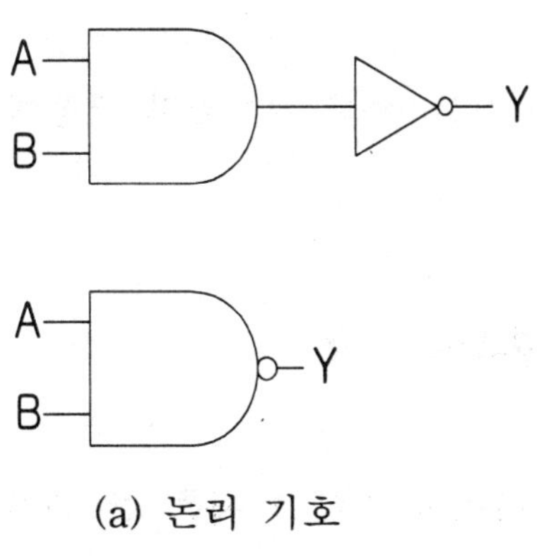

(a) 논리 기호

입력		출력
A	B	Y
0	0	1
0	1	1
1	0	1
1	1	0

(b) 진리표

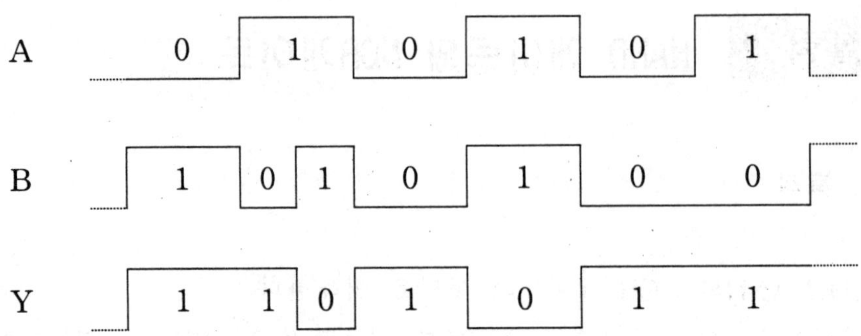

(c) 타이밍도

그림 2-1 NAND 게이트

NAND 게이트의 동작은 입력의 수에 관계없이 모든 입력이 1 일 때 만 출력 값이 0이 되고, 기타 입력의 조합에 대해서는 1이 된다.

NAND 논리의 부울 대수식은 다음과 같이 표시된다.

$$Y=\overline{A \cdot B}$$

한편, AND, OR, NOT 게이트를 NAND게이트나 NOT 게이트로 표현할 수 있다. 여기서 AND, OR, NOT 게이트는 모든 논리회로를 만들어낼 수 있는 기본적인 구성 블록으로 생각할 수 있으므로, NAND나 NOT 회로만으로도 어떠한 논리회로도 구성해 낼 수 있다. 이러한 논리게이트를 만능구성블럭이라 한다.

지금부터 NAND 게이트를 이용한 기본 논리 게이트의 구성에 대하여 설명하고자 한다.

① NAND게이트를 이용한 NOT 게이트 구성

그림 2-2와 같이 2입력 NAND게이트의 입력 단자를 한 단자로 묶

어서 연결한다면 출력은 입력이 반전된 것과 같이 되어 NOT 게이트와 동일한 동작을 한다.

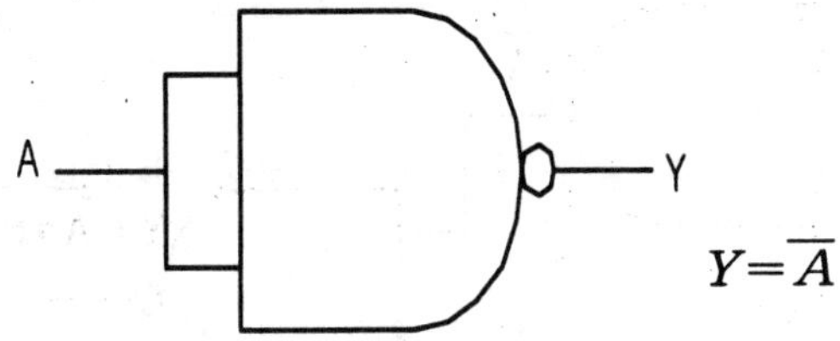

그림 2-2 NAND 게이트에 의한 NOT 동작

② NAND 게이트를 이용한 AND 동작

그림 2-3과 같이 2개의 NAND게이트를 직렬로 연결한다면 첫 번째 단의 NAND게이트는 2입력 NAND게이트 기능을 수행하고 두 번째 단의 NAND게이트는 NOT 기능을 수행한다. 그러므로 최종 단의 출력은 AND 게이트의 출력과 동일하다.

$$Y=\overline{\overline{A \cdot B}}=A \cdot B$$

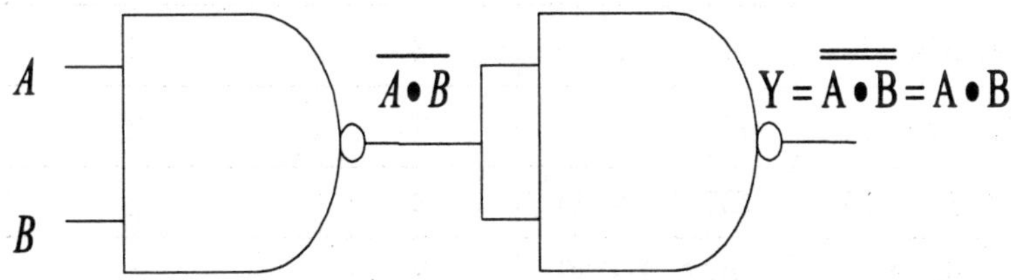

그림 2-3 NAND 게이트에 의한 AND 동작

③ NAND게이트를 이용한 OR 동작

그림 2-4는 NOT의 기능을 하는 NAND게이트 2개를 2입력 NAND

게이트의 입력 단자에 각각 연결한 것이다. 그러므로 이 회로는 OR 게이트와 동등한 기능을 갖는다.

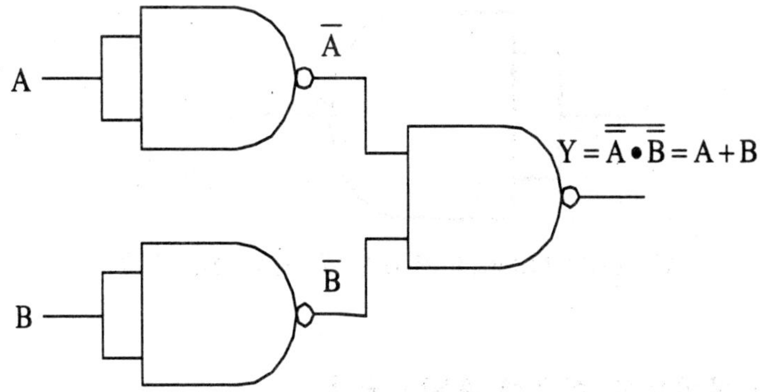

그림 2-4 NAND 게이트에 의한 OR 동작

현재 일반적으로 많이 사용되고 있는 대표적인 디지털 IC중 TTL IC와 CMOS IC의 NAND 게이트 소자는 다음 표 2-1과 같다.

표 2-1 TTL과 CMOS IC의 NAND 게이트

TTL 시리즈	CMOS 시리즈	입력 수	패키지당 gate 수
74LS00, 01	4011, 74C00	2	4
74LS10, 12	4023, 74C10	3	3
74LS20, 22	4012, 74C20	4	2
74LS30	4068, 74C30	8	1
74LS132	-	12	1
74LS133	-	13	1

(2) NOR 게이트

NOR 게이트는 NOT-OR 즉, "OR의 부정(NOT)이다"라는 의미를 가진 논리 회로로서 OR 게이트와 NOT 게이트를 결합한 회로이다.

그림 2-5는 2입력 NOR 게이트의 논리 기호, 진리표, 그리고 타이밍도를 나타낸다. 그림 2-5의 논리기호(a)에서 출력측에 그려진 작은 원은 NOT를 의미하는 것이다. 이처럼 OR 게이트의 출력을 반전한 것과 동일한 결과를 나타내는 게이트를 NOR 게이트라고 한다.

즉, NOR 게이트의 동작은

- 입력이 모두 0 일 때만 출력은 1이 되고
- 입력 중에서 하나라도 논리 1을 가지면 출력은 0이 되고, 기타 나머지 입력의 조합에 대해서는 0이 된다.

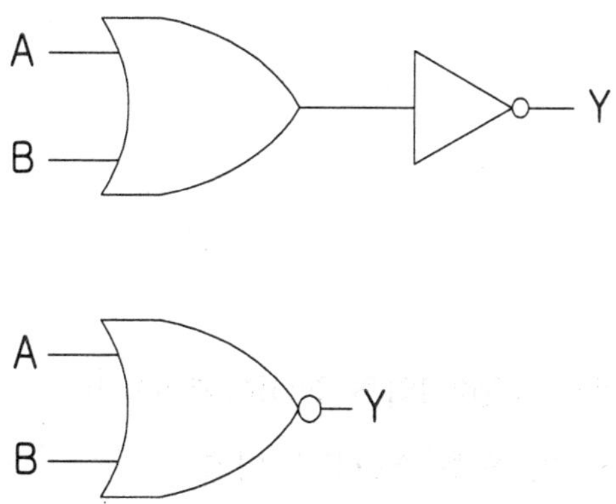

(a) 논리 기호

입 력		출 력
A	B	Y
0	0	1
0	1	0
1	0	0
1	1	0

(b) 진리표

$$Y=\overline{A+B}$$

(c) 논리식

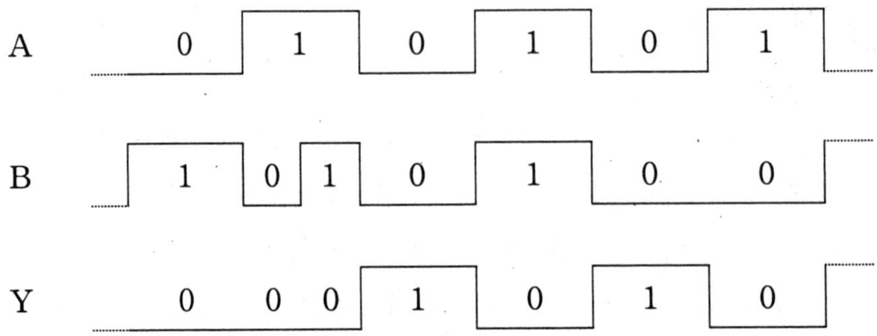

(d) 타이밍 도

그림 2-5 NOR 게이트

① NOR 게이트를 이용한 NOT

그림 2-6과 같이 2입력 또는 3입력 NOR게이트의 입력 단자를 한 단자로 묶어서 연결한다면 출력은 입력이 반전된 것과 같이 되므로, 결국 NOT 게이트와 동일한 동작을 한다.

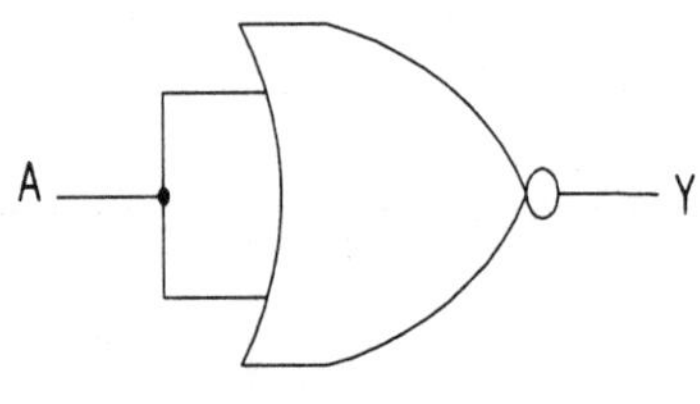

(a) 2입력 NOR 게이트

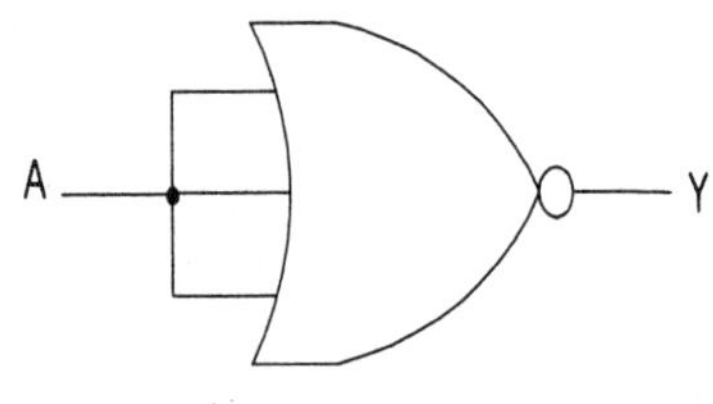

(b) 3입력 NOR 게이트

그림 2-6 NOR 게이트에 의한 NOT 게이트

② NOR 게이트를 이용한 OR 동작

그림 2-7과 같이 2개의 NOR 게이트를 직렬로 연결한다면 마지막 단의 출력은 OR 게이트의 출력과 동일하다.

$$Y = ((\overline{\overline{A+B}}))$$

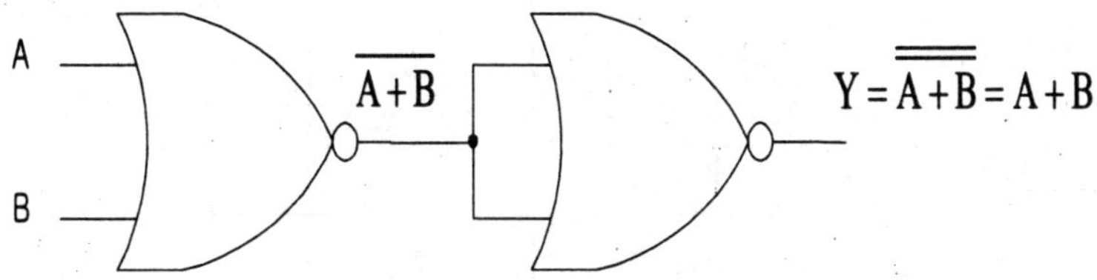

그림 2-7 NOR 게이트에 의한 OR 동작

③ NOR 게이트를 이용한 AND 동작

그림 2-8 논리회로는 AND 게이트와 동일한 기능을 갖는다.

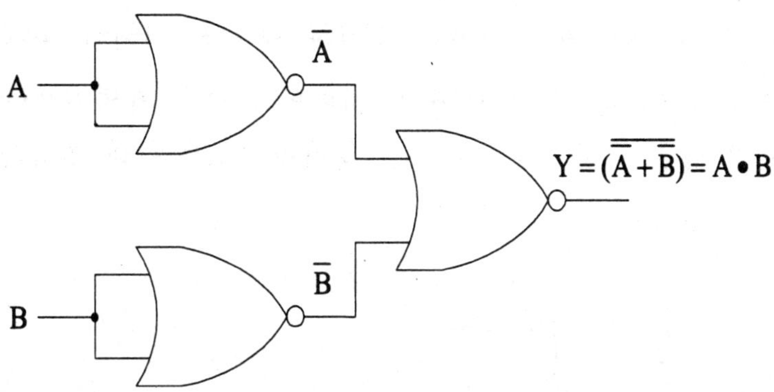

$$Y = ((\overline{\overline{A}+\overline{B}})) = A \cdot B$$

그림 2-8 NOR 게이트에 의한 AND 동작

현재 일반적으로 많이 사용되고 있는 대표적인 디지털 IC의 TTL과 CMOS NOR 게이트 소자는 표 2-2와 같다.

표 2-2 TTL과 CMOS NOR 게이트

TTL 시리즈	CMOS 시리즈	입력 수	패키지당 gate 수
74LS02	4001, 74C02	2	4
74LS27	4025	3	3
-	4002	4	2
74LS260	-	5	2

(3) 개방 컬렉터(open-collector) 소자 및 Wired 논리

디지털 시스템 설계시에 가장 많이 사용하는 TTL 소자중의 일부는 외부의 출력단에 풀업저항(pullup resistor)을 연결해 주기전에는 정상적인 게이트회로로 동작하지 못하는 소자가 있는데, 이러한 소자를 개방컬렉터(open-collector) 소자라 한다. 이러한 소자는 개방컬렉터 출력단을 사용하기 때문에 반드시 출력단에 풀업저항을 연결해 주어야만 정상적인 동작을 한다.

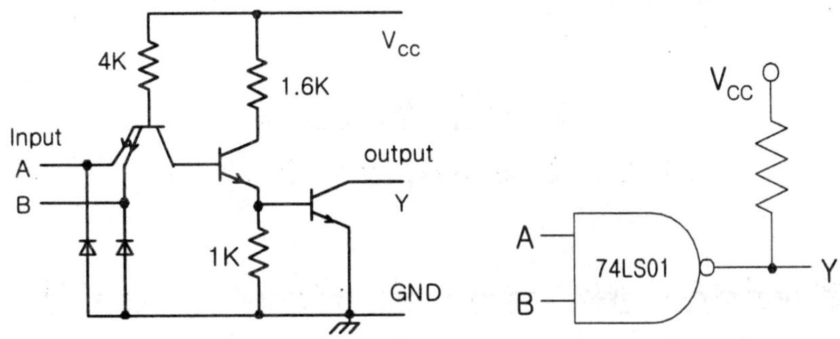

(a) 74LS01의 내부구조　　(b) 외부 풀업저항을 연결한 NAND 게이트

그림 2-9 74LS01(개방 컬렉터형 TTL 소자)

그림 2-9는 개방 컬렉터형 TTL 소자(a)와 풀업저항(b)을 연결하여 정상적인 동작이 가능한 게이트를 보여주고 있다.

개방 컬렉터 소자는 출력단을 함께 모아서 공통 풀업저항에 연결해 쓸 수 있는 장점이 있다. 이렇게 게이트의 출력단들을 직접 선으로 연결하면 연결된 선에서 AND 논리 작용이 일어나므로 별도의 AND게이트를 따로 사용하지 않아도 된다.

이와 같이 논리 회로를 만들 때 트랜지스터나 다이오드 등의 논리 소자를 이용하지 않고 선을 직접 연결함으로써 게이트의 기능을 할 수 있도록 한 논리회로를 wired-logic이라고 한다. 이것은 필요한 게이트 수가 감소하므로 비용을 절감하고 회로 기판의 면적도 덜 차지한다. 그러나 일반적인 TTL 논리 회로에서는 출력선들을 직접 묶으면 회로 소자가 파괴되므로 개방 콜렉터(open collector)나 3상태(tri-state) 특성을 가지는 출력선에만 사용할 수 있다.

그림 2-10(a)는 2개의 NAND 게이트 출력단에 공통풀업저항이 연결된 것을 보여주고 있다.

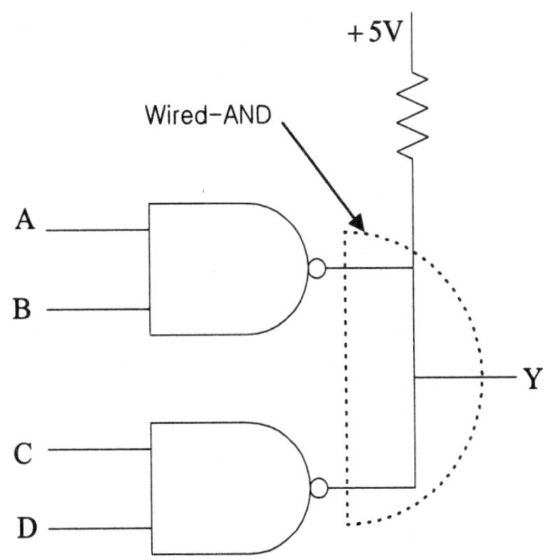

그림 2-10 wired-AND 게이트

그러므로 NAND 게이트의 출력단은 풀업저항에 의해 모든 게이트의 출력전압이 높은 상태일 경우에만 1의 논리값을 유지하고, 어느 하나의 NAND 게이트의 출력단이라도 낮은 전압 상태이면 전체 출력은 0의 논리값을 가진다. 이와 같이 AND 동작이 배선의 직접적인 연결에 의해 나타나므로, 이것을 와이어드AND(wired-AND) 라고 부른다.

그림 2-10의 부울 대수식은 다음과 같다.

$$Y = \overline{A \cdot B}\ \overline{C \cdot D}$$

참고로 TTL 소자의 규격표에는 개방콜렉터형 소자에 대한 별도의 표시를 영문 이니셜 OC(Open Collector)로 나타내고 있다.

- 74LS01 : Quad 2 Input NAND with OC
- 74LS05 : Hex Inverter with OC

3. 사용기기 및 부품

구분	품 명	규 격	수량	비 고
사용기기	논리회로실험장치		1	
	오실로스코프		1	
	멀티미터		1	
부품	TTL IC	7400, 7401, 7402, 7404, 7408, 7432,	각 1	
	C-MOS IC	4001, 4011	각 1	
	저항	330Ω	1	

4. 실험순서

(1) 그림 2-12와 같은 AND 게이트 회로를 구성하고, 표 2-3과 같이 입력상태를 설정하여 멀티 미터로 출력 전압을 측정하시오.

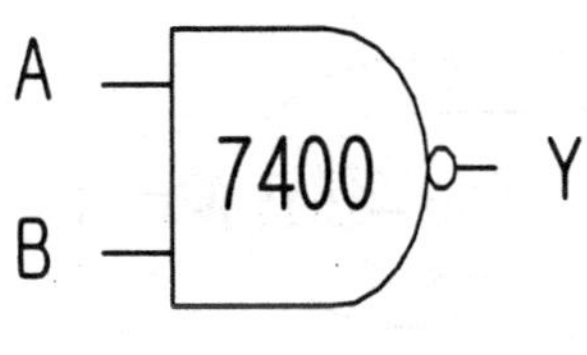

그림 2-12 TTL IC

입력		출력
A	B	Y
0	0	
0	+5	
+5	0	
+5	+5	

표 2-3

(2) 이번에는 C-MOS 타입의 NAND 게이트인 4011을 사용하여 실험과정 (1)을 반복하시오.

◆ C-MOS IC 사용시 주의사항
1. 가능한한 손으로 직접 핀을 만지지 않도록 한다.
2. 사용하지 않는 게이트의 입력단자는 모두 GND 또는 V_{CC} 에 접속해 두어야 한다.

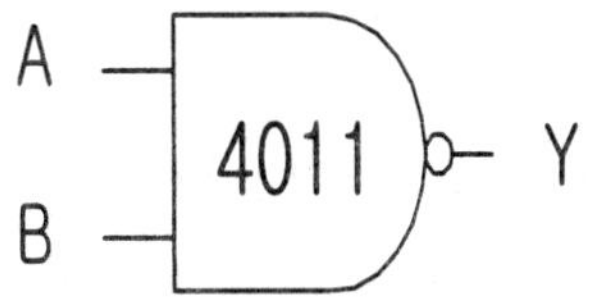

그림 2-13 C-MOS IC

입 력		출력
A	B	Y
0	0	
0	+5	
+5	0	
+5	+5	

표 2-4

(3) 그림 2-14와 같이 TTL형과 C-MOS 형의 NOR 게이트 회로를 구성하고, 표 2-5과 같이 입력상태를 설정하여 멀티미터로 출력 전압을 측정하시오.

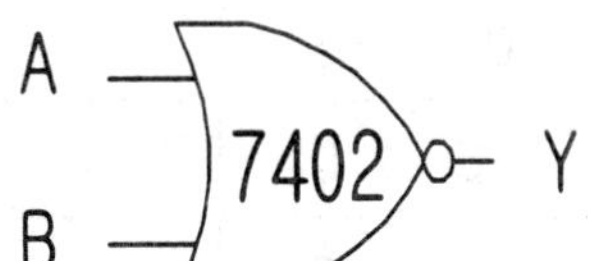

(a) TTL IC

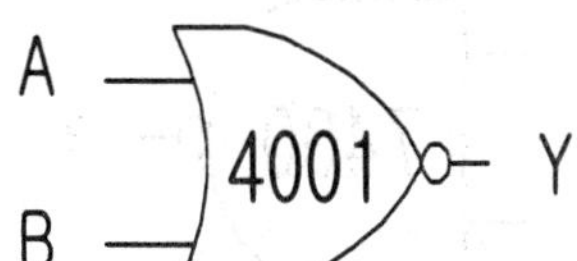

(b) C-MOS IC

그림 2-14 NOR 게이트

표 2-5

7402			4001		
A	B	Y	A	B	Y
0	0		0	0	
0	+5		0	+5	
+5	0		+5	0	
+5	+5		+5	+5	

(4) 그림 2-15와 같이 NAND 게이트의 응용를 구성한 후, 표 2-6과 같이 입력상태를 설정하여 멀티미터로 출력 전압을 측정하시오.

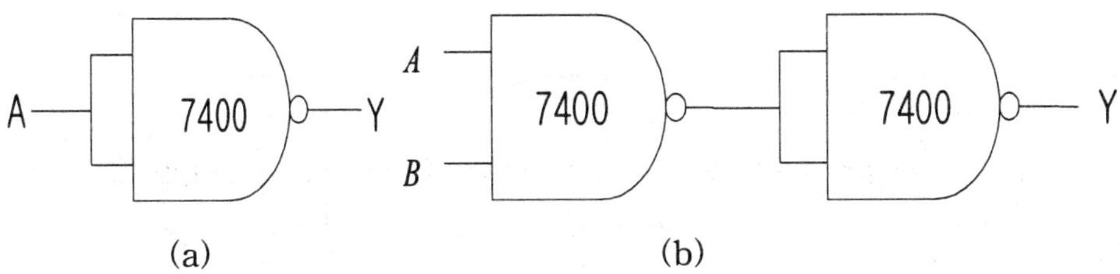

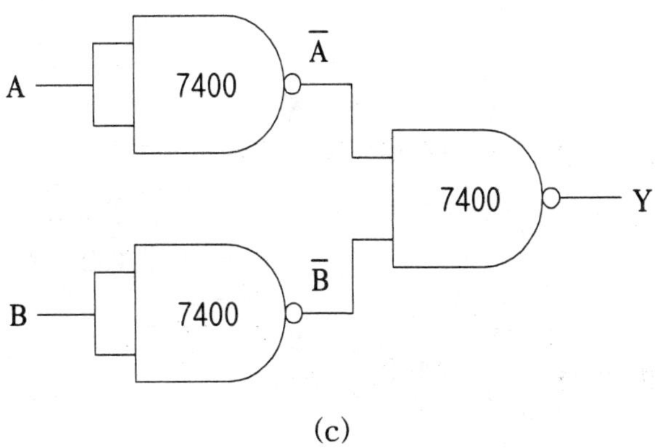

그림 2-15 NAND 게이트 응용회로

표 2-6

입력		출력(Y)		
A	B	그림(a)	그림(b)	그림(c)
0	0			
0	+5			
+5	0			
+5	+5			

(5) 그림 2-16와 같이 NOR 게이트의 응용회로를 구성한 후, 표 2-7과 같이 입력상태를 설정하여 멀티미터로 출력 전압을 측정하시오.

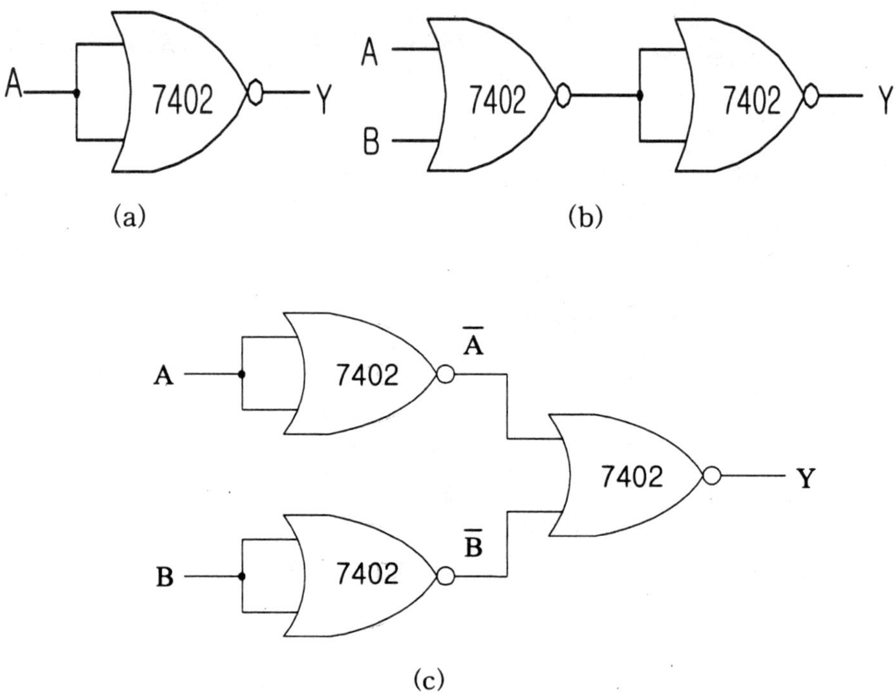

그림 2-16 NOR 게이트 응용 회로

표 2-7

입력		출력(Y)		
A	B	그림(a)	그림(b)	그림(c)
0	0			
0	+5			
+5	0			
+5	+5			

(6) 그림 2-17과 같은 논리 회로를 구성한 후, 표 2-8과 같이 입력 상태를 설정하여 멀티미터로 출력 전압을 측정하시오.

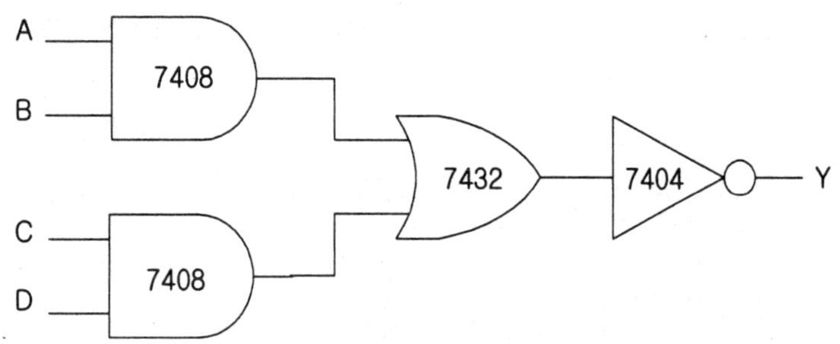

그림 2-17

표 2-8

A	B	C	D	Y
0	0	0	0	
0	0	0	+5	
0	+5	0	0	
0	+5	0	+5	
+5	0	+5	+5	
+5	+5	+5	+5	

(7) 그림 2-18과 같은 논리 회로를 구성한 후, 표 2-9과 같이 입력 상태를 설정하여 출력을 측정하시오.

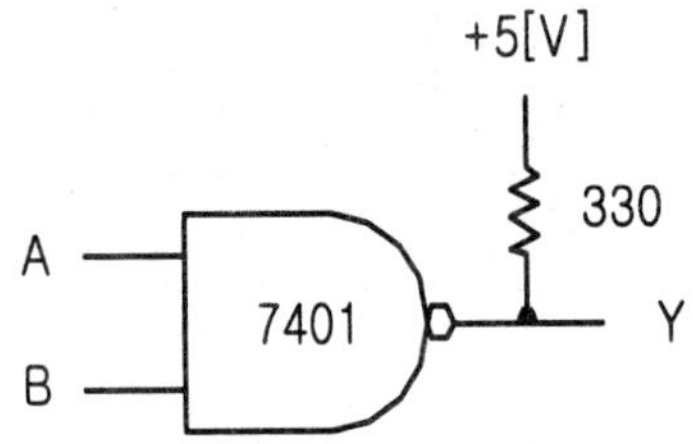

그림 2-18

입 력		출력
A	B	Y
0	0	
0	+5	
+5	0	
+5	+5	

표 2-9

(8) 그림 2-19과 같은 논리 회로를 구성한 후, 표 2-10과 같이 입력 상태를 설정하여 출력을 측정하시오.

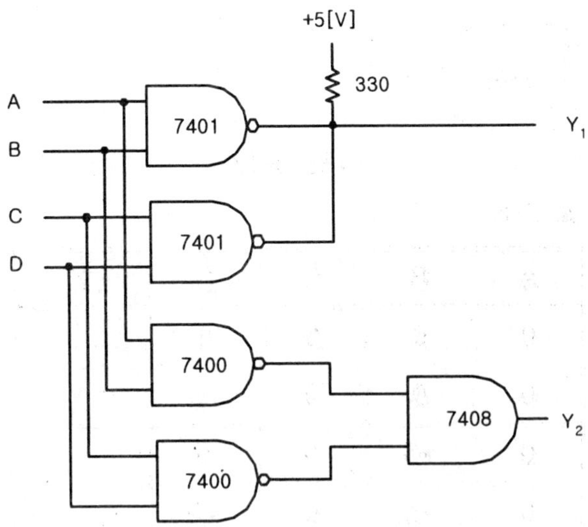

그림 2-19

표 2-10

입력				출력	
A	B	C	D	Y_1	Y_2
0	0	0	0		
0	0	0	+5		
0	+5	0	0		
0	+5	0	+5		
+5	0	0	+5		
+5	0	+5	0		
+5	0	+5	+5		
+5	+5	+5	+5		

5. 실험 결과보고서

실습제목	실험 2. NAND와 NOR 게이트		
실습일자		실습장소	
학 번	(조)	성 명	

(1) 표 2-3

입 력		출력
A	B	Y
0	0	
0	+5	
+5	0	
+5	+5	

(2) 표 2-4

입 력		출력
A	B	Y
0	0	
0	+5	
+5	0	
+5	+5	

(3) 표 2-5

7402			4001		
A	B	Y	A	B	Y
0	0		0	0	
0	+5		0	+5	
+5	0		+5	0	
+5	+5		+5	+5	

(4) 표 2-6

입력	출력(Y)		
A　　B	그림(a)	그림(b)	그림(c)
0　　0			
0　　+5			
+5　　0			
+5　　+5			

(5) 표 2-7

입력	출력(Y)		
A　　B	그림(a)	그림(b)	그림(c)
0　　0			
0　　+5			
+5　　0			
+5　　+5			

(6) 표 2-8

A	B	C	D	Y
0	0	0	0	
0	0	0	+5	
0	+5	0	0	
0	+5	0	+5	
+5	0	+5	+5	
+5	+5	+5	+5	

(7) 표 2-9

입 력		출력
A	B	Y
0	0	
0	+5	
+5	0	
+5	+5	

(8) 표 2-10

입 력				출 력	
A	B	C	D	Y_1	Y_2
0	0	0	0		
0	0	0	+5		
0	+5	0	0		
0	+5	0	+5		
+5	0	0	+5		
+5	0	+5	0		
+5	0	+5	+5		
+5	+5	+5	+5		

[검토 및 고찰]

(1) 각 실험에서 입력과 출력의 관계를 부울 대수식으로 표현하시오.

(2) NAND 게이트와 NOR 게이트의 모든 입력단을 하나로 합하면 어떤 기능을 갖는가?

(3) 그림 2-14(b)와 2-15(b)는 어떤 기능을 갖는가?

(4) 실험 과정(8)의 Y_1과 Y_2를 비교 검토하시오.

(5) 그림 2-18과 2-19의 회로에서 저항을 연결한 이유는 무엇인가?

(6) Wired logic에 대하여 설명하시오.

(7) 고찰

실험 3 EX-OR 게이트와 EX-NOR 게이트

1. 목적

(1) EX-OR와 EX-NOR 게이트의 특성을 이해한다.
(2) EX-OR 게이트를 이용한 패리티 검사기의 동작을 이해한다.
(3) 2진수를 그레이 코드로 혹은 그레이 코드를 2진수로 변환하는 회로를 EX-OR 게이트로 구현하는 방법을 익힌다.

2. 이론

(1) EX-OR 게이트

배타적 OR(exclusive-OR : EX-OR) 게이트는 서로 다른 입력에 대해서만 출력을 나타내는 회로로서, EX-OR라고 줄여서 나타내며 "⊕"라는 기호로 표시한다.

그림 3-1은 2 입력 EX-OR 게이트에 대한 논리기호와 진리표를 나타내고, 이 진리표를 이용하여 논리식으로 표현하면

$$Y=\overline{A}B+A\overline{B}=A\oplus B$$

과 같다.

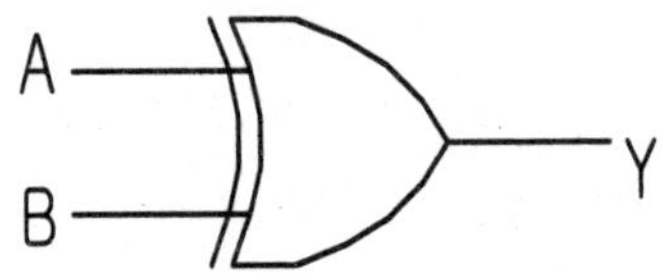

(a) 논리 기호

입 력		출 력
A	B	Y
0	0	0
0	1	1
1	0	1
1	1	0

(b) 진리표

그림 3-1 EX-OR 게이트

위의 출력 함수식을 기본 논리 게이트로 구성하면 그림 3-2과 같이 나타낼 수 있다.

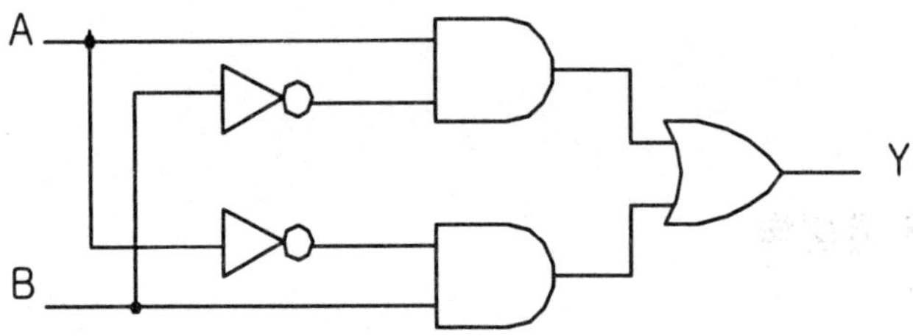

그림 3-2 기본 논리 게이트로 구성한 EX-OR 회로

EX-OR 게이트의 여러 가지 구성 방법 중에서 또 다른 방법으로 EX-OR 회로를 구성할 수도 있다. EX-OR 게이트의 기본식을 이용하여 식을 다시 쓰면 다음과 같다.

$$
\begin{aligned}
Y &= \overline{A}B + A\overline{B} \\
&= (\overline{A}B + A)(\overline{A}B + \overline{B}) \\
&= (\overline{A} + A)(A + B)(\overline{A} + \overline{B})(B + \overline{B}) \\
&= (A + B)(\overline{A} + \overline{B}) \\
&= (A + B)\,\overline{AB}
\end{aligned}
$$

위에서 표시된 출력식은 그림 3-3과 같이 표현할 수 있다. 따라서 그림 3-1, 3-2, 3-3은 등가이다.

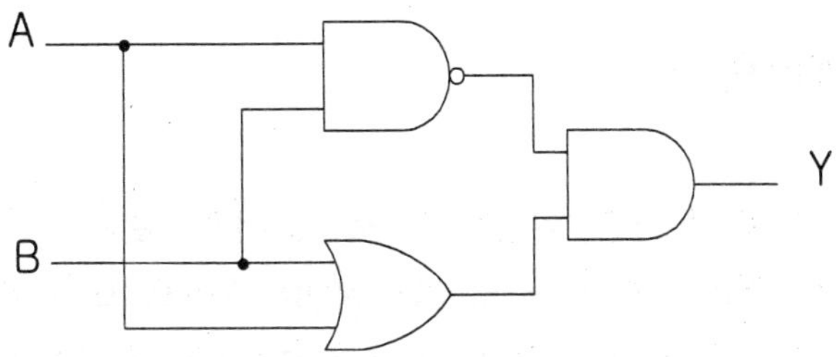

그림 3-3 EX-OR 게이트의 등가 회로

지금까지 일반적인 2입력 EX-OR 게이트에 대하여 고찰해 보았으나, 3입력 EX-OR 게이트의 경우, 진리표와 논리 기호는 그림 3-4와 같다.

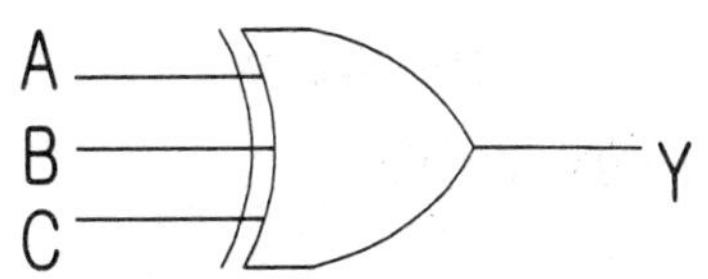

(a) 논리 기호

입력			출력
A	B	C	Y
0	0	0	0
0	0	1	1
0	1	0	1
0	1	1	0
1	0	0	1
1	0	1	0
1	1	0	0
1	1	1	1

(b) 진리표

그림 3-4 3입력 EX-OR 게이트

그림 3-4는 입력의 수가 3개이므로 입력으로 조합한 경우의 수는 8가지가 된다. 출력Y는 입력 변수 중 먼저 A와 B를 EX-OR 연산한 후, 연산의 결과와 C를 다시 EX-OR연산하면 3입력 EX-OR 연산의 출력값을 얻을 수 있다. 예를 들면 ABC=000인 경우 A와B를 EX-OR 연산하면 결과는 0

이다. 0과 C의 값(0)을 다시 EX-OR 연산을 하면 결과는 0이 되므로 =0 이 된다.

(2) EX-NOR 게이트

EX-OR 게이트에 부정을 취한 회로로서, 서로 같은 입력에 대해서만 출력을 내는 논리 게이트이며, exclusive-NOR 게이트 또는 EX-NOR 게이트라 하고, 기호는 ⊙라고 표기한다. 그리고 EX-OR 게이트의 보수를 구하는 게이트이다.

그림 3-5는 2입력 EX-NOR 게이트에 대한 논리기호와 진리표를 나타낸 것이다.

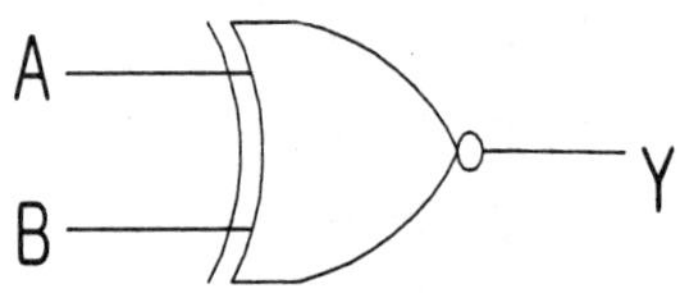

(a) 논리 기호

입 력		출 력
A	B	Y
0	0	1
0	1	0
1	0	0
1	1	1

(b) 진리표

그림 3-5 EX-NOR 게이트

EX-NOR 게이트의 논리식은 다음과 같이 나타낸다.

$$Y=\overline{A}\,\overline{B}+AB=\overline{A\oplus B}=A\odot B$$

위 식에서 $\overline{A\oplus B}$는 exclusive-NOR라고 읽는다.

EX-NOR 게이트의 논리식을 기본 논리 게이트로 구현을 하면 그림3-6과 같다.

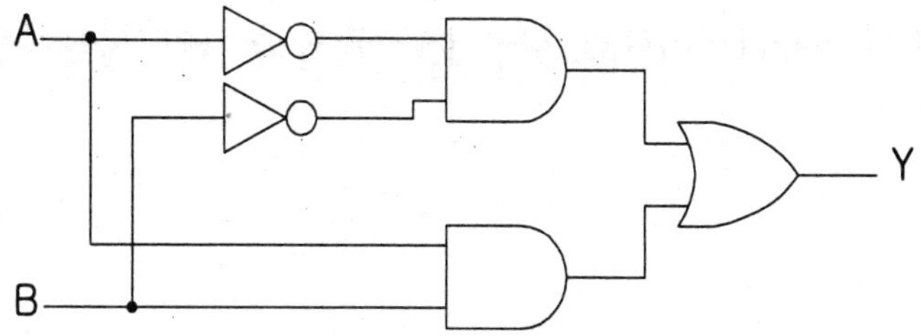

그림 3-6 기본 논리 게이트로 구성한 EX-NOR 게이트

(3) EX-OR 게이트의 응용

EX-OR 게이트는 그 많은 디지털 시스템에서 응용이 되고 있다. EX-OR 게이트는 두 입력중에서 1의 수가 짝수이면 0을 출력하고, 홀수이면 1을 출력하는 특성이 있으므로, 이것을 이용하여 2진 패리티 검사기로 이용할 수 있다. 즉, 2진 비트의 총수가 홀수인가 짝수인가를 판별하는데 사용될 수 있다.

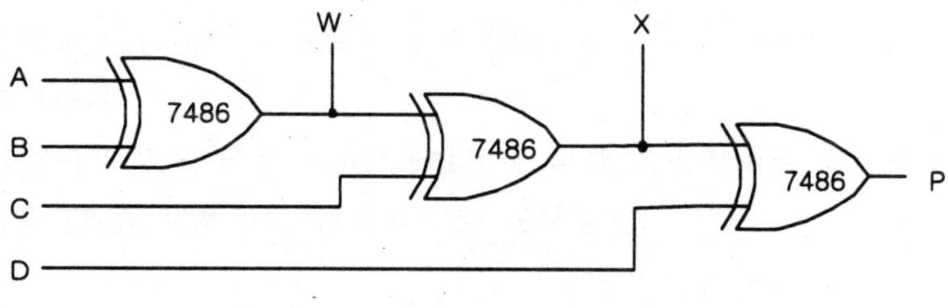

그림 3-7 4비트 패리티 검사기

그림 3-7은 A,B,C,D 4개의 비트로 패리티를 검사할 수 있는 4비트 패리티 검사기를 보여주고 있다. 출력 Y의 값이 0이면 짝수 패리티를 나타내고, 1이면 홀수패리티를 나타낸다.

예를 들어, 입력 ABCD=0110인 경우에는 Y=0이므로 짝수 패리티를 나타내고, 입력 ABCD=1011인 경우에는 출력 Y=1이 되므로 홀수 패리티를 나타낸다.

3. 사용기기 및 부품

구분	품 명	규 격	수량	비 고
사용기기	논리회로실험장치		1	
	오실로스코프		1	
	멀티미터		1	
부품	TTL IC	7404, 7408, 7432, 7486, 74136, 74266	각 1	
	C-MOS IC	4077	각 1	
	저 항	330Ω	1	

4. 실험순서

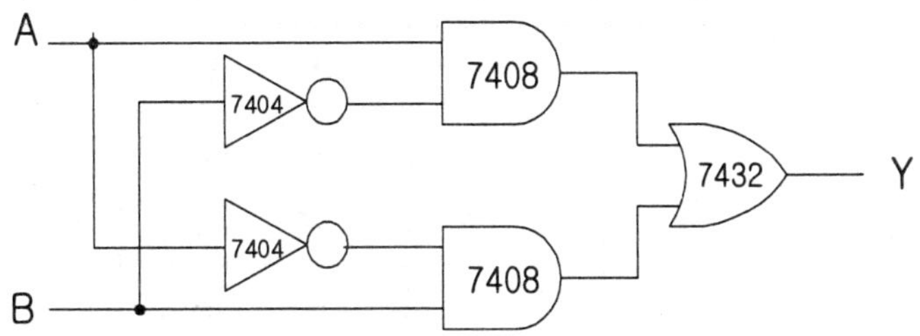

그림 3-8

(1) 그림 3-8와 같은 회로를 구성하고, 표 3-1의 입력상태를 설정하여 멀티 미터로 출력 전압을 측정하시오.

표 3-1

A	B	Y
0	0	
0	+5	
+5	0	
+5	+5	

(2) 그림 3-9와 같은 회로를 구성하고, 표 3-2의 입력상태를 설정하여 멀티 미터로 출력 전압을 측정하여 기록하시오. 두 회로를 비교하시오.

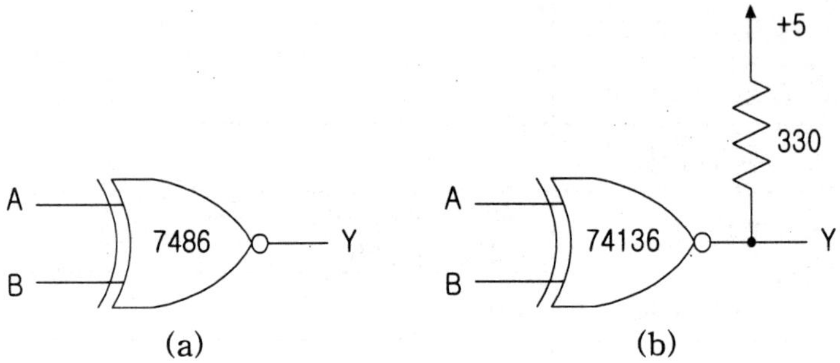

그림 3-9

표 3-2

7486			74136		
A	B	Y	A	B	Y
0	0		0	0	
0	+5		0	+5	
+5	0		+5	0	
+5	+5		+5	+5	

(3) 그림 3-10와 같은 회로를 구성하고, 표 3-3의 입력상태를 설정하여 멀티 미터로 출력 전압을 측정하여 기록하시오.

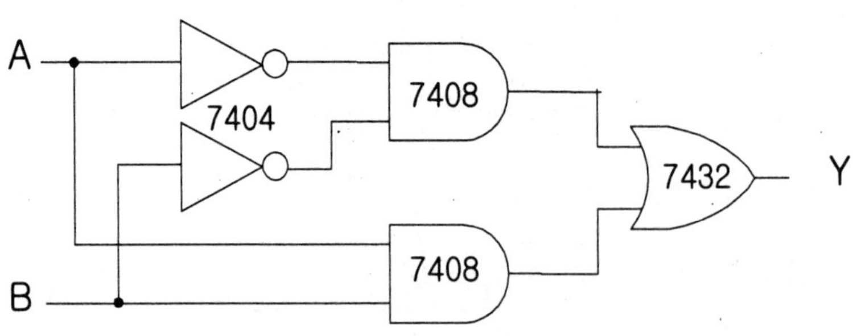

그림 3-10

표 3-3

A	B	Y
0	0	
0	+5	
+5	0	
+5	+5	

(4) 그림 3-11와 같은 회로를 구성하고, 표 3-4의 입력상태를 설정하여 .멀티 미터로 출력 전압을 측정하여 기록하시오.(C-MOS IC(4077)의 사용시 주의사항은 실험 1을 참고하여 조심스럽게 다룬다.)

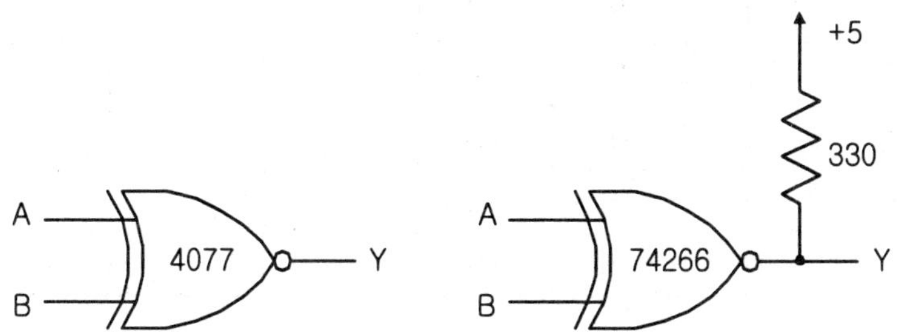

(a) (b)

그림 3-11

표 3-4

4077			74266		
A	B	Y	A	B	Y
0	0		0	0	
0	+5		0	+5	
+5	0		+5	0	
+5	+5		+5	+5	

(5) 그림 3-12와 같은 회로를 구성하고, 표 3-5의 입력상태를 설정하여 멀티 미터로 출력 전압을 측정하여 기록하시오.

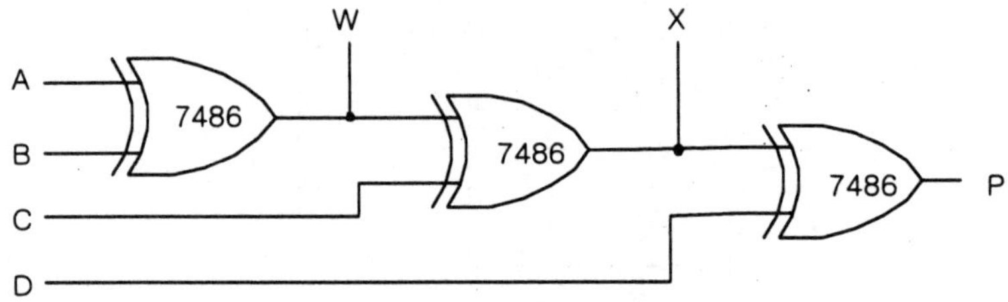

그림 3-12

표 3-5

A	B	C	D	W	X	P
0	0	0	0			
0	0	0	+5			
0	+5	0	0			
0	+5	0	+5			
+5	0	+5	+5			
+5	+5	+5	+5			

(6) 그림 3-13와 같은 회로를 구성하고, 표 3-6의 입력상태를 설정하여 멀티 미터로 출력 전압을 측정하여 기록하시오.

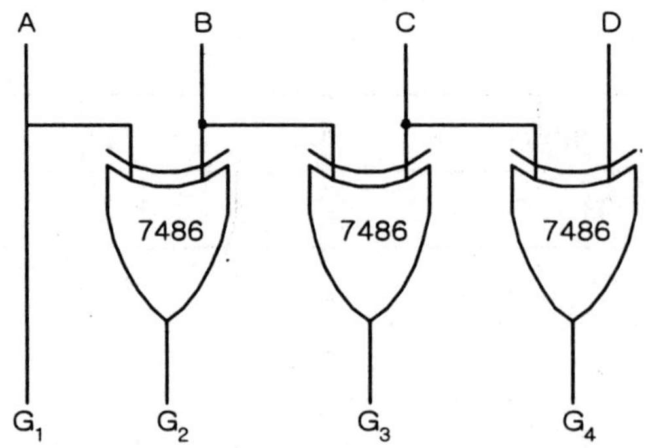

그림 3-13

표 3-6

A	B	C	D	G_1	G_2	G_3	G_4
0	0	0	0				
0	0	0	+5				
0	0	+5	0				
0	+5	0	+5				
+5	0	0	0				
+5	0	0	+5				
+5	+5	0	+5				
+5	+5	+5	+5				

(7) 그림 3-14와 같은 회로를 구성하고, 표 3-7의 입력상태를 설정하여 멀티 미터로 출력 전압을 측정하여 기록하시오.

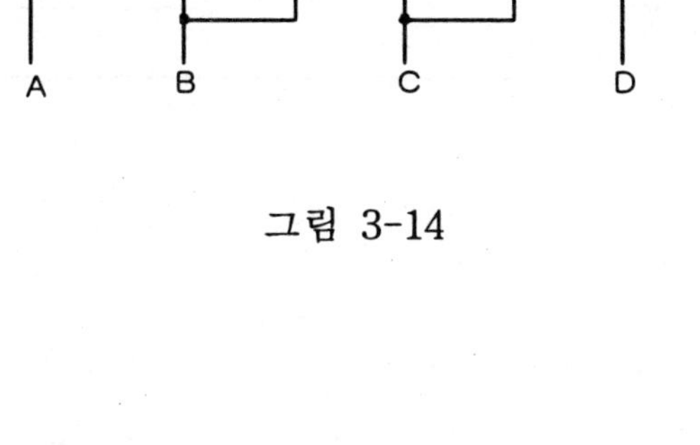

그림 3-14

표 3-7

G_1	G_2	G_3	G_4	A	B	C	D
0	0	0	0				
0	0	0	+5				
0	0	+5	+5				
0	+5	+5	+5				
+5	+5	0	0				
+5	+5	0	+5				
+5	0	+5	+5				
+5	0	0	0				

5. 실험 결과보고서

실습제목	실험 3. EX-OR 게이트와 EX-NOR 게이트		
실습일자		실습장소	
학 번	(조)	성 명	

(1) 표 3-1

입 력		출력
A	B	Y
0	0	
0	+5	
+5	0	
+5	+5	

(2) 표 3-2

7486			74136		
A	B	Y	A	B	Y
0	0		0	0	
0	+5		0	+5	
+5	0		+5	0	
+5	+5		+5	+5	

(3) 표 3-3

입 력		출력
A	B	Y
0	0	
0	+5	
+5	0	
+5	+5	

(4) 표 3-4

4077			74266		
A	B	Y	A	B	Y
0	0		0	0	
0	+5		0	+5	
+5	0		+5	0	
+5	+5		+5	+5	

(5) 표 3-5

A	B	C	D	W	X	P
0	0	0	0			
0	0	0	+5			
0	+5	0	0			
0	+5	0	+5			
+5	0	+5	+5			
+5	+5	+5	+5			

(6) 표 3-6

A	B	C	D	G_1	G_2	G_3	G_4
0	0	0	0				
0	0	0	+5				
0	0	+5	0				
0	+5	0	+5				
+5	0	0	0				
+5	0	0	+5				
+5	+5	0	+5				
+5	+5	+5	+5				

(7) 표 3-7

G_1	G_2	G_3	G_4	A	B	C	D
0	0	0	0				
0	0	0	+5				
0	0	+5	+5				
0	+5	+5	+5				
+5	+5	0	0				
+5	+5	0	+5				
+5	0	+5	+5				
+5	0	0	0				

[검토 및 고찰]

(1) 3 입력 EX-NOR 게이트의 진리표를 작성하시오.

(2) NAND 게이트로 2입력 EX-OR 회로를 구성하시오.

(3) NOR 게이트로 2입력 EX-OR 회로를 구성하시오.

(4) 그림 3-9(b)와 그림 3-11(b)에서 저항이 없을 경우 출력 상태는 어떻게 되는가?

(5) 실험 과정 (5)의 그림 3-12에서 출력 P=0, P=1이 뜻하는 것은 무엇인가?

(6) 그림 3-13과 그림 3-14 회로의 어떠한 기능을 갖는가?

(7) 고찰

실험 4 부울 대수와 드 모르간 정리의 활용

1. 목적

부울 대수와 드모르강의 정리를 실험적으로 증명하고, 이것을 이해한다.

2. 이론

(1) 부울 대수

수학의 기본적인 법칙과 규칙을 논리문제에 응용한 대수로서 0과 1 두 개의 값만을 원소로 취할 수 있는 2진 변수와 부정(NOT), 논리곱(AND), 논리합(OR) 등의 논리 연산자들의 집합을 이용하여 연산을 할 수 있는 논리 대수이다.

표 4-1 부울대수의 기본 연산

변수		연산 방법		
A	B	AND (Y=A • B)	OR (Y=A+B)	NOT ($Y=\overline{A}$)
0	0	0	1	0
0	1	0	1	0
1	0	0	1	1
1	1	1	0	1

부울 대수의 법칙들도 일반 대수학의 법칙과 마찬가지로 교환법칙, 결합법칙, 분배법칙 등이 동일하게 적용이 된다.

다음은 입력 변수들에 따른 기본적인 법칙을 나타낸다.

1) 교환 법칙

$$A+B = B+A$$

$$A \bullet B = B \bullet A$$

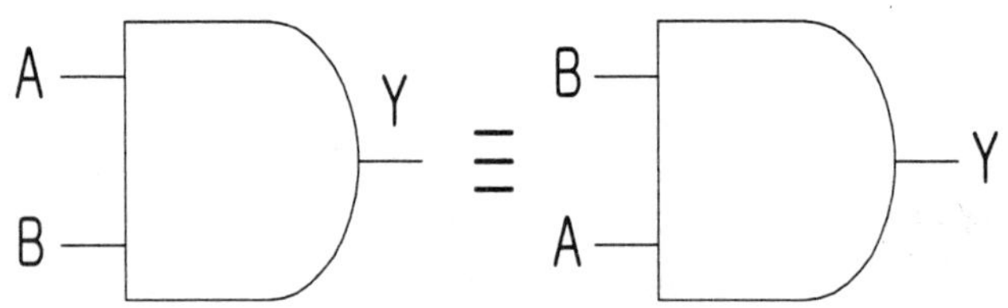

그림 4-1 교환법칙

2) 결합 법칙

$$(A+B)+C = A+(B+C)$$

$$(A \bullet B) \bullet C = A \bullet (B \bullet C)$$

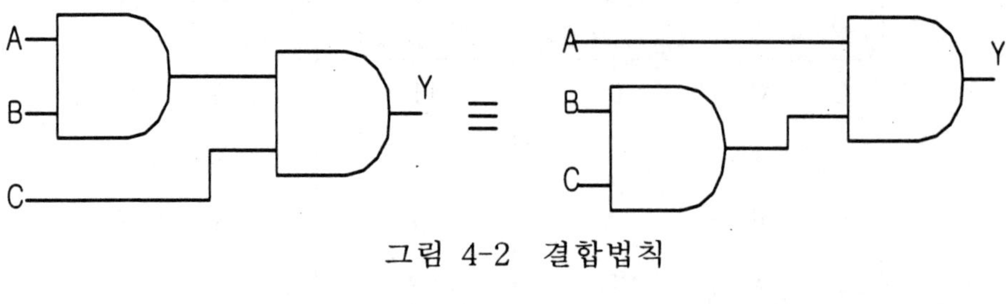

그림 4-2 결합법칙

3) 분배법칙

$$A(B+C) = AB+AC$$

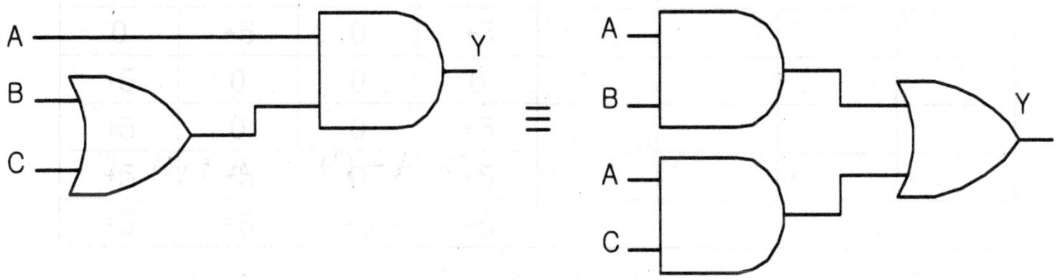

그림 4-3 분배법칙

4) 흡수법칙

$$A+A = A, \qquad A \cdot A = A$$

$$A+(A \cdot B) = A, \qquad A \cdot (A+B)$$

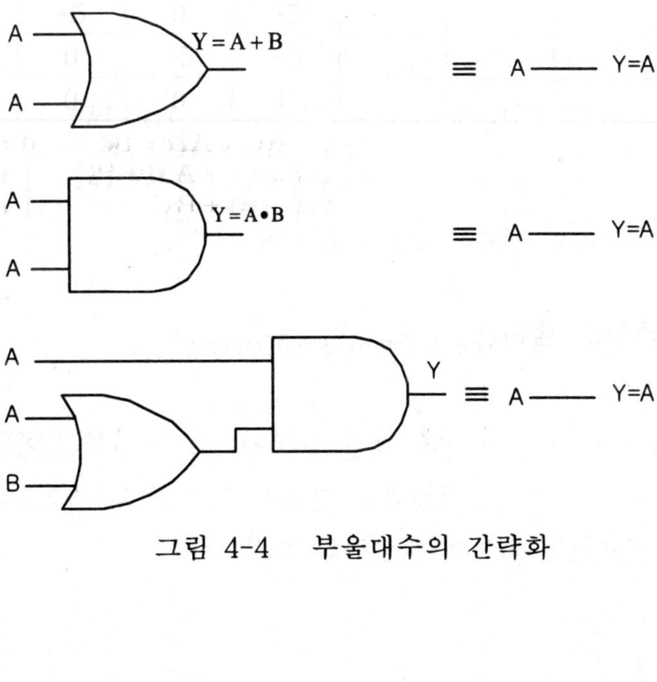

그림 4-4 부울대수의 간략화

① $A \cdot 0 = 0$ ② $A + 0 = A$

③ $A \cdot 1 = A$ ④ $A + 1 = 1$

⑤ $A \cdot A = A$ ⑥ $A + A = A$

⑦ $A \cdot \overline{A} = 0$ ⑧ $A + \overline{A} = 1$

⑨ $\overline{\overline{A}} = A$ ⑩ $A(A+B) = A$

⑪ $A(\overline{A}+B) = AB$ ⑫ $(A+B)(A+C) = A+(B \cdot C)$

이러한 논리식은 AND 게이트와 OR 게이트를 연상하거나 유도식에 의해 증명할 수 있으나, 그래도 의문이 있으면 변수에 직접 0과 1을 대입하여 정리를 증명할 수 있다.

위의 논리식 중 ⑪, ⑫는 다음의 유도 과정에 의해 간략화될 수 있다.

⑪ $A(\overline{A}+B) = AB$

– 분배법칙 : $A(\overline{A}+B) = A\overline{A}+AB$: $A\overline{A} = 0$

$= 0+AB$: $0+A = A$

$= AB$

⑫ $(A+B)(A+C) = A+(B \cdot C)$

– 분배법칙: $(A+B)(A+C) = AA+AC+AB+BC$: $AA = A$

$= A+AC+AB+BC$: $0+A = A$

$= A(1+C)+AB+BC$: $1+C = 1$

$= A(1+B)+BC$: $1+B = 1$

$\therefore (A+B)(A+C) = A+BC$ 가된다.

(2) 드-모르간의 정리(De Morgan's theorems)

부울 대수식에서 0과 1에 의한 논리식, 즉 논리적(AND)과 논리합(OR)을 동시에 교환 가능하도록한 정리이며, 논리식을 간소화하거나 여러 가지 논리연산을 하는데 필수적인 정리이다.

드-모르간의 정리는

$$\text{제1정리 :}\quad \overline{A+B} = \overline{A}\cdot\overline{B}$$

$$\text{제2정리 :}\quad \overline{A\cdot B} = \overline{A}+\overline{B}$$

그리고 드-모르간의 정리를 논리회로로 나타내면 다음과 같다.

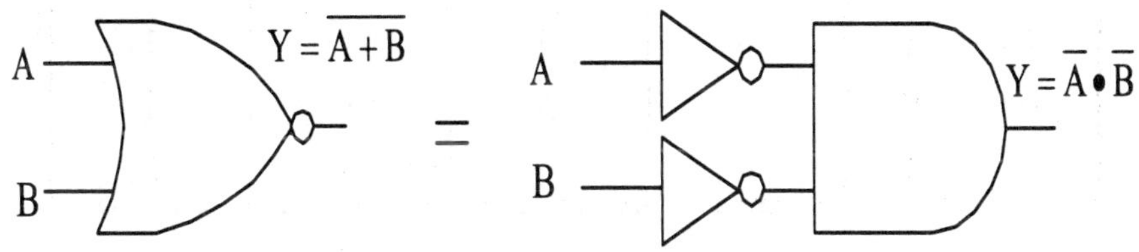

(a) 제1정리

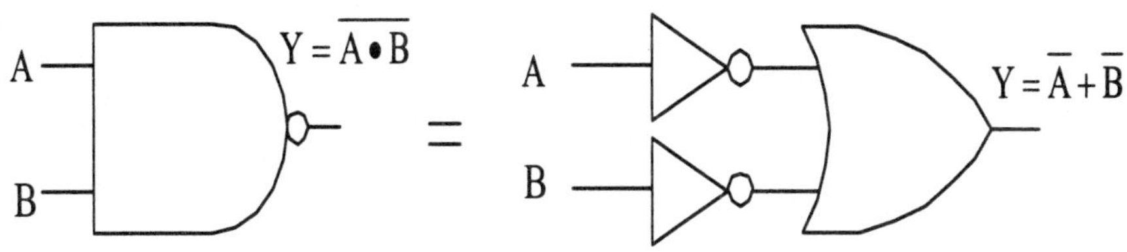

(b)제2정리

그림 4-5 드-모르간의 정리

드-모르간의 제 1정리는 두 개 이상의 입력변수에 대한 논리합(OR)의 부정(NOT)은 각 변수의 부정(NOT)을 논리적(AND)한 것과 같다.

제2정리는 두 개 이상의 입력변수에 대한 논리적(AND)의 부정(NOT)은 각 입력변수의 부정(NOT)을 논리합(OR)한 것과 같다.

그러므로 드-모르간의 정리를 논리식에 적용하려면

① OR(+)기호는 AND(•)기호로, AND(•)기호는 OR(+)기호로 바꾸고

② 전체 논리식에 대한 부정은 각 항에 대한 부정으로, 각항에 대한 부정은 전체 식에 대한 부정을 취한다.

표 4-2 드-모르간의 정리에 대한 증명

입력 변수		제1정리		제2정리	
A	B	$\overline{A+B}$	$\overline{A}\cdot\overline{B}$	$\overline{A\cdot B}$	$\overline{A}+\overline{B}$
0	0	1	1	1	1
0	1	0	0	1	1
1	0	0	0	1	1
1	1	0	0	0	0

3. 사용기기 및 부품

구분	품 명	규 격	수량	비 고
사용 기기	논리회로실험장치		1	
	오실로스코프		1	
	멀티미터		1	
부품	TTL IC	7400, 02, 04, 08, 11, 32	각 1	
	C-MOS IC			
	저 항			

4. 실험순서

(1) 그림 4-6와 같은 회로를 구성하고, 표 3-1의 입력상태를 설정하여 출력을 측정하여 기록하시오. 그리고 출력 Y_1과 Y_2에 대한 논리식을 작성하시오.(이번 실험부터 0[V]는 논리 0, +5[V]는 논리 1로 표시하기로 한다.)

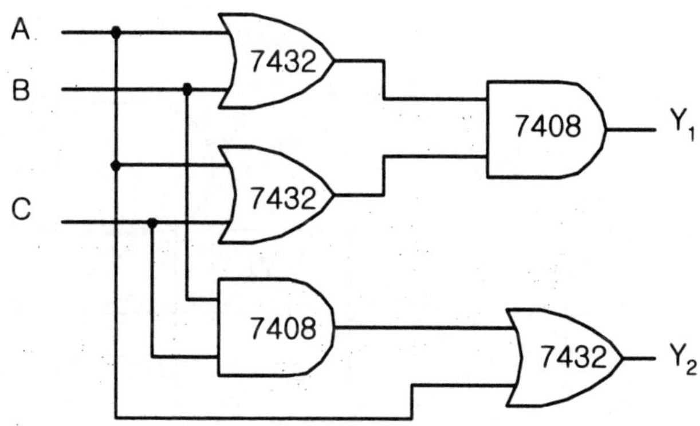

그림 4-6

표 4-3

A	B	C	Y_1	Y_2
0	0	0		
0	0	1		
0	1	0		
0	1	1		
1	0	0		
1	0	1		
1	1	0		
1	1	1		

(2) 그림 4-7과 같이 회로를 구성하고, 표 4-4의 입력상태를 설정하여 출력을 측정하여 기록하시오. 두 회로의 논리식을 쓰고 비교해 보시오.

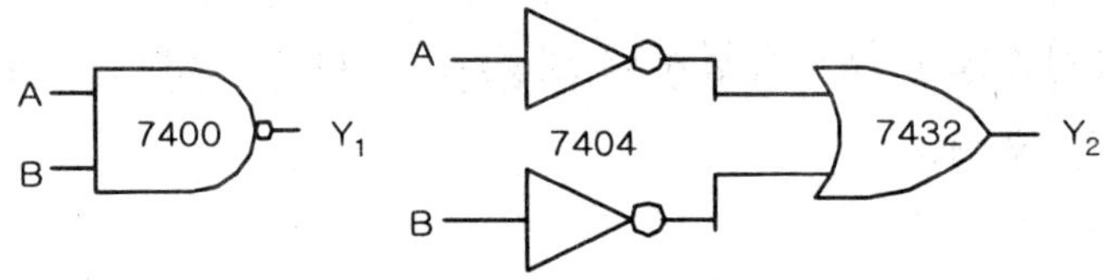

(a) (b)

그림 4-7

표 4-4

A	B	Y_1	Y_2
0	0		
1	1		
1	0		
1	1		

(3) 그림 4-8과 같이 회로를 구성하고, 표 4-5의 입력상태를 설정하여 출력을 측정하여 기록하시오. 두 회로의 논리식을 쓰고 비교해 보시오.

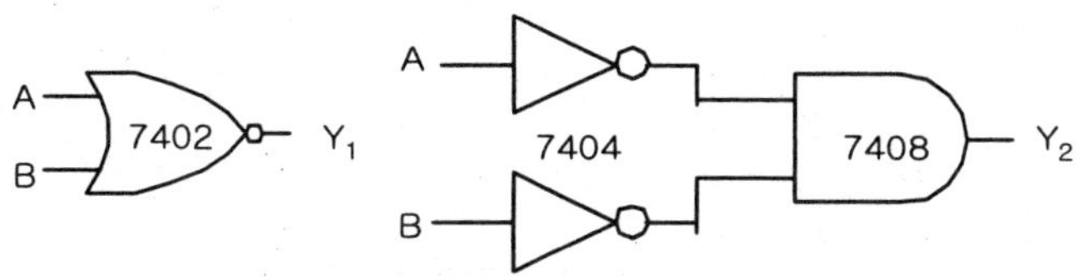

그림 4-8

표 4-5

A	B	Y_1	Y_2
0	0		
1	1		
1	0		
1	1		

(4) 그림 4-9과 같이 회로를 구성하고, 표 4-6의 입력상태를 설정하여 출력을 측정하여 기록하시오. 그리고 출력 Y_1과 Y_2에 관한 논리식을 쓰고 비교해 보시오.

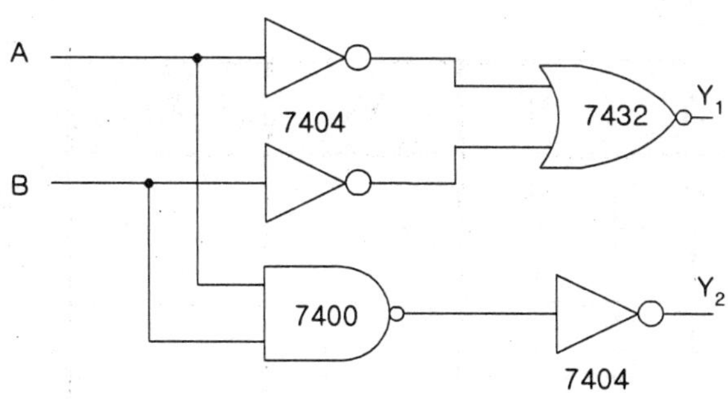

그림 4-9

표 4-6

A	B	Y_1	Y_2
0	0		
1	1		
1	0		
1	1		

(5) 그림 4-10과 같이 회로를 구성하고, 표 4-7의 입력상태를 설정하여 출력을 측정하여 기록하시오. 그리고 출력 Y_1과 Y_2에 관한 논리식을 쓰고 비교해 보시오.

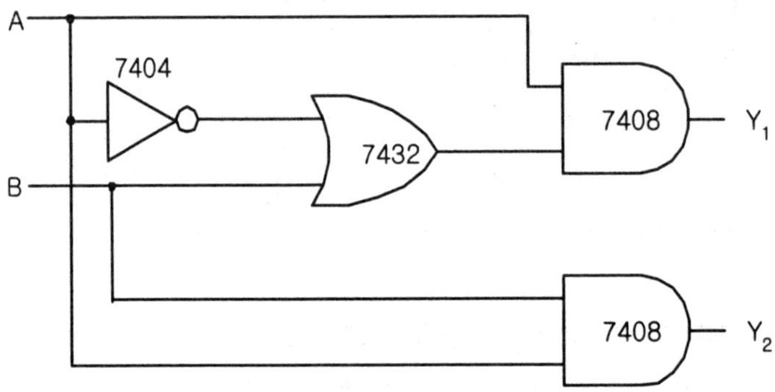

그림 4-10

표 4-7

A	B	Y_1	Y_2
0	0		
1	1		
1	0		
1	1		

(6) 그림 4-11과 같이 회로를 구성하고, 표 4-8의 입력상태를 설정하여 출력을 측정하여 기록하시오. 그리고 출력 Y_1과 Y_2에 관한 논리식을 쓰고 비교해 보시오.

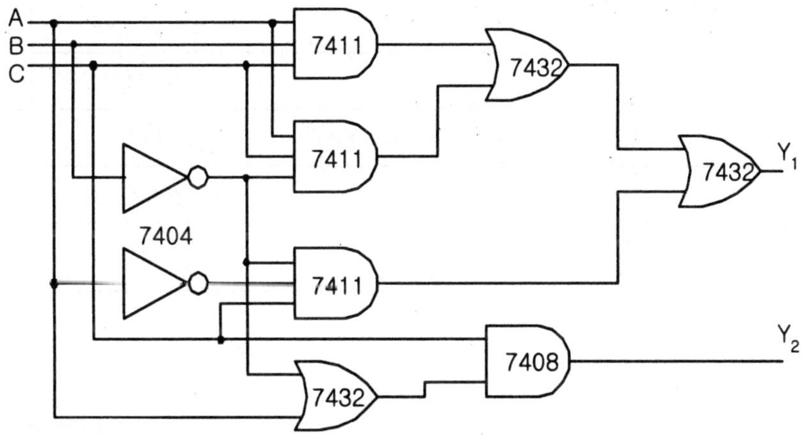

그림 4-11

표 4-8

A	B	C	Y_1	Y_2
0	0	0		
0	0	1		
0	1	0		
0	1	1		
1	0	0		
1	0	1		
1	1	0		
1	1	1		

5. 실험 결과보고서

실습제목	실험 4. 부울대수와 드-모르간의 정리의 활용		
실습일자		실습장소	
학 번	(조)	성 명	

(1) 표 4-3

A	B	C	Y_1	Y_2
0	0	0		
0	0	1		
0	1	0		
0	1	1		
1	0	0		
1	0	1		
1	1	0		
1	1	1		

(2) 표 4-4

A	B	Y_1	Y_2
0	0		
1	1		
1	0		
1	1		

(3) 표 4-5

A	B	Y_1	Y_2
0	0		
1	1		
1	0		
1	1		

(4) 표 4-6

A	B	Y_1	Y_2
0	0		
1	1		
1	0		
1	1		

(5) 표 4-7

A	B	Y_1	Y_2
0	0		
1	1		
1	0		
1	1		

(6) 표 4-8

A	B	C	Y_1	Y_2
0	0	0		
0	0	1		
0	1	0		
0	1	1		
1	0	0		
1	0	1		
1	1	0		
1	1	1		

[검토 및 고찰]

(1) 드-모르간의 제1정리와 제2정리에 대하여 설명하고, 논리회로를 구성하시오.

(2) 각 실험과정에서 구한 논리식을 카르노맵 혹은 부울대수의 간략화에 의해 출력 $Y_1=Y_2$ 임을 증명하시오.

(3) 고찰

실험 5 가산기

1. 목적

(1) 반가산기와 전가산기의 원리와 구성회로를 이해한다.
(2) 기타 여러 가지 가산기의 동작을 실험을 통하여 이해한다.

2. 이론

(1) 반가산기(Half Adder)

두 비트의 덧셈을 수행할 때 하위 비트에서 입력되는 자리올림을 고려하지 않는 조합논리회로를 반가산기(half adder;HA)라 하고, 그림 5-1과 같이 2개의 입력변수와 2개의 출력변수을 가진다. 이때 입력변수는 피가수 A와 가수 B를 나타내며 출력변수는 합(Sum)과 자리올림(Carry)이 된다.

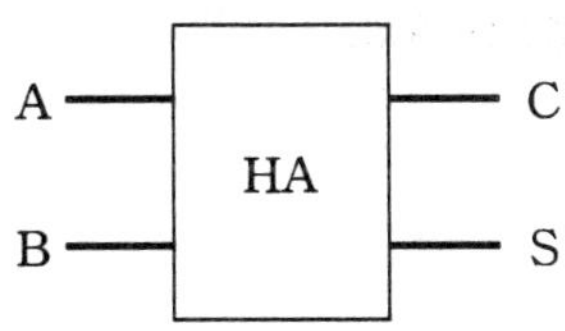

(a) 블록 다이어그램

입 력		출 력	
A	B	C	S
0	0	0	0
0	1	0	1
1	0	0	1
1	1	1	0

(b) 진리표

그림 5-1 반가산기

위의 반가산기의 동작은 다음과 같다.

① A=0 이고 B=0 일 때 두 비트의 합(S)은 0이고, 자리올림(C)은 발생하지 않는다.
② A=0 이고 B=1 일 때 두 비트의 합(S)은 1이고 자리올림(C)은 발생하지 않는다.
③ A=1 이고 B=0 일 때 두 비트의 합(S)은 1이고 자리올림(C)은 발생하지 않는다.
④ A=1 이고 B=1 일 때 두 비트의 합(S)은 0이고 자리올림(C)이 발생하여 C는 1이 된다.

진리표로부터 입・출력변수간에 다음과 같은 관계가 성립됨을 알 수 있다.

$$S = X \oplus Y = \overline{X}\,Y + X\,\overline{Y}$$
$$C = X \cdot Y$$

따라서 이 함수식을 논리회로로 표현하면 반가산기는 그림 5-2와 같이 1개의 EX-OR과 1개의 AND 게이트로 설계할 수 있다.

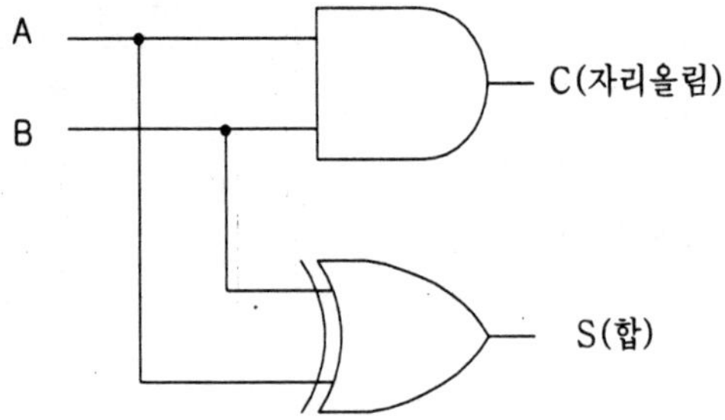

그림 5-2 반가산기

반가산기를 구성하는 방법에는 여러 가지 다른 방법이 있으나, 중요한 점은 반가산기는 2진수의 최하위 비트를 더하는데 사용된다는 것이다.

(2) 전가산기(Full Adder)

즉. 전가산기(full adder;FA)는 3개의 입력(A, B, C_{i-1})과 2개의 출력(C_i, S)으로 구성되고, 입력변수 A와 B는 가산될 현재 자리의 비트이며, C_{i-1}는 바로 아랫자리 두 비트에서 발생한 캐리이다. 출력 S는 합을 표시하며 C_i는 현재 자리에서 발생할 캐리를 표시한다.(그림 5-2 참조)

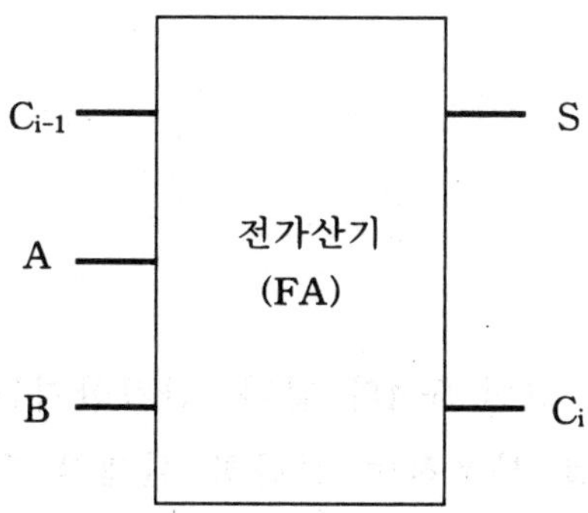

(a) 블록 다이어그램

입 력			출 력	
A	B	C_{i-1}	C	S
0	0	0	0	0
0	0	1	0	1
0	1	0	0	1
0	1	1	1	0
1	0	0	0	1
1	0	1	1	0
1	1	0	1	0
1	1	1	1	1

(b) 진리표

그림 5-3 전가산기

전가산기의 출력의 합 S와 자리올림 C에 관한 논리식을 정리하면 다음과 같다.

$$S\ (X, Y, Z) = \sum(1,\ 2,\ 4,\ 7)$$

$$S = \overline{X}\,\overline{Y}Z + \overline{X}\,Y\overline{Z} + X\,\overline{Y}\,\overline{Z} + X\,Y\,Z$$

$$= \overline{Z}(\overline{X}\,Y + X\,\overline{Y}) + Z\,(X\ Y + \overline{X}\,\overline{Y})$$

$$= \overline{Z}(X \oplus Y) + Z\,\overline{(X \oplus Y)}$$

$$= Z \oplus (X \oplus Y)$$

$$= X \oplus Y \oplus Z$$

$$C\ (X, Y, Z) = \sum(3,\ 5,\ 6,\ 7)$$

$$C = \overline{X}\,Y\,Z + X\,\overline{Y}\,Z + X\,Y\,\overline{Z} + X\,Y\,Z$$

$$= (\overline{X}\,Y + X\,\overline{Y})\,Z + X\,Y\,(\overline{Z} + Z)$$

$$= (X \oplus Y)\ Z + X\ Y$$

또는

$$C = XY + XZ + YZ$$

$$= XY + (X \oplus Y)$$

따라서 전가산기에 대한 논리회로도는 그림 5-4와 같다. 전가산기는 두 개의 반가산기와 한 개의 OR 게이트를 사용하여 간단히 설계할 수 있으며, 세 개의 비트를 동시에 더할 수가 있다.

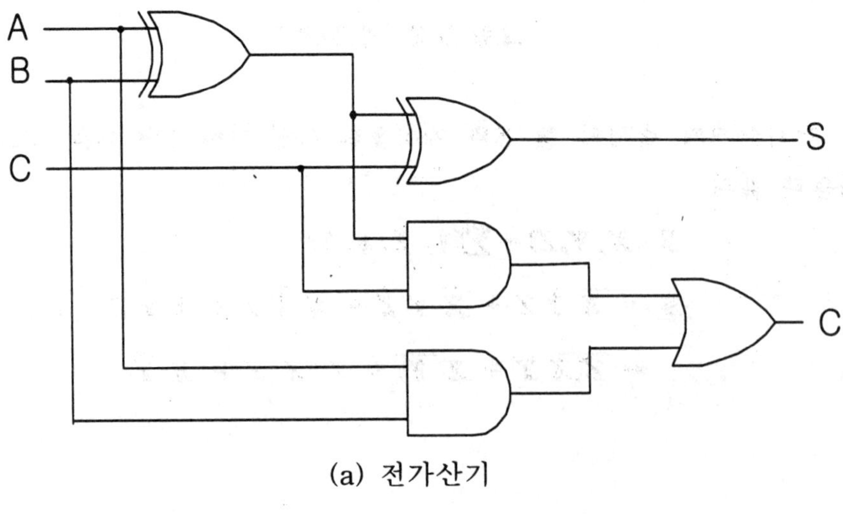

(a) 전가산기

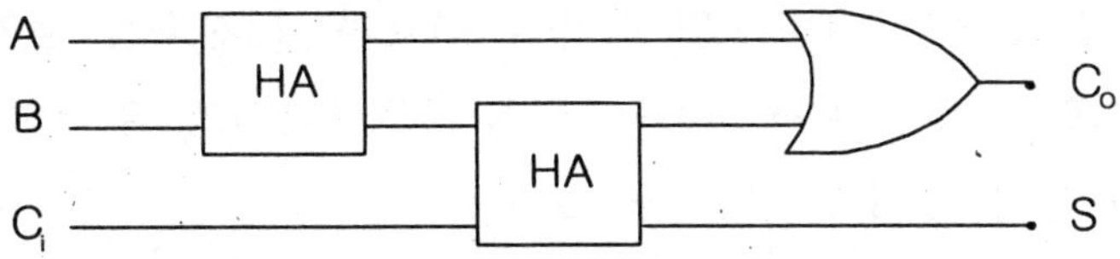

(b) 반가산기를 이용한 전가산기

그림 5-4 전가산기

(3) 병렬 2진 가산기

그림 5-5는 4비트의 2진수 $A_3A_2A_1A_0$와 $B_3B_2B_1B_0$를 합하는 가산기이다.

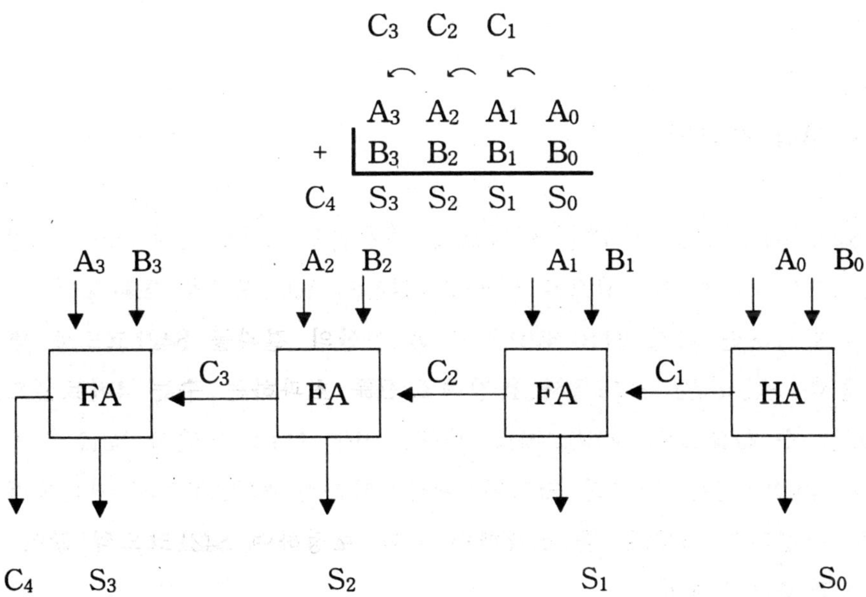

그림 5-5 4비트 2진 가산기

예를 들어 10진수 12와 8을 더하기 해보자. 10진수를 등가 2진수로 변환하여 그림 5-5와 같은 4비트 병렬 2진가산기에 입력시켜 연산을 하면 다음과 같은 결과를 얻을 수 있다.

	①⌒①⌒
11	1 0 1 1
+ 3	+ 0 0 1 1
14	0 1 1 1 0

그림 5-5의 가산기는 더할 수 있는 가장 큰 범위가 2진수 1111_2 더하기 1111_2로서, 제한된 범위의 가산능력을 갖는다. 따라서 제한된 가산능력을 키우려면 가산기의 좌측에 전가산기(FA)를 덧붙여가면 된다. 예를 들어 8비트로 된 2개의 2진수를 더하려면 가산기의 좌측에 4개의 전가산기(FA)를 덧붙이면 된다.

(4) 8421 가산기

8421 가산기는 각 10진 디지트를 대응하는 4비트 2진 코드로 변환 8421 코드를 2진 가산법으로 더하고, 결과가 1001(9_{10})을 초과하거나, 캐리가 발생하면 다시 0110(610)을 더해 가산의 결과를 8421코드로 변환해 준다. 즉, 8421 코드에서 10진수로 9를 초과하는 수는 4비트군으로 사용할 수 없으므로, 1010, 1011, 1100, 1101, 1110, 그리고 1111 까지 6개의 4비트 군은 금지된 코드가 된다. 따라서 8421코드의 연산에서는 연산의 결과가 9(1001_2)를 초과하면 이를 보정하여 8421코드의 값이 되게 처리하여야 한다.

표 5-1은 8421 코드를 나타낸 것이다.

표 5-1 8421 코드

10진수	2진수	8421 코드
0	0000	0000
1	0001	0001
2	0010	0010
3	0011	0011
4	0100	0100
5	0101	0101
6	0110	0110
7	0111	0111
8	1000	1000
9	1001	1001
10	1010	0001 0000

예를 들어 10진수 15를 8421코드로 나타내면 다음과 같다.

10진수	8421 코드
15	0001 0101

8421 코드의 가산 동작과 이에 따른 보정은 다음과 같이 세가지로 구분할 수 있다.

① 가산 결과가 8421 코드의 범위에 속하는 경우: 0000~1001

10진수	8421코드
15	0001 0101
+ 24	+ 0010 0100
39	0011 1001 (8421코드)

위의 가산의 결과가 0011 1001(39_{10})이므로 2개의 4비트 군이 8421 코드이므로 정확한 연산의 결과를 얻을 수 있었다.

② 가산 결과가 8421코드 범위를 벗어난 경우 : 1010~1111

10진수	8421코드
38	0011 1000
+ 27	+ 0010 0111
65	(a) 0101 1110 : 8421코드초과
	(b) + 0110 : 6을 더한다.
	(c) 0110 0100 : 8421 코드

가산의 첫 번째 결과가 1110(14_{10})로서 8421코드의 범위를 초과한 금지 코드이다(a). 이번 경우와 같이 연산의 결과가 1001(9_{10})를 초과하면 금지된 6개의 4비트 군을 뛰어넘어 최종 결과가 8421 코드의 형태로 표시되어야 한다. 그러므로 6개의 4비트 군을 뛰어넘기 위하여 얻어진 첫 번째 결과에 0110(6_{10})을 더해 주어야 한다(b). 따라서 위의 첫 번째 연산의 결과가 0101 1110이므로, 상위 4비트 군은 8421 코드이므로 그대로 두고, 8421코드를 초과한 하위 4비트 군에 다시 0110(6_{10})을 더해 주므로써 최종 결과값은 8421 코드가 되었다(c).

③ 캐리가 발생한 경우

10진수	8421코드
19	0001 1001
+ 17	+ 0001 0111
36	(a) 0011 0000 : 캐리 발생
	(b) + 0110 : 6을 더한다.
	(c) 0011 0110 : 8421 코드

이번에는 가산의 첫 번째 결과가 8421코드 값이지만, 하위 비트 군에서 캐리가 발생하였다. 따라서 이 경우에도 0110(6_{10})을 다시 더해주어야 만 정확한 8421코드의 가산 결과값을 구할 수 있다.

그림 5-6은 4비트 8421 가산기회로를 보여주고 있다. 이 시스템은 지금까지 설명한 것처럼 8421코드를 2진 가산법으로 더하고, 결과가 1001(9_{10})을 초과하거나, 캐리가 발생하면 다시 0110(610)을 더해 가산의 결과를 8421코드로 변환해 준다.

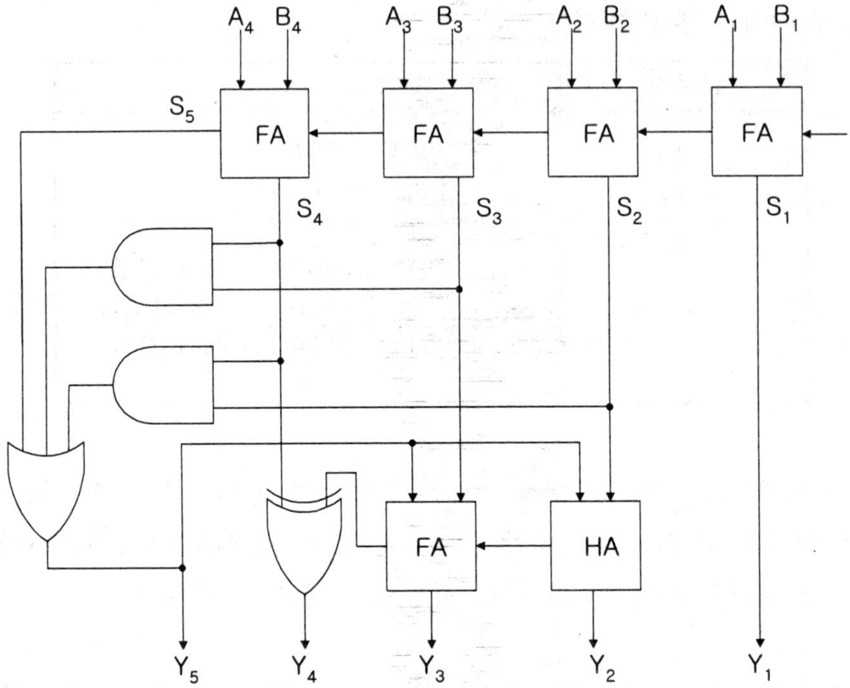

그림 5-6 8421 가산기

3. 사용기기 및 부품

구분	품 명	규 격	수량	비 고
사용기기	논리회로실험장치		1	
	오실로스코프		1	
	멀티미터		1	
부품	TTL IC	7400, 08, 32, 83, 86	각 1	
	C-MOS IC		각 1	
	저 항		1	

4. 실험순서

(1) 그림 5-7과 같은 회로를 구성하고, 표 5-2의 입력상태를 설정하여 출력을 측정하여 기록하시오.

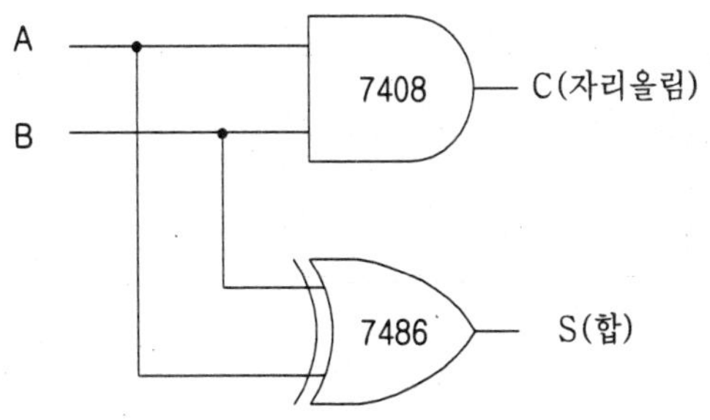

그림 5-7

A	B	C	S
0	0		
1	1		
1	0		
1	1		

표 5-2

(2) 그림 5-8과 같은 회로를 구성하고, 표 5-3의 입력상태를 설정하여 출력을 측정하여 기록하시오.

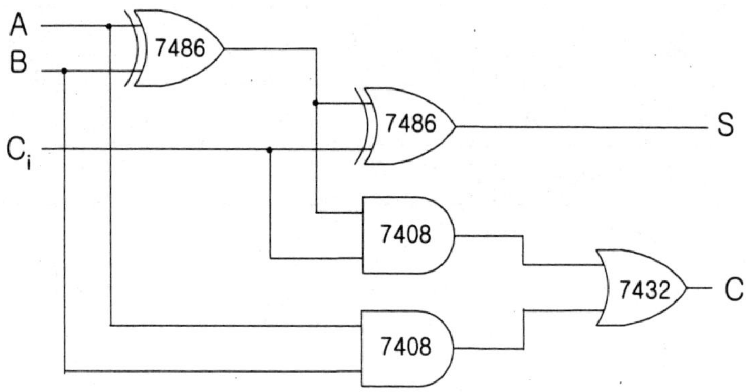

그림 5-8

표 5-3

A	B	C_i	C	S
0	0	0		
0	0	1		
0	1	0		
0	1	1		
1	0	0		
1	0	1		
1	1	0		
1	1	1		

(3) 그림 5-9과 같은 회로를 구성하고, 표 5-4의 입력상태를 설정하여 출력을 측정하여 기록하시오.

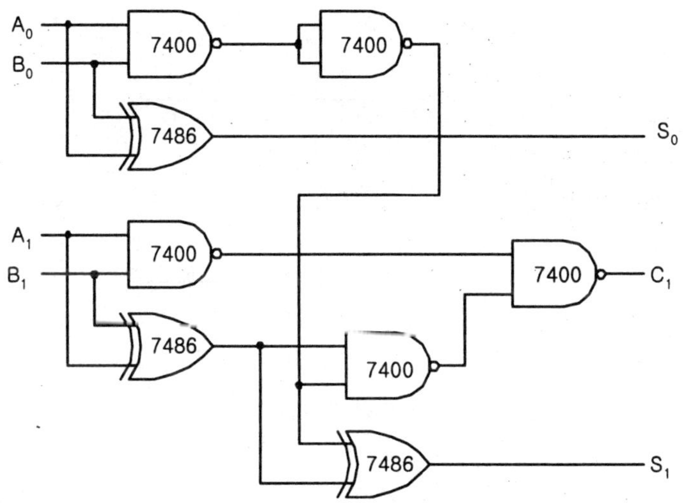

그림 5-9

표 5-4

A_1	B_1	A_0	B_0	C_1	S_1	S_0
0	0	0	0			
0	0	0	1			
0	0	1	1			
0	1	0	0			
0	1	0	1			
0	1	1	1			
1	0	0	0			
1	0	0	1			
1	1	1	0			
1	1	1	1			

(4) 그림 5-10과 같은 회로를 구성하고, 표 5-5의 입력상태를 설정하여 출력을 측정하여 기록하시오.

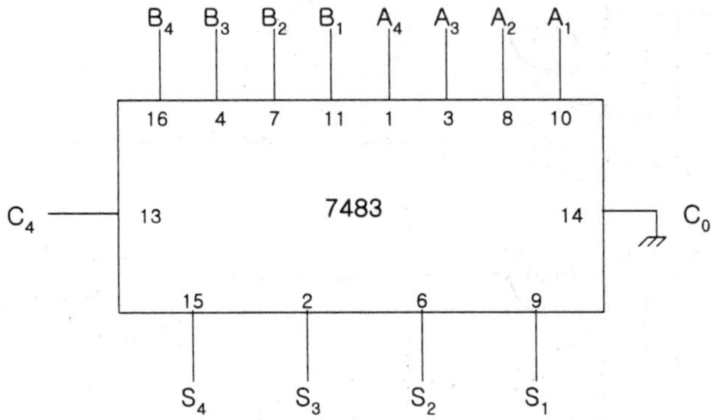

그림 5-10

표 5-5

B_4	B_3	B_2	B_1	A_4	A_3	A_2	A_1	C_4	S_4	S_3	S_2	S_1
0	0	1	1	0	1	0	1					
0	1	1	0	0	1	1	1					
1	0	0	1	1	0	0	1					
0	1	1	1	1	0	1	0					
0	1	1	0	1	0	1	1					
0	1	0	1	1	1	0	1					
0	0	1	0	0	0	1	1					
0	0	0	1	0	1	1	0					
1	0	1	1	1	1	1	0					
1	1	0	0	1	1	1	1					

(5) 그림 5-11과 같은 회로를 구성하고, 표 5-6의 입력상태를 설정하여 출력을 측정하여 기록하시오.

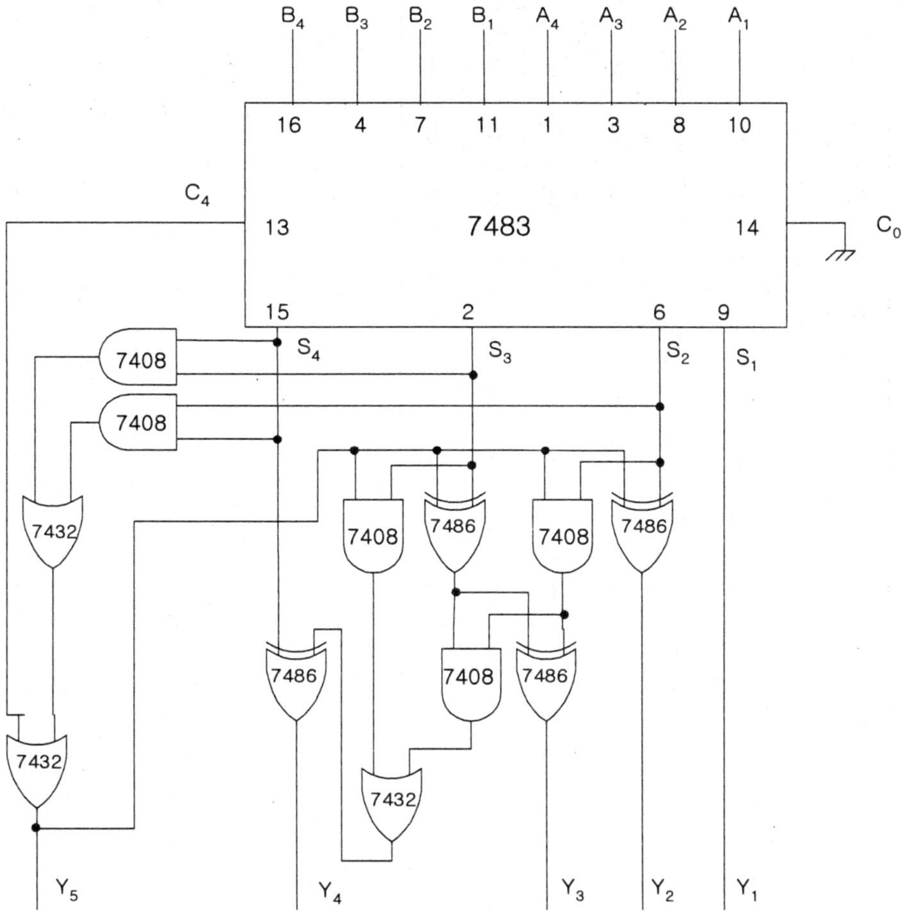

그림 5-11

표 5-6

B_4	B_3	B_2	B_1	A_4	A_3	A_2	A_1	C_4	S_4	S_3	S_2	S_1
0	0	0	0	0	0	0	0					
0	0	0	0	0	0	0	1					
0	0	0	1	0	0	0	0					
0	0	0	1	0	0	0	1					
0	0	0	1	0	0	1	1					
0	0	1	1	0	1	1	0					
0	1	0	0	0	0	1	1					
0	1	0	1	0	1	1	1					
1	0	0	1	1	0	0	0					
1	1	0	0	1	1	0	1					
1	1	1	1	1	1	1	1					

5. 실험 결과보고서

실습제목	실험 5. 가산기		
실습일자		실습장소	
학　번	(　조)	성　명	

(1) 표 5-2

A	B	C	S
0	0		
1	1		
1	0		
1	1		

(2) 표 5-3

A	B	C_i	C	S
0	0	0		
0	0	1		
0	1	0		
0	1	1		
1	0	0		
1	0	1		
1	1	0		
1	1	1		

(3) 표 5-4

A_1	B_1	A_0	B_0	C_1	S_1	S_0
0	0	0	0			
0	0	0	1			
0	0	1	1			
0	1	0	0			
0	1	0	1			
0	1	1	1			
1	0	0	0			
1	0	0	1			
1	1	1	0			
1	1	1	1			

(4) 표 5-5

B_4	B_3	B_2	B_1	A_4	A_3	A_2	A_1	C_4	S_4	S_3	S_2	S_1
0	0	1	1	0	1	0	1					
0	1	1	0	0	1	1	1					
1	0	0	1	1	0	0	1					
0	1	1	1	1	0	1	0					
0	1	1	0	1	0	1	1					
0	1	0	1	1	1	0	1					
0	0	1	0	0	0	1	1					
0	0	0	1	0	1	1	0					
1	0	1	1	1	1	1	0					
1	1	0	0	1	1	1	1					

(5) 표 5-6

B_4	B_3	B_2	B_1	A_4	A_3	A_2	A_1	C_4	S_4	S_3	S_2	S_1
0	0	0	0	0	0	0	0					
0	0	0	0	0	0	0	1					
0	0	0	1	0	0	0	0					
0	0	0	1	0	0	0	1					
0	0	0	1	0	0	1	1					
0	0	1	1	0	1	1	0					
0	1	0	0	0	0	1	1					
0	1	0	1	0	1	1	1					
1	0	0	1	1	0	0	0					
1	1	0	0	1	1	0	1					
1	1	1	1	1	1	1	1					

[검토 및 고찰]

(1) NOR 게이트만으로 반 가산기회로를 구성하시오.

(2) NAND 게이트만으로 전가산기를 구성하시오.

(3) 실험(5)의 8421가산기 실험에서 10진수 9를 초과한 수의 실험 결과를 이론값과 비교 검토하시오

(4) 8421가산기에서 10진수의 합이 9를 초과하면 어떻게 처리되는가?

(5) 각 실험에서 사용된 회로의 기능을 쓰시오.

(6) 고찰

실험 6 감산기

1. 목적

(1) 반감산기와 전감산기의 원리와 구성회로를 이해한다.
(2) 실험을 통하여 감산기의 동작을 확인한다.
(3) 감산기의 설계방법을 익힌다.

2. 이론

(1) 반감산기(Half Subtractor)

반감산기는 두 비트의 뺄셈을 수행하는 논리 회로이다. 두 비트의 뺄셈을 행하여 감산 결과와 1을 빌려 왔는지의 여부를 출력에 표시한다. X는 피감수 비트, Y는 감수 비트, D는 차(difference), 그리고 빌림수(borrow)은 B를 나타낸다.

즉, 반감산기가 X-Y를 수행하는 경우 출력의 차와 자리내림의 진리표는 다음과 같다.

표 6-1 반감산기의 진리표

X	Y	빌림	차
		B	D
0	0	0	0
0	1	1	1
1	0	0	1
1	1	0	0

이것을 기본적의 합으로 표시하면 아래와 같다.

$$D = \overline{X}\,Y + X\,\overline{Y} = X \oplus Y$$

$$B = \overline{X}\,Y$$

즉, 두 비트의 차(D)에 해당하는 출력값은 입력 X와 Y가 같을 때는 항상 0이고, X와 Y가 서로 다를 경우에만 1이 된다. 따라서 이러한 출력값을 얻기 위해서는 EX-OR 게이트를 사용하면 된다.

그리고 빌림(B)에 해당하는 출력값은 X가 0이고 Y가 1일 경우에만 1이 되므로 빌림(D)의 출력을 얻기위한 논리 게이트는 $\overline{X}$와 Y를 AND 하면 된다.

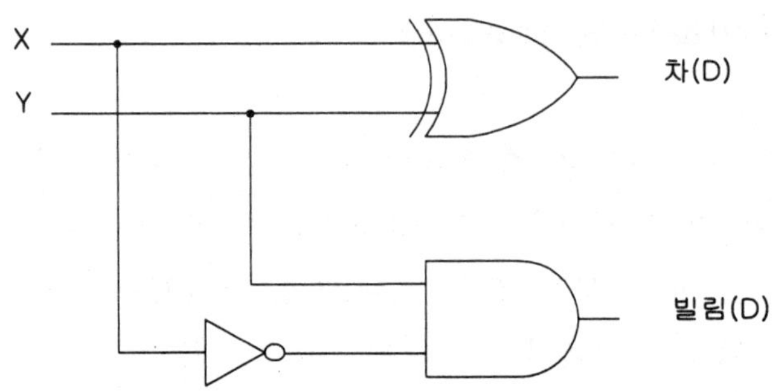

(a) 반감산기 회로

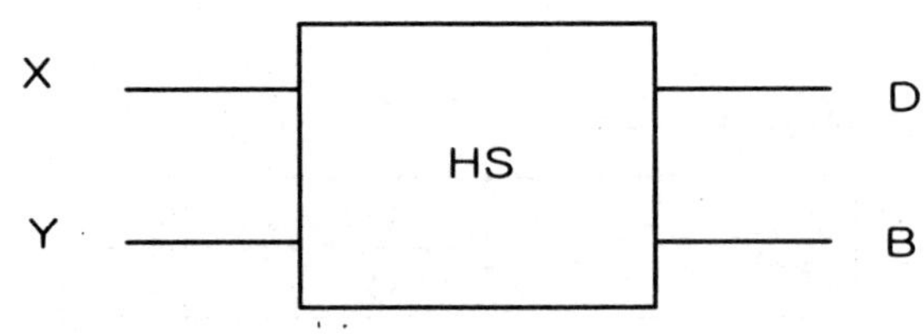

(b) 블럭도

그림 6-1 반감산기

(2) 전감산기(Full Subtractor)

최하위 비트를 제외한 다른 비트의 뺄셈을 처리하려면 바로 직전 단의 위치에 빌려 준 1을 고려하여 두 비트의 뺄셈을 수행하는 전감산기가 필요하다. 전감산기 논리 회로는 3개의 입력과 2개의 출력을 가진다. X는 피감수, Y는 감수, Z는 바로 전 단의 위치의 빌려 줌을 나타내는 입력 변수이고, D와 B는 현 단계의 뺄셈에서의 차와 빌림수를 표시하는 출력 변수이다.

표 6-2 전감산기의 진리표

입력			출력	
X	Y	Z	B	D
0	0	0	0	0
0	0	1	1	1
0	1	0	1	1
0	1	1	1	0
1	0	0	0	1
1	0	1	0	0
1	1	0	0	0
1	1	1	1	1

표 6-2은 전감산기의 진리표이다. 이 진리표를 최소항의 합으로 표시하면 빌림수 B와 차 D는 다음과 같다.

$$B = \overline{X}\,\overline{Y}Z + \overline{X}Y\overline{Z} + \overline{X}YZ + XYZ$$

$$= \overline{X}Y + \overline{X}Z + YZ$$

또는

$$B = \overline{X}\,\overline{Y}Z + \overline{X}\,Y\overline{Z} + \overline{X}\,YZ + X\,YZ$$
$$= Z(\overline{X}\,\overline{Y} + X\,Y) + \overline{X}\,Y(\overline{Z} + Z)$$
$$= Z\overline{(X \oplus Y)} + \overline{X}\,Y$$

$$D = \overline{X}\,\overline{Y}Z + \overline{X}\,Y\overline{Z} + X\,\overline{Y}\,\overline{Z} + X\,YZ$$

또는

$$D = \overline{X}\,\overline{Y}Z + \overline{X}\,Y\overline{Z} + X\,\overline{Y}\,\overline{Z} + X\,YZ$$
$$= \overline{Z}(X\,\overline{Y} + \overline{Z}\,Y) + Z(X\,\overline{Y} + \overline{Z}\,Y)$$
$$= \overline{X}(X\,\overline{Y} + \overline{X}\,Y))\,Z(X\,Y + \overline{X}\,\overline{Y})$$
$$= (X \oplus Y) \oplus Z$$

지금까지 구한 전감산기의 간략화된 논리식을 논리회로로 나타내면 그림 6-2와 같다.

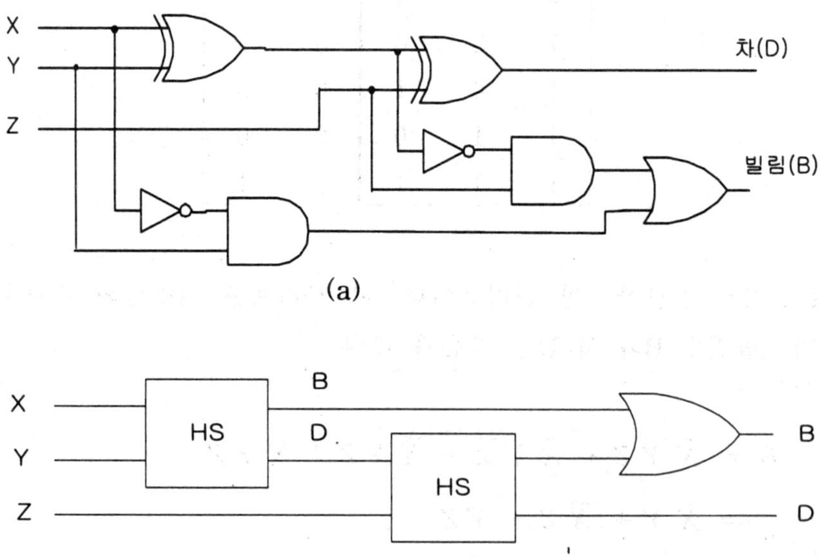

(a)

(b)

그림 6-2 전감산기

(3) 병렬 2진 감산기

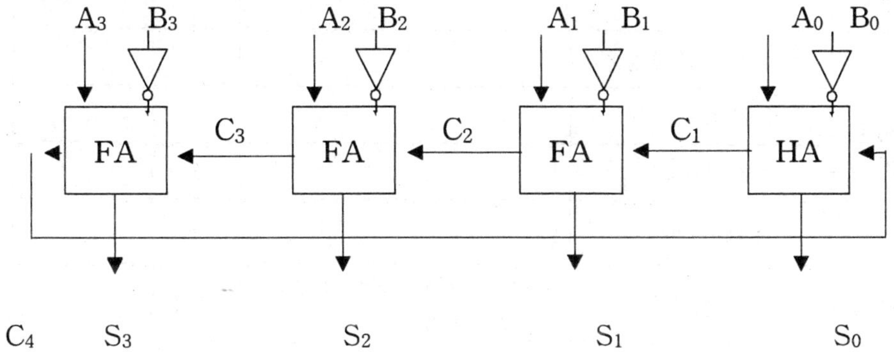

그림 6-3 병렬 2진 감산기

그림 6-3은 4비트의 2진수 $A_3A_2A_1A_0$에서 $B_3B_2B_1B_0$를 빼는 감산기의 구조를 보여주고 있다.

여기서 그림 6-3은 1의 보수에 의한 감산기로 설계하였다. 그러므로 앞 실험에서 설계한 병렬 2진 가산기에서 피감수 입력인 $A_3A_2A_1A_0$는 그대로 두고 $B_3B_2B_1B_0$에 1의 보수를 취해야 하므로 4개의 NOT 게이트를 사용하였다. 이제 전가산기에서 $A_3A_2A_1A_0$와 1의 보수를 취한 $B_3B_2B_1B_0$를 더해주고 자리올림이 발생하였을 경우, 이 값을 최하위 비트에 다시 더해주기 위해 직접 연결을 해주고 있다.

그림 6-3의 감산기회로는 1의 보수에 의한 감산기로서 $A_3A_2A_1A_0 > B_3B_2B_1B_0$ 인 경우만 고려하여 설계하였다.

3. 사용기기 및 부품

구분	품 명	규 격	수량	비 고
사용 기기	논리회로실험장치		1	
	오실로스코프		1	
	멀티미터		1	
	브레드 보드		1	
부품	TTL IC	7400, 7404, 7408, 7432, 7483, 7486	각 1	

4. 실험순서

(1) 그림 6-4와 같은 회로를 구성하고, 표 6-2의 입력상태를 설정하여 출력을 측정하여 기록하시오.

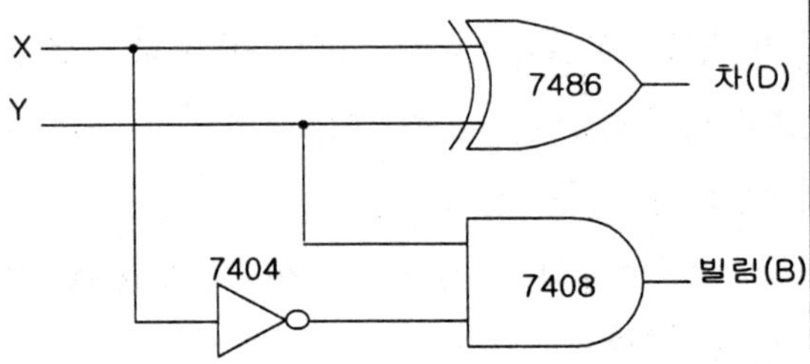

그림 6-4

X	Y	B	D
0	0		
1	1		
1	0		
1	1		

표 6-2

(2) 그림 6-5와 같은 회로를 구성하고, 표 6-3의 입력상태를 설정하여 출력을 측정하여 기록하시오.

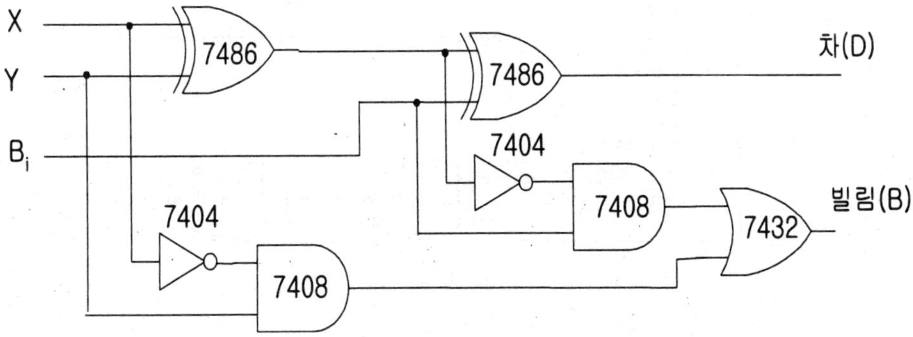

그림 6-5

표 6-3

X	Y	B_i	B	D
0	0	0		
0	0	1		
0	1	0		
0	1	1		
1	0	0		
1	0	1		
1	1	0		
1	1	1		

(3) 그림 6-6과 같은 회로를 구성하고, 표 6-4의 입력상태를 설정하여 출력을 측정하여 기록하시오.

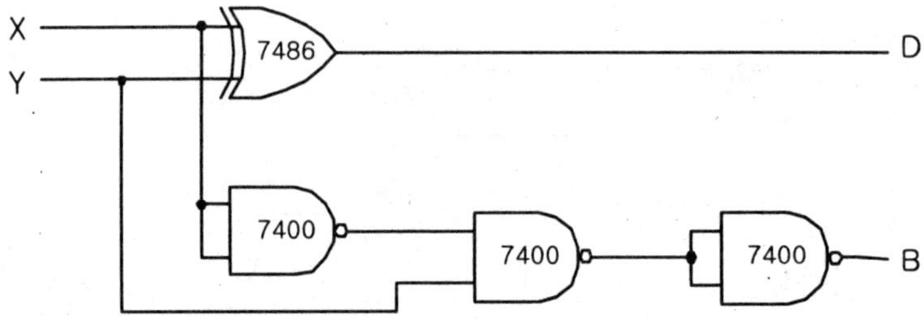

그림 6-6

표6-4

X	Y	B	D
0	0		
1	1		
1	0		
1	1		

(4) 그림 6-7과 같은 회로를 구성하고, 표 6-5의 입력상태를 설정하여 출력을 측정하여 기록하시오.

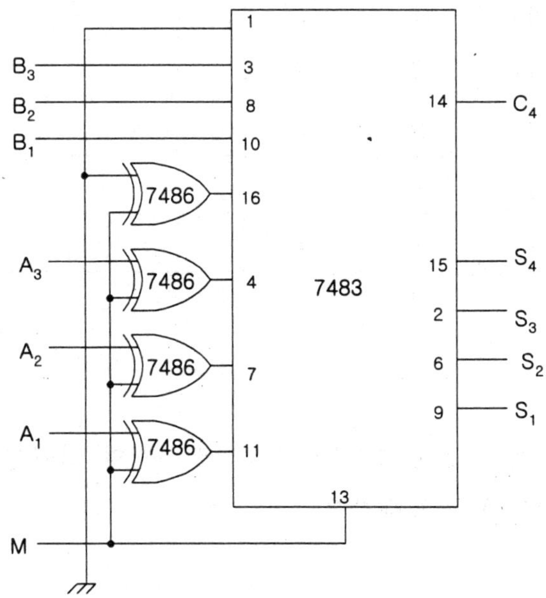

그림 6-7

표 6-4

M	B_3	B_2	B_1	A_3	A_2	A_1	C_4	S_4	S_3	S_2	S_1
0	0	0	0	0	0	0					
0	0	1	0	0	0	0					
0	0	1	0	0	0	1					
0	1	0	1	0	1	1					
0	1	1	1	0	1	1					
0	1	1	1	1	0	1					
1	0	0	0	0	0	0					
1	0	0	1	0	0	1					
1	0	1	1	0	0	1					
1	1	0	0	0	1	1					
1	1	0	1	1	0	0					
1	1	0	1	1	1	0					

5. 실험 결과보고서

실습제목	실험 6. 감산기		
실습일자		실습장소	
학 번	(조)	성 명	

(1) 표 6-2

X	Y	B	D
0	0		
1	1		
1	0		
1	1		

(2) 표 6-3

X	Y	B_i	B	D
0	0	0		
0	0	1		
0	1	0		
0	1	1		
1	0	0		
1	0	1		
1	1	0		
1	1	1		

(3) 표6-4

X	Y	B	D
0	0		
1	1		
1	0		
1	1		

(4) 표 6-4

M	B_3	B_2	B_1	A_3	A_2	A_1	C_4	S_4	S_3	S_2	S_1
0	0	0	0	0	0	0					
0	0	1	0	0	0	0					
0	0	1	0	0	0	1					
0	1	0	1	0	1	1					
0	1	1	1	0	1	1					
0	1	1	1	1	0	1					
1	0	0	0	0	0	0					
1	0	0	1	0	0	1					
1	0	1	1	0	0	1					
1	1	0	0	0	1	1					
1	1	0	1	1	0	0					
1	1	0	1	1	1	0					

[검토 및 고찰]

(1) NAND 게이트만으로 반 감산기회로를 구성하시오.

(2) 그림 6-7에서 M의 기능을 설명하시오.

(3) 1의보수와 2의 보수에 의한 감산기를 설계하시오.

실험 7 엔코더와 디코더 (Encoder and Decoder)

1. 목적

(1) 엔코더와 디코더의 원리와 구성회로를 이해한다.
(2) 실험을 통하여 엔코드와 디코더의 동작 특성을 확인한다.
(3) 엔코더와 디코더의 설계방법을 습득하여 응용코드를 만들 수 있는 능력을 키운다.

2. 이론

(1) 엔코더(encoder)

그림 7-1 엔코드

2진수 체계가 아닌 코드를 디지털 시스템에서 해석할 수 있도록 2진수의 코드로 변환하여 출력하는 조합 논리회로를 엔코더라 한다.

엔코드는 2^n개 이하의 입력선과 n개의 출력선을 갖으며 2^n개의 입력 변수에 대하여 출력선은 2진 코드를 발생한다.(그림 7-1)

그림 7.2는 8진수를 2진수로 변환하는 8진-2진(octal-to-binary) 엔

코드의 진리표와 논리 회로를 나타내고 있다.

입			력					출 력		
D_0	D_1	D_2	D_3	D_4	D_5	D_6	D_7	X	Y	Z
1	0	0	0	0	0	0	0	0	0	0
0	1	0	0	0	0	0	0	0	0	1
0	0	1	0	0	0	0	0	0	1	0
0	0	0	1	0	0	0	0	0	1	1
0	0	0	0	1	0	0	0	1	0	0
0	0	0	0	0	1	0	0	1	0	1
0	0	0	0	0	0	1	0	1	1	0
0	0	0	0	0	0	0	1	1	1	1

(a) 진리표

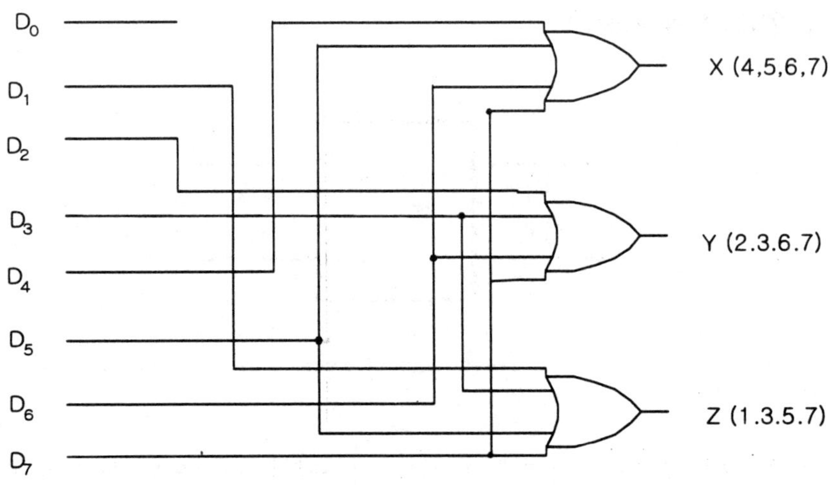

(b) 논리 회로

그림 7-2 8진-2진 엔코더

그림 7-2와 같이 8진-2진 엔코더는 8개의 입력 디지트를 위한 8개(2^3개)의 입력과 그에 대응하는 2진수를 출력하기 위하여 3개의 출력이 있

어야 한다. 이러한 엔코드의 진리표를 만족하기 위해 OR 게이트로 구성되어야 한다. 따라서 8진-2진 엔코더의 논리식은 다음과 같다.

$$X = D_4 + D_5 + D_6 + D_7$$
$$Y = D_2 + D_3 + D_6 + D_7$$
$$Z = D_1 + D_3 + D_5 + D_7$$

(2) 디코더(Decoder)

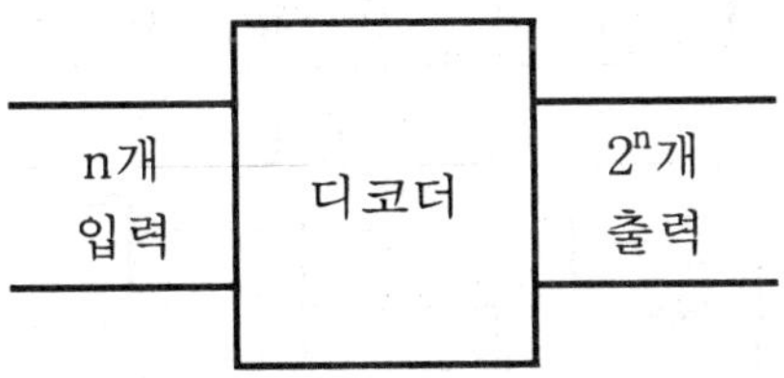

그림 7-3 디코더

디코더는 인코우드의 역동작을 수행하는 디지털 회로로 2진수를 원래의 상태나 우리가 쉽게 알 수 있는 숫자나 문자로 변환해준다.

간단히 설명하면 디코우더는 2진 코드나 BCD 코드를 입력하여 10진수로 변환해 주는 장치로 해독기라고도 한다.

그림 7-3과 같이 디코더는 n개의 입력으로부터 2진 코드를 받아 최대 2^n개의 독자적인 출력으로 변환하는 조합회로로 AND게이트가 사용된다. 이 경우 n 비트의 입력 중에서 사용되지 않거나 무정의 조건(don't care)의 입력 조합이 있으면 이 디코더의 출력수는 2^n보다 적게 된다. 그림 7-3의 디코더는 $m \le 2^n$ 이므로 n-to-m(n×m) 디코더라고 부른다.

디코드에는 2×4 디코더, 3×8 디코더, 2진-10진 디코더, 4×16 디코더, BCD-to-7 세그멘트(segment)디코더 등이 있다.

① 2×4 디코더

2개의 2진 입력이 4개의 출력으로 나타나는 회로를 2×4디코더라 하며, 2비트의 2진 입력으로 4개 상태 중 하나를 선택하여 출력한다.

X	Y	D_0	D_1	D_2	D_3
0	0	1	0	0	0
1	0	0	1	0	0
0	1	0	0	1	0
1	1	0	0	0	1

(a) 진리표

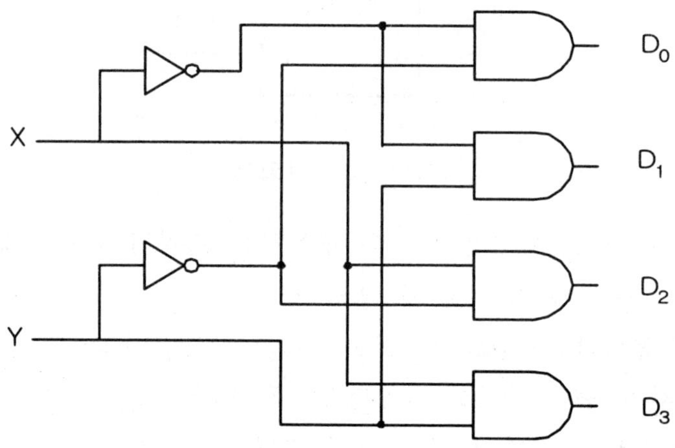

(b) 논리 회로

그림 7-4 2×4 디코더

② 3×8 디코더

3×8 디코더는 3개의 입력이 8개의 출력으로 해독되는데, 각 출력은 3입력변수의 최소항의 하나를 나타낸다.

X	Y	Z	D_0	D_1	D_2	D_3	D_4	D_5	D_6	D_7
0	0	0	1	0	0	0	0	0	0	0
0	0	1	0	1	0	0	0	0	0	0
0	1	0	0	0	1	0	0	0	0	0
0	1	1	0	0	0	1	0	0	0	0
1	0	0	0	0	0	0	1	0	0	0
1	0	1	0	0	0	0	0	1	0	0
1	1	0	0	0	0	0	0	0	1	0
1	1	1	0	0	0	0	0	0	0	1

(a)진리표

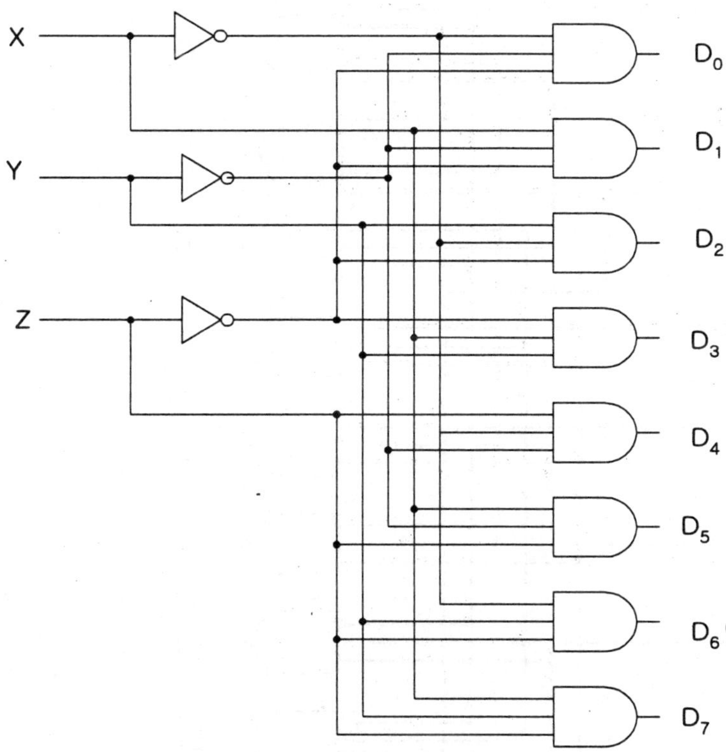

(b) 논리 회로

그림 7-5 3×8 디코더

③ BCD-to-decimal(10진) 디코더

이 디코더는 입력변수가 4개인 BCD 코드를 해당하는 10진수로 바꾸는 회로이다.

W	X	Y	Z	D_0	D_1	D_2	D_3	D_4	D_5	D_6	D_7	D_8	D_9
0	0	0	0	0	0	0	0	0	0	0	0	0	0
0	0	0	1	0	0	0	1	0	0	0	0	0	0
0	1	0	0	0	0	0	0	1	0	0	0	0	0
0	1	1	0	0	0	0	0	0	1	0	0	0	0
1	0	0	0	0	0	0	0	0	0	1	0	0	0
1	0	1	0	0	0	0	0	0	0	0	1	0	0
1	1	0	0	0	0	0	0	0	0	0	0	1	0
1	1	1	0	0	0	0	0	0	0	0	0	0	1

(a)진리표

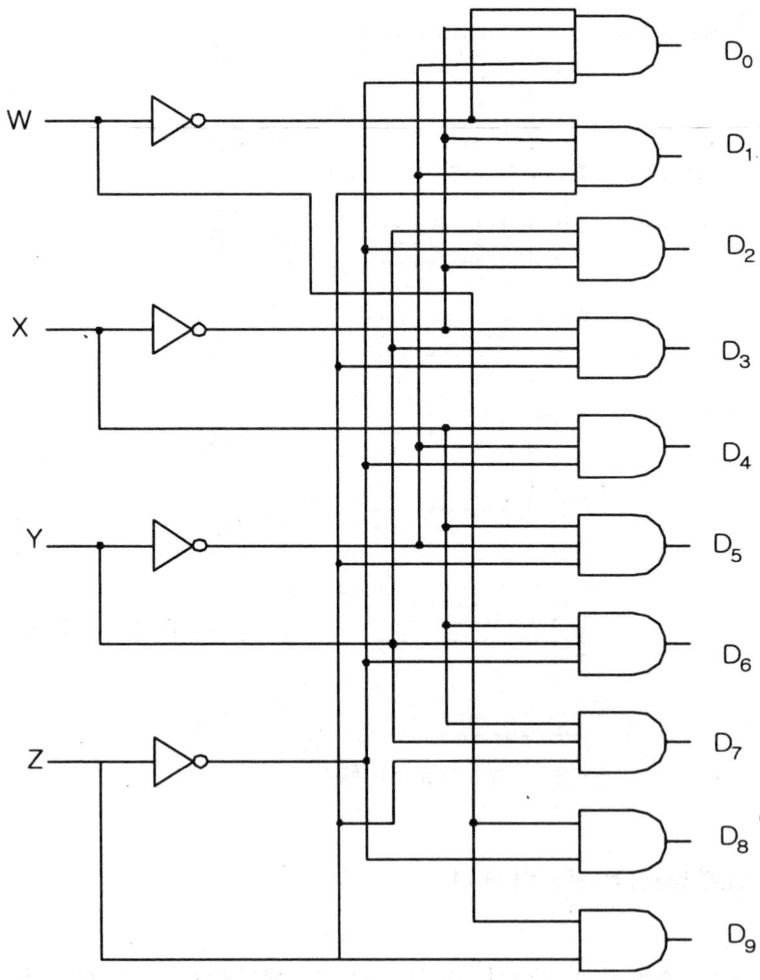

(b)논리 회로

그림 7-6 BCD-decimal 디코더

3. 사용기기 및 부품

구분	품 명	규 격	수량	비 고
사용기기	논리회로실험장치		1	
	오실로스코프		1	
	멀티미터		1	
	브레드 보드		1	
부품	TTL IC	7404, 7408, 7432, 7442	각 1	

4. 실험순서

(1) 그림 7-7과 같은 회로를 구성하고, 표 7-1의 입력상태를 설정하여 출력을 측정하여 기록하시오.

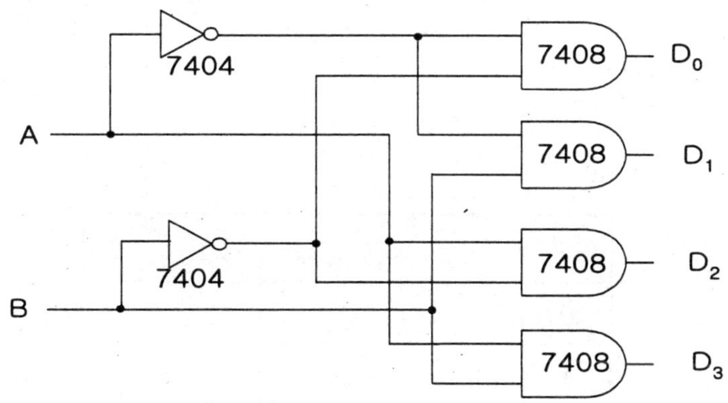

그림 7-7

표 7-1

A	B	D_3	D_2	D_1	D_0
0	0				
1	1				
1	0				
1	1				

(2) 그림 7-8와 같은 회로를 구성하고, 표 7-2의 입력상태를 설정하여 출력을 측정하여 기록하시오.

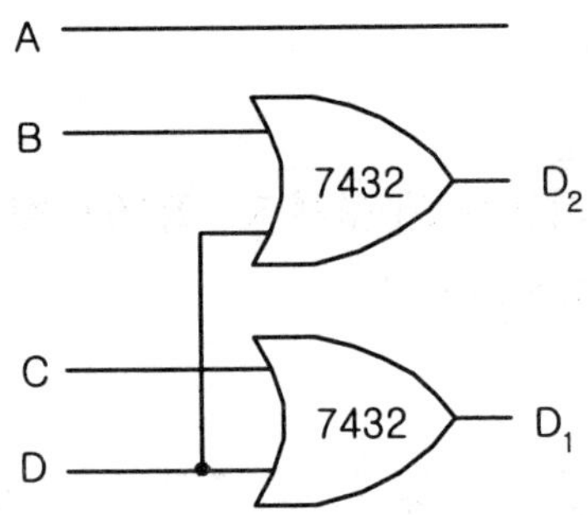

그림 7-8

표 7-2

A	B	C	D	D_2	D_1
0	0				
1	1				
1	0				
1	1				

(3) 그림 7-9와 같은 회로를 구성하고, 표 7-3의 입력상태를 설정하여 출력을 측정하여 기록하시오.

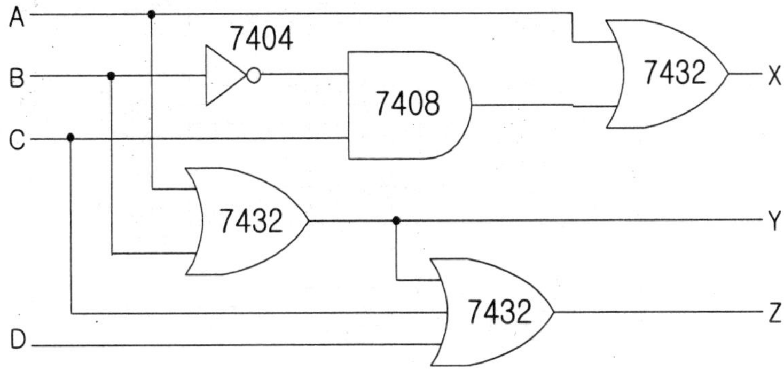

그림 7-9

표7-3

A	B	C	D	X	Y	Z
0	0	0	0			
0	0	0	1			
0	0	1	1			
0	1	0	0			
0	1	0	1			
0	1	1	0			
1	0	0	0			
1	0	0	1			
1	0	1	1			
1	1	0	0			
1	1	1	0			
1	1	1	1			

(4) 그림 7-10과 같은 회로를 구성하고, 표 7-4의 입력상태를 설정하여 출력을 측정하여 기록하시오.

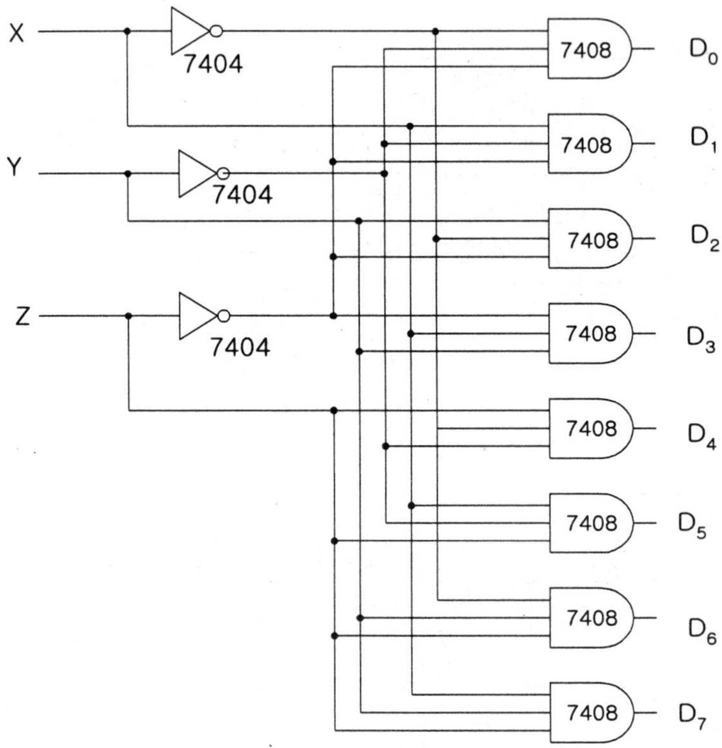

그림 7-10

표 7-4

X	Y	Z	D_7	D_6	D_5	D_4	D_3	D_2	D_1	D_0
0	0	0								
0	0	1								
0	1	0								
0	1	1								
1	0	0								
1	0	1								
1	1	0								
1	1	1								

(5) 그림 7-11과 같은 회로를 구성하고, 표 7-5의 입력상태를 설정하여 출력을 측정하여 기록하시오.

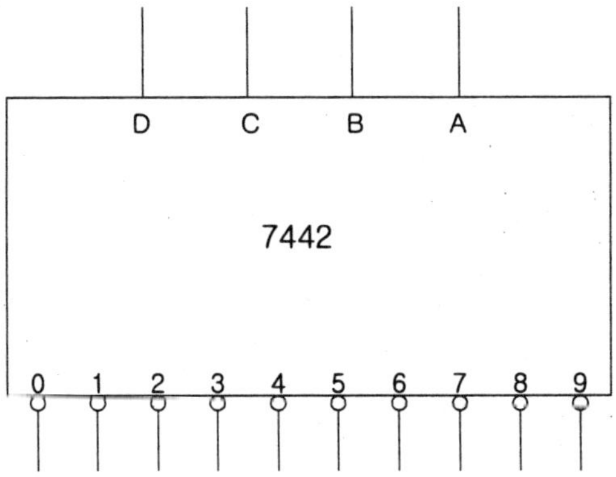

그림 7-11

표 7-5

D	C	B	A	0	1	2	3	4	5	6	7	8	9
0	0	0	0										
0	0	0	1										
0	0	1	0										
0	0	1	1										
0	1	0	0										
0	1	0	1										
0	1	1	0										
0	1	1	1										
1	0	0	0										
1	0	0	1										

5. 실험 결과보고서

실습제목	실험 7. 엔코더와 디코더		
실습일자		실습장소	
학 번	(조)	성 명	

(1) 표 7-1

A	B	D_3	D_2	D_1	D_0
0	0				
1	1				
1	0				
1	1				

(2) 표 7-2

A	B	C	D	D_2	D_1
0	0				
1	1				
1	0				
1	1				

(3) 표 7-3

A	B	C	D	X	Y	Z
0	0	0	0			
0	0	0	1			
0	0	1	1			
0	1	0	0			
0	1	0	1			
0	1	1	0			
1	0	0	0			
1	0	0	1			
1	0	1	1			
1	1	0	0			
1	1	1	0			
1	1	1	1			

(4) 표 7-4

X	Y	Z	D_7	D_6	D_5	D_4	D_3	D_2	D_1	D_0
0	0	0								
0	0	1								
0	1	0								
0	1	1								
1	0	0								
1	0	1								
1	1	0								
1	1	1								

(5) 표 7-5

D	C	B	A	0	1	2	3	4	5	6	7	8	9
0	0	0	0										
0	0	0	1										
0	0	1	0										
0	0	1	1										
0	1	0	0										
0	1	0	1										
0	1	1	0										
0	1	1	1										
1	0	0	0										
1	0	0	1										

[검토 및 고찰]

(1) 실험에서 사용한 각각의 회로에 대한 기능을 쓰고 부울식으로 나타내시오

(2) 엔코더와 디코더의 차이점에 대하여 쓰시오.

(3) 디코더와 OR 게이트를 이용하여 전가산기 회로를 구성하시오.

실험 8 멀티플렉서와 디멀티플렉서 (Multiplexer and Demultiplexer)

1. 목적

(1) 멀티플렉서와 디멀티플렉서의 원리와 구성회로를 이해한다.
(2) 멀티플렉서와 디멀티플렉서의 특성을 이해하여 설계능력을 기른다.

2. 이론

(1) 멀티플렉서(Multiplexer:MUX)

멀티플렉서(Multiplexer: MUX)는 여러 개의 데이터 입력 신호선(채널)중에서 한번에 하나를 선택하여 출력선으로 연결하는 조합 논리회로로서, 데이터 선택기(data selector) 혹은 다중화기라고도 한다. 일반적으로 멀티플렉서는 2^n개의 입력선과 n개의 선택선(SELECT) 그리고 1개의 출력선으로 구성하므로, 간단히 $2^n \times 1$ MUX라고 표시한다. 이러한 멀티플렉서 회로는 디코더와 AND-OR 게이트로 회로를 구성할 수 있다.

① 2×1 멀티플렉서

그림 8-1는 2×1 멀티플렉서의 진리표와 논리회로를 나타내고 있다. 입력선이 2개($2^n=2$, n=1)이므로 선택입력은 1비트(n=1) 만으로도 출력으로 내보낼 입력선을 충분히 제어가능하다. 선택입력 S에 가해진 논리레

벨(0 또는 1)에 따라 두 개의 입력 중 하나를 선택하여 출력으로 연결하므로 선택입력 S에 따라 2개의 AND 게이트 중 하나가 활성화 되어 출력으로 전송될 입력도 정해진다.

선택입력	출력
S	Y
0	I_0
1	I_1

(a) 진리표

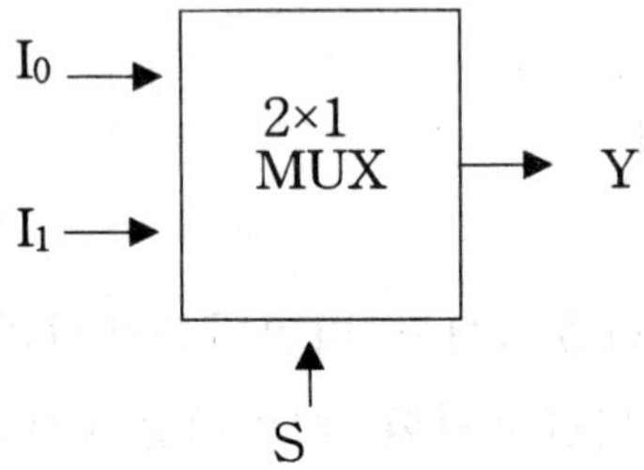

(b) 블럭도

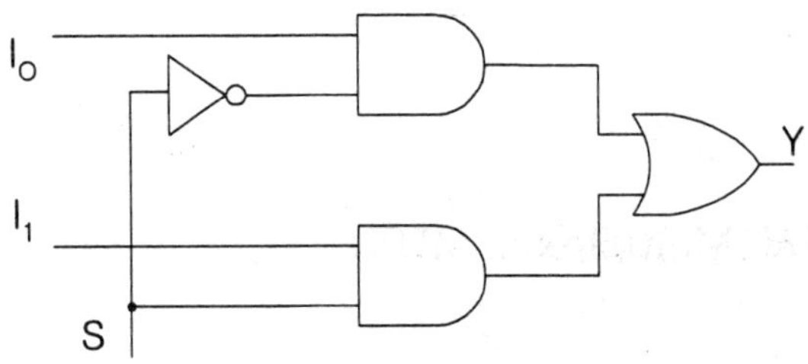

$$Y = I_0\overline{S} + I_1 S$$

(c) 논리 회로

그림 8-1 2×1 MUX

② 4×1 멀티플렉서

4×1 MUX의 블록도는 그림 8-2와 같이 나타낼 수 있다. 입력이 4개($2^n=4$, $n=2$)이므로 이중에 하나를 선택할 수 있는 선택입력은 2개($n=2$)가 필요하다. 선택입력 S_0, S_1의 0, 1의 조합에 의하여 2×4 디코더의 출력O_0, O_1, O_2, O_3 중 하나가 1이 되면 AND 게이트의 입력데이터가 출력으로 나간다.

선택입력		디코더 출력				MUX 출력
S_0	S_1	O_0	O_1	O_2	O_3	Y
0	0	1	0	0	0	I_0
0	1	0	1	0	0	I_1
1	0	0	0	1	0	I_2
1	1	0	0	0	1	I_3

(a) 진리표

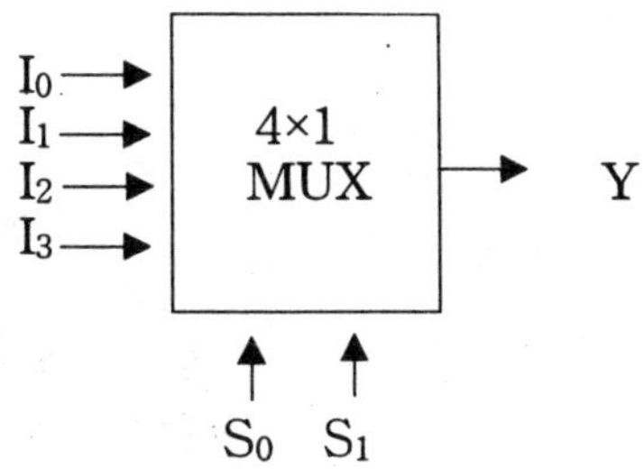

(b) 블럭도

그림 8-2. 4×1 멀티플렉서

따라서 출력 함수 Y는 다음과 같은 부울식으로 정의될 수 있다.

$$Y = Q_0 \overline{S_0}\ \overline{S_1} + Q_1 \overline{S_0} S_1 + Q_2 S_0 \overline{S_1} + Q_3 S_0 S_1$$

이 부울식은 간략화할 필요가 없으며, 논리 게이트로 구현한다면 그림 8-3과 같다.

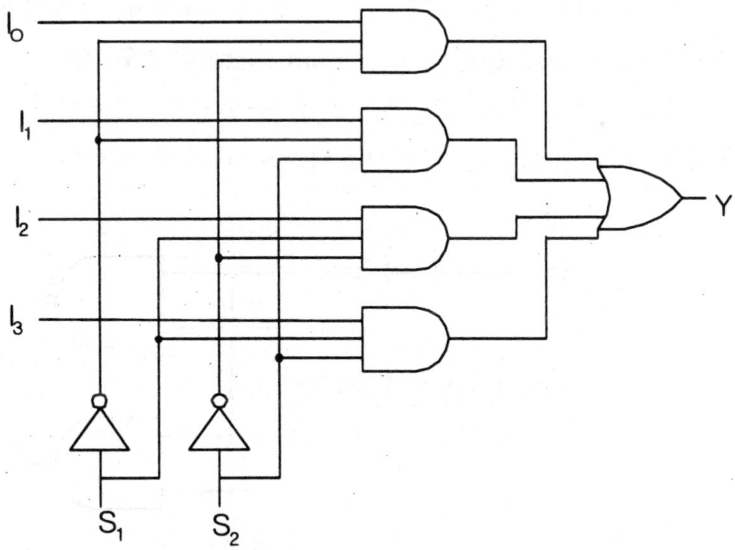

그림 7.17 4×1 MUX

(2) 디멀티플렉서(demultiplexer:DEMUX)

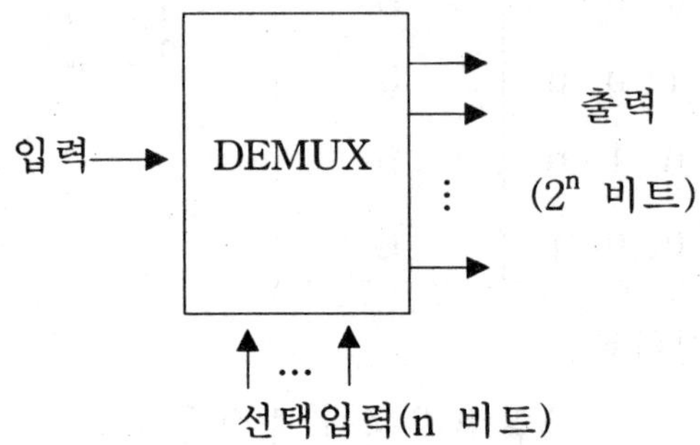

그림 8-3 1×2^n 디멀티플렉서

디멀티플렉서(Demultiplexer: DEMUX)는 멀티플렉서와 정반대의 동작을 하는 1 입력 다출력 회로로써, 하나의 입력선에 정보를 받아서 여러 개의 출력선(2^n) 중의 어느 하나로 연결하여 정보를 전송해 주는 회로이다. 2^n개의 출력선 중에서 특정한 하나의 출력선 선택은 n개의 선택입력의 비트 값에 의하여 제어된다. 따라서 디멀티플렉서는 데이터 분배기(data distributor) 또는 data router라고도 한다.

그림 8-3은 NAND 게이트로 구성되고 인에이블 입력(E)을 가진 1×2 디코우더 회로를 디멀티플럭서로 나타낸 것이다.

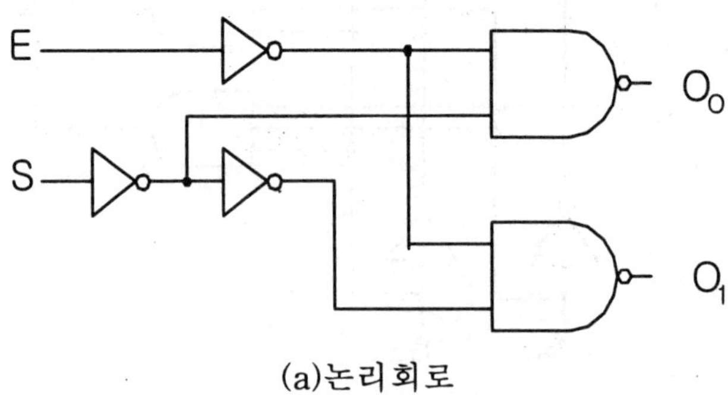

(a)논리회로

인에이블	선택입력	출 력
E	S	O_0 O_1
1	×	1 1
0	0	0 1
0	1	1 0

(b) 진리표

그림 8-4 NAND 게이트로 구성된 디멀티플렉서

이 회로에서 선택입력 단자가 0이면 출력O_0는 0가 되고 선택입력단자가 1이면 O_1은 1이 된다.

그림 8-5는 1×4 디멀티플렉서를 나타낸 것이다.

입력	선택선	출력
I	S_0 S_1	O_0 O_1 O_2 O_3
I	0 0	I 0 0 0
I	0 1	0 I 0 0
I	1 0	0 0 I 0
I	1 1	0 0 0 I

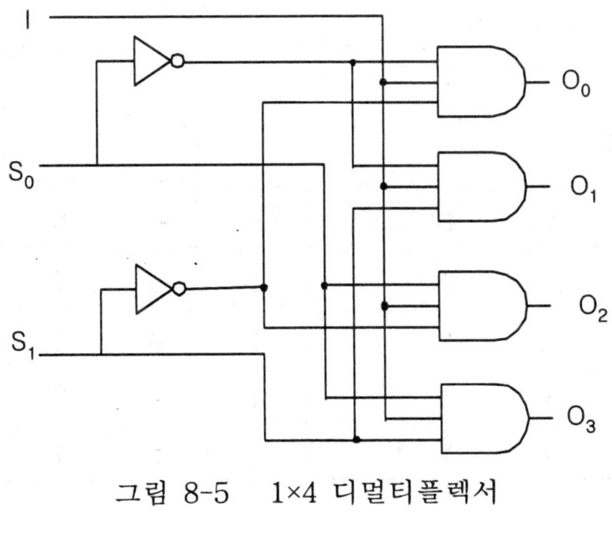

그림 8-5 1×4 디멀티플렉서

3. 사용기기 및 부품

구분	품 명	규 격	수량	비 고
사용기기	논리회로실험장치		1	
	오실로스코프		1	
	멀티미터		1	
	브레드 보드		1	
부품	TTL IC	7400, 7404, 7408, 7432, 74153, 74138	각 1	

4. 실험순서

(1) 그림 8-6과 같은 회로를 구성하고, 표 8-1의 입력상태를 설정한 후, 출력을 측정하여 기록하시오.

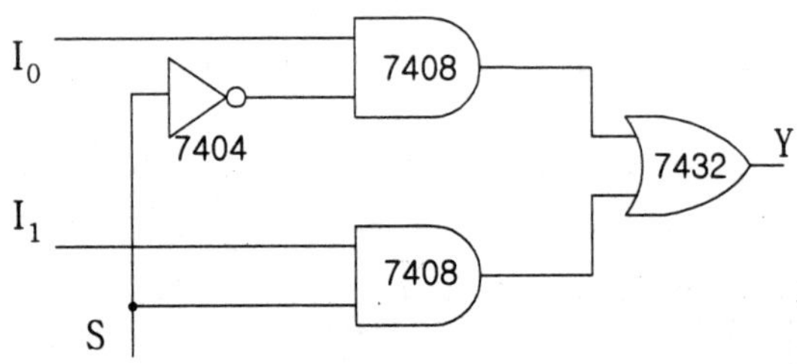

그림 8-6

표 8-1

S	I_1	I_0	Y	S	I_1	I_0	Y
0	0	0		1	0	0	
0	0	1		1	0	1	
0	1	0		1	1	0	
0	1	1		1	1	1	

(2) 그림 8-7와 같은 회로를 구성하고, 표 8-2의 입력상태를 설정한 후, 출력을 측정하여 기록하시오.

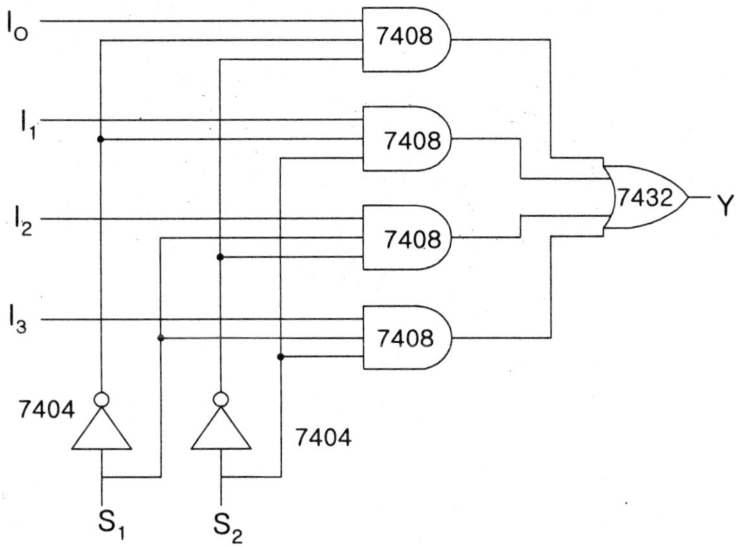

그림 8-7

표 8-2

S_1	S_2	I_3	I_2	I_1	I_0	Y
0	0	0	×	×	×	
0	0	1	×	×	×	
0	1	×	0	×	×	
0	1	×	1	×	×	
1	0	×	×	0	×	
1	0	×	×	1	×	
1	1	×	×	×	0	
1	1	×	×	×	1	

(3) 그림 8-8과 같은 회로를 구성하고, 표 8-3의 입력상태를 설정한 후. 출력을 측정하여 기록하시오.

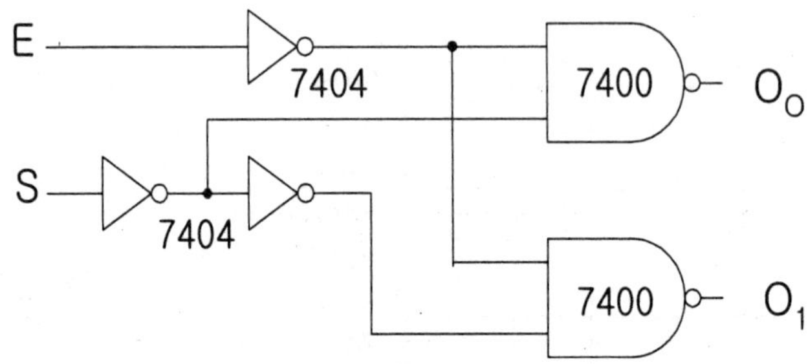

그림 8-8

표 8-3

E	S	O_0	O_1
1	×		
0	0		
0	1		

(4) 그림 8-9과 같은 회로를 구성하고, 표 8-4의 입력상태를 설정한 후, 출력을 측정하여 기록하시오.

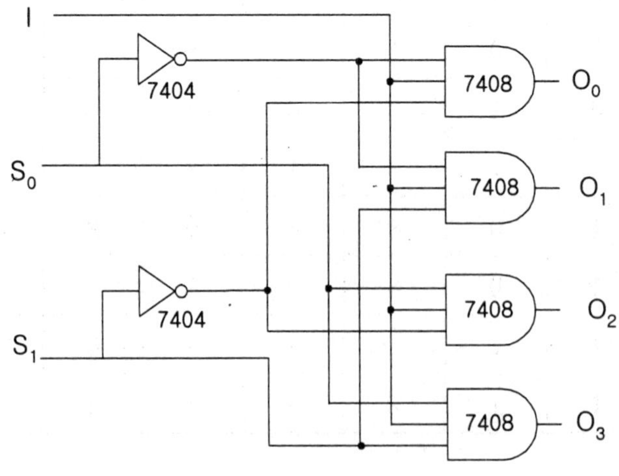

그림 8-9

표 8-4

I	S_0	S_1	O_0	O_1	O_2	O_0
0	0	0				
0	0	1				
0	1	0				
0	1	1				
1	1	1				

(5) 그림 8-10과 같은 회로를 구성하고, 표 8-5의 입력상태를 설정한 후, 출력을 측정하여 기록하시오.

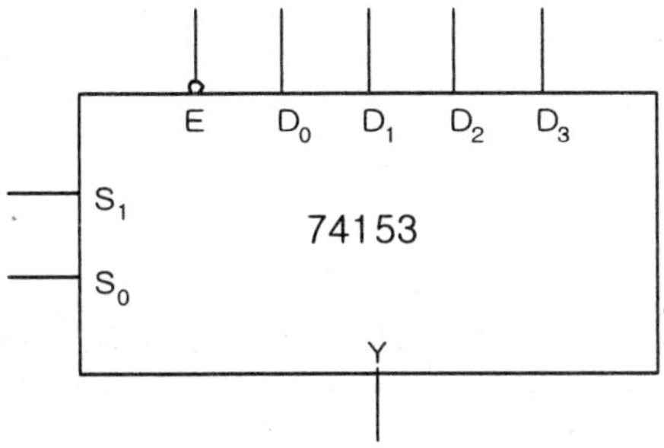

그림 8-10

표 8-5

S1	S0	E	D0	D1	D2	D3	Y
0	0	0					
0	0	1					
0	0	0					
0	0	1					
0	1	0					
0	1	0					
0	1	1					
1	0	0					
1	0	1					

(6) 그림 8-11과 같은 회로를 구성하고, 표 8-6의 입력상태를 설정한 후, 출력을 측정하여 기록하시오.

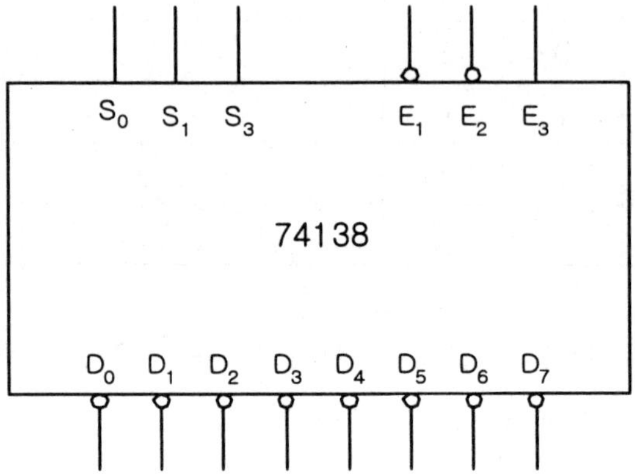

그림 8-11

표 8-6

E_1	E_2	E_3	S_2	S_1	S_0	D_7	D_6	D_5	D_4	D_3	D_2	D_1	D_0
1	×	×	×	×	×								
×	1	×	×	×	×								
×	×	0	×	×	×								
0	0	1	0	0	0								
0	0	1	0	0	1								
0	0	1	0	1	0								
0	0	1	0	1	1								
0	0	1	1	0	0								
0	0	1	1	0	1								
0	0	1	1	1	0								
0	0	1	1	1	1								

5. 실험 결과보고서

실습제목	실험 8. 멀티플렉서와 디멀티플렉서		
실습일자		실습장소	
학 번	(조)	성 명	

(1) 표 8-1

S	I_1	I_0	Y	S	I_1	I_0	Y
0	0	0		1	0	0	
0	0	1		1	0	1	
0	1	0		1	1	0	
0	1	1		1	1	1	

(2) 표 8-2

S_1	S_2	I_3	I_2	I_1	I_0	Y
0	0	0	×	×	×	
0	0	1	×	×	×	
0	1	×	0	×	×	
0	1	×	1	×	×	
1	0	×	×	0	×	
1	0	×	×	1	×	
1	1	×	×	×	0	
1	1	×	×	×	1	

(3) 표 8-3

E	S	O_0	O_1
1	×		
0	0		
0	1		

(4) 표 8-4

I	S_0	S_1	O_0	O_1	O_2	O_0
0	0	0				
0	0	1				
0	1	0				
0	1	1				
1	1	1				

(5) 표 8-5

S1	S0	E	D0	D1	D2	D3	Y
0	0	0					
0	0	1					
0	0	0					
0	0	1					
0	1	0					
0	1	0					
0	1	1					
1	0	0					
1	0	1					

(6) 표 8-6

E_1	E_2	E_3	S_2	S_1	S_0	D_7	D_6	D_5	D_4	D_3	D_2	D_1	D_0
1	×	×	×	×	×								
×	1	×	×	×	×								
×	×	0	×	×	×								
0	0	1	0	0	0								
0	0	1	0	0	1								
0	0	1	0	1	0								
0	0	1	0	1	1								
0	0	1	1	0	0								
0	0	1	1	0	1								
0	0	1	1	1	0								
0	0	1	1	1	1								

[검토 및 고찰]

(1) 실험에서 사용한 각각의 회로에 대한 기능을 쓰고 나타내시오

(2) 멀티플레서와 디멀티플렉서의 차이점에 대하여 쓰시오.

(3) NAND 게이트만을 이용하여 2입력 멀티플렉서를 구성하시오.

Ⅲ.순차 논리회로
(Sequential Logic Circuits)

실험 9 RS 와 D 플립플롭

1. 목적

(1) RS 플립플롭의 원리와 동작특성을 이해한다.
(2) D 플립플롭의 원리와 동작특성을 이해한다.
(3) 비동기식과 동기식의 특성을 이해한다.

2. 이론

(1) 비동기식 RS 플립플롭

① NOR 게이트로 된 RS 플립플롭

기본적인 비동기식 RS 플립플롭은 S(Set)와 R(Reset)의 두 입력과 두 개의 출력 Q와 $\overline{Q}$를 가지며, NOR 게이트의 출력 Q는 NOR 게이트 ⓑ의 입력으로, NOR 게이트의 부정출력 $\overline{Q}$는 NOR 게이트 ⓐ의 입력으로 연결되었다. 즉, 동작의 기준이 되는 클럭신호 없이 입력 상태가 바뀌기만 하면 출력이 변화하므로 비동기식 플립플롭 또는 래치(latch)라 한다. 그림 9-1은 NOR 게이트로 구성한 기본적인 RS 플립플롭을 나타내고 있다.

RS 플립플롭은 두가지의 유용한 상태, 즉 set과 reset상태를 갖는다. 따라서 Q=1, $\overline{Q}$=0인 set 상태와 Q=0, $\overline{Q}$=1 인 reset 상태를 가진다. 이와 같이 Q와 $\overline{Q}$는 서로 보수(complement)관계이므로, 정상적인 상태에서는 동시에 같은 값이 나타날 수 없다.

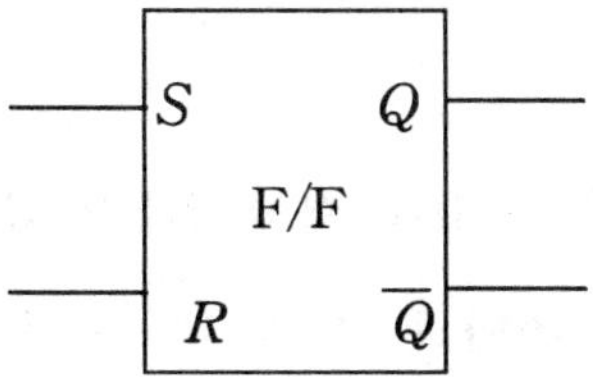

(a) 기호

입 력		출 력
S	R	Q
0	0	무변화
0	1	0
1	0	1
1	1	금지

(b) 진리표

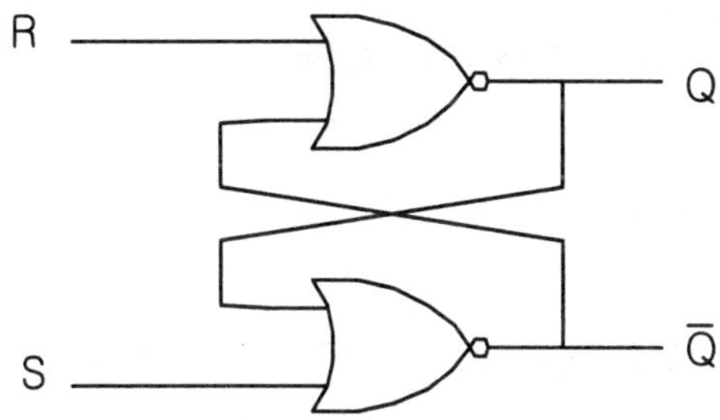

(c) 논리 회로

그림 9-1 NOR 게이트로 구성된 RS 플립플롭

그림 9-1 RS 플립플롭의 동작원리를 진리표에 있는 입력신호의 순서에 따라 출력 신호의 변화를 알아보자

■ R=0, S=0 인 경우 :

먼저, R=0, S=0, Q=0 이라 하면, Q=0는 NOR 게이트 ⓑ의 입력이므로 입력 R=0과 함께 NOR 되어 출력 $\overline{Q}$=1이 된다. 이 $\overline{Q}$=1은 NOR 게이트ⓐ의 입력으로 되돌려져서 Q=0이 된다.

다음으로 Q=1 이라 하면, 이 1이 NOR 게이트 ⓑ에 가해져서 $\overline{Q}$=0이 된다. $\overline{Q}$=0은 다시 NOR 게이트 ⓐ로 되돌려지고 R=0과 함께 NOR 되어 Q=1이 된다. 따라서 플립플롭은 이전의 출력상태를 그대로 유지한다.

■ R=1, S=0 인 경우 :

먼저 R=1, S=0, Q=1인 경우, Q=1은 S=0와 함께 NOR 게이트 ⓑ의 입력이 되므로 $\overline{Q}$=0이 된다. 이 값은 게이트 ⓐ로 되돌려져 Q=0, $\overline{Q}$ =1이 된다.

다음으로 Q=0인 경우, Q=0과 S=0이 게이트 ⓑ의 입력으로 가해지므로 $\overline{Q}$=1이 되고, Q=0이 된다. 따라서 플립플롭의 출력상태를 Q=0이 되게 하려면 R=1. S=0을 가해주면 된다.

■ R=0, S=1 인 경우 :

회로가 완전히 대칭적인 구조를 가지고 있으므로 R=0, S=1을 입력으로 인가한 경우, R=1, S=0인 경우와는 반대의 출력 상태인 Q=1, $\overline{Q}$ =0인 출력을 항상 얻을 수 있다.

■ R=S=1인 경우 :

R=S=1로 하면, Q= $\overline{Q}$=0이 된다. 플립플럽의 출력 Q와 $\overline{Q}$는 보수관계인데 동일한 상태가 되었으므로 잘못된 값이 된다. 더욱이 R=S=0으로 입력을 바꾸었을 경우, R=0이 먼저 되느냐 S=0이 먼저 되느냐에 따라서 플립플럽의 상태가 달라진다. 따라서 R=S=1은 RS 플립플럽에서 사용할 수 없는 금지 입력이 된다.

② NAND 게이트로 구성된 RS 플립플롭

그림 9-2는 NAND 게이트로 구성된 비동기식 RS 플립플롭을 나타낸 것이다. NOR 게이트로 구성된 플립플롭과는 달리 R과 S 에 입력되는 낮은 레벨에 의해 플립플롭이 동작(Active-low)을 한다는 것 외에는

NOR 게이트에 의한 RS 플립플롭과 마찬가지이다. 이와 같이 낮은 레벨에서 동작한다는 의미의 논리 기호로 그림 8.5에 표시된 작은 원(버블)은 NOT를 뜻하고, S=0일 때 출력이 set($Q=1$)되고, R=0일 때 출력이 reset($Q=0$)되는 것을 의미한다.

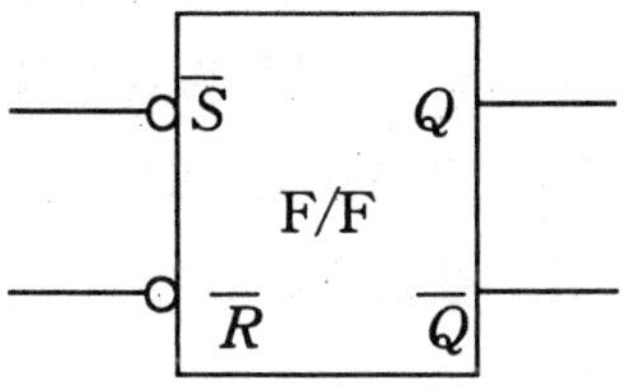

(a) 기호

입 력		출 력
$\overline{S}$	$\overline{R}$	Q
1	1	무변화
1	0	0
0	1	1
0	0	금지

(b) 진리표

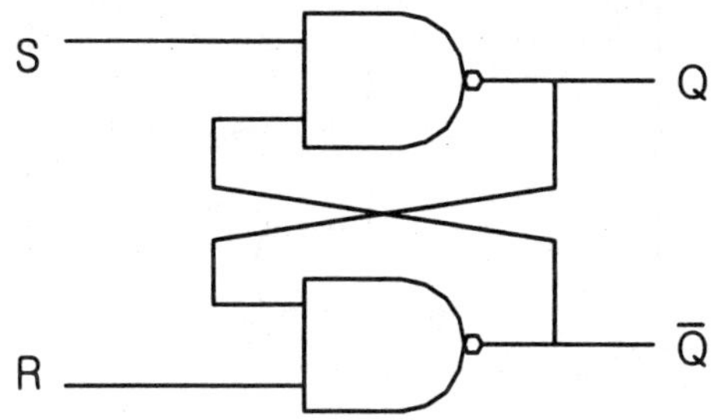

(c) 논리 회로도

그림 9-2 NAND 게이트로 구성된 RS 플립플롭

그림 9-3은 플립플롭의 입력에 따른 출력 상태를 나타내는 타이밍 도 이다.

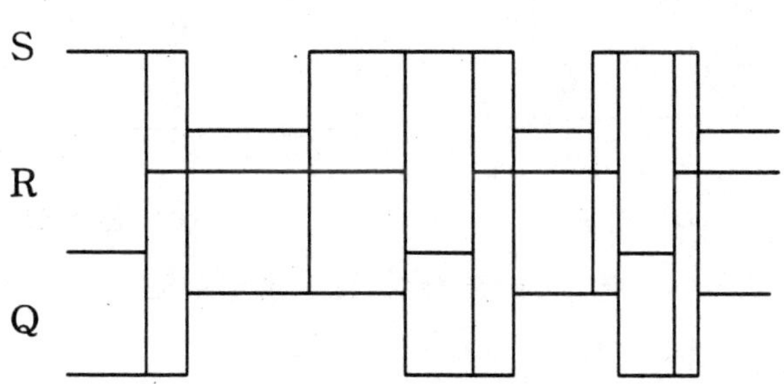

그림 9-3 타이밍 도

(2) 동기식 RS 플립플롭

일반적인 디지털 시스템은 동작이 주기적인 클럭 신호(clock signal)에 의하여 동기화 하여 이루어진다. 클럭 신호는 디지털 시스템의 게이트나 플립플롭을 제어할 목적으로 많이 사용된다. 이렇게 클럭신호의 상승구간이나 하강구간 중 어느 하나의 구간에서만 동작하도록 설계된 플립플롭을 동기식 플립플롭이라하며, 이러한 구간동작특성을 그림 9-4에서는 클럭입력의 끝에 작은 세모꼴로써 나타내고 있다. 이 세모꼴은 클럭의 상승구간에서 동작하는 동기식 RS 플립플롭임을 의미한다.

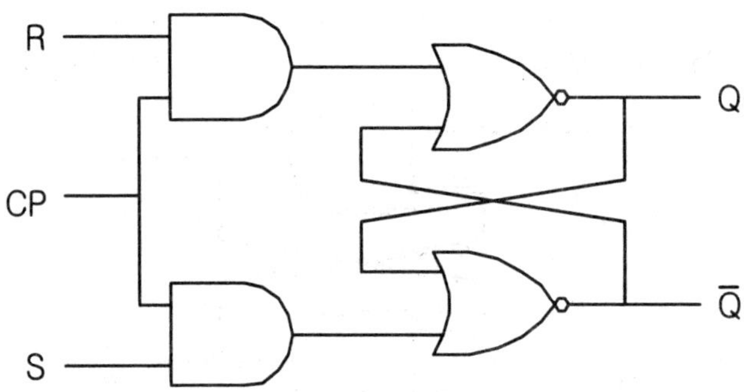

(a) 논리 회로

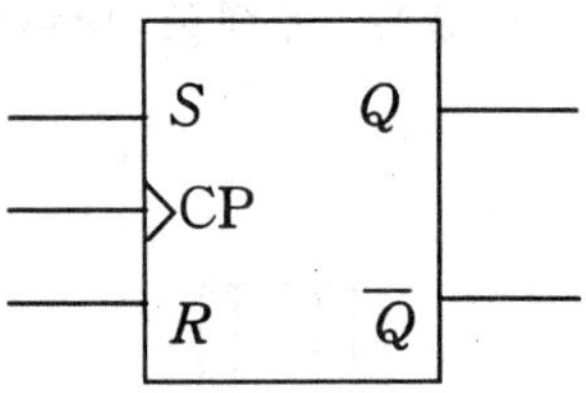

입력		출력
S	R	Q
0	0	무변화
0	1	0
1	0	1
1	1	금지

(b) 기호 (c) 진리표

그림 9-4 동기식 RS 플립플롭

그림 9-4의 동기식 RS 플립플롭에 인가되는 클럭 펄스의 상태가 0일

때, AND 게이트의 출력은 다른 입력 R과 S에 관계없이 항상 0이므로, NOR 게이트로 구성된 비동기식 플립플롭에는 각각 0이 인가된다. 따라서 플립플롭의 출력은 R과 S의 입력 상태에 관계없이 변화가 없다.

클럭 펄스가 1일 경우에는 R과 S의 입력값이 플립플롭에 전송되어 출력에 영향을 준다. 따라서 동기식 플립플롭은 클럭 펄스가 상승구간에 이르렀을 경우에만 플립플롭이 동작하도록 설계된 회로이다. 이와 같이 클럭 입력은 입력 R과 S의 상태에 따라서 플립플롭의 상태 변화를 일으키므로 트리거 입력(Trigger input) 이라고 하며, 입력 R과 S는 클럭 펄스가 발생했을 경우 플립플롭의 상태를 정해주므로 제어입력이라 한다.

그림 9-5는 그림 9-4의 동기식 RS 플립플롭의 전파 지연 시간을 무시한 경우, 클럭 펄스의 상승구간에서 출력의 상태 변화를 보여주는 타이밍도이다.

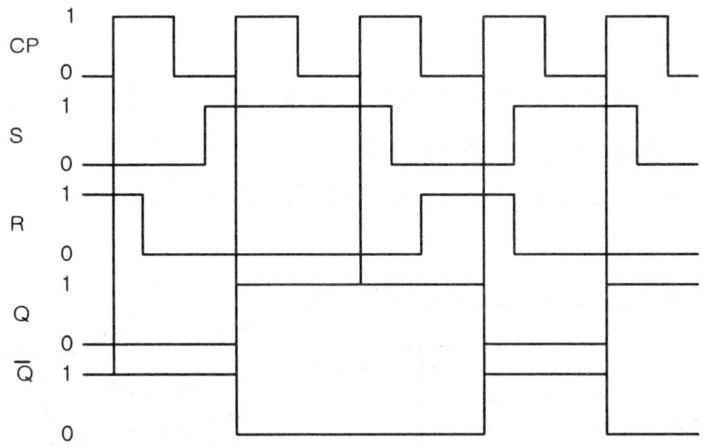

그림 9-5 타이밍 도

그림 9-6은 클럭 펄스의 하강 구간에서 트리거하는 동기식 RS 플립플롭의 논리 회로를 나타내고 있다. 그림에서 작은 원과 세모꼴은 클럭 펄스가 1에서 0으로 바뀌는 하강 구간에서 플립플롭이 트리거 됨을 나타내고 있다.

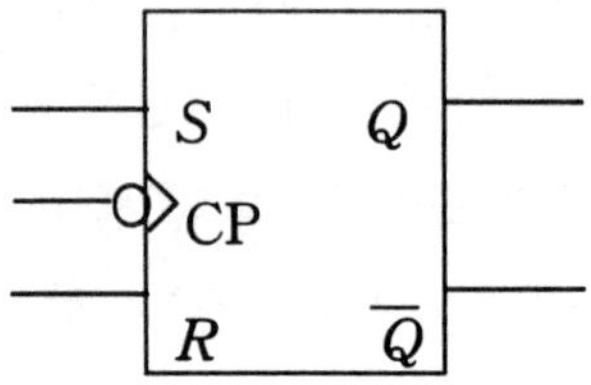

(a) 기호

입 력		출 력
S	R	Q
0	0	무변화
0	1	0
1	0	1
1	1	금지

(b) 진리표

그림 9-6 하강 구간 트리거형 동기식 RS 플립플롭

(3) D 플립플롭

D 플립플롭은 입력이 출력에 그대로 전달되는 플립플롭이다. 여기서 D는 지연(delay)의 의미를 나타낸다.

그림 9-7는 NAND 게이트로 구현한 D 플립플롭이다.

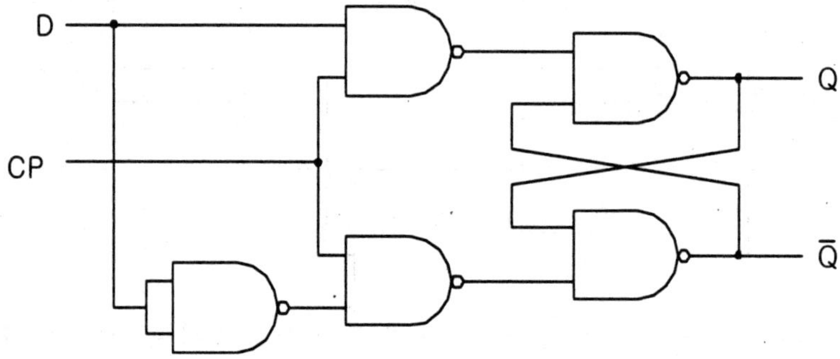

(a) 논리 회로

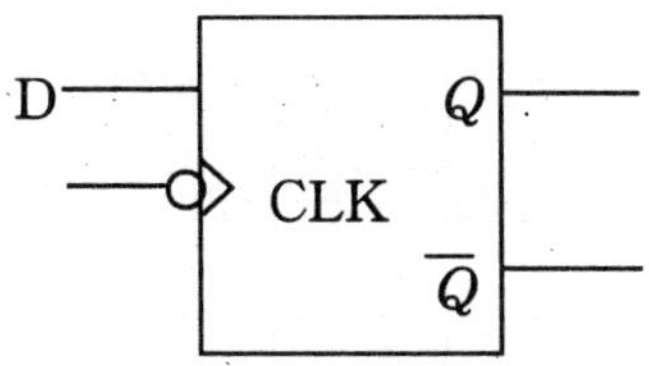

입 력	출 력
D	Q
0	0
1	1

(b) 기호 (c) 진리표

그림 9-8 D 플립플롭

D 플립플롭의 입력과 클럭 신호에 의한 타이밍도를 그림 9-9에 나타내었다.

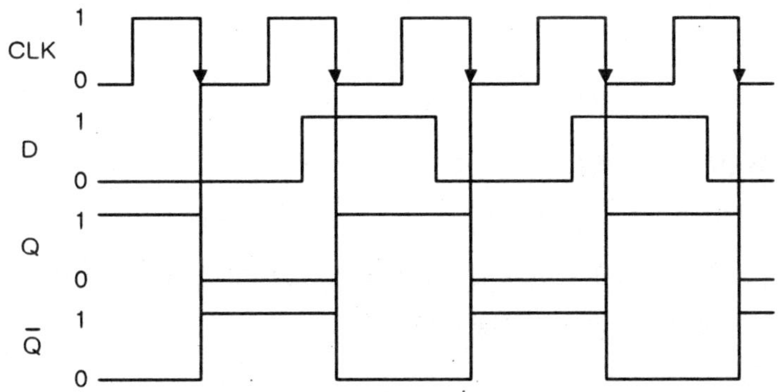

그림 9-9 하강 구간에서 트리거되는 D 플립플롭

D 플립플롭은 RS 플립플롭이나 JK 플립플롭의 간단한 변형으로 쉽게 구현할 수 있다.

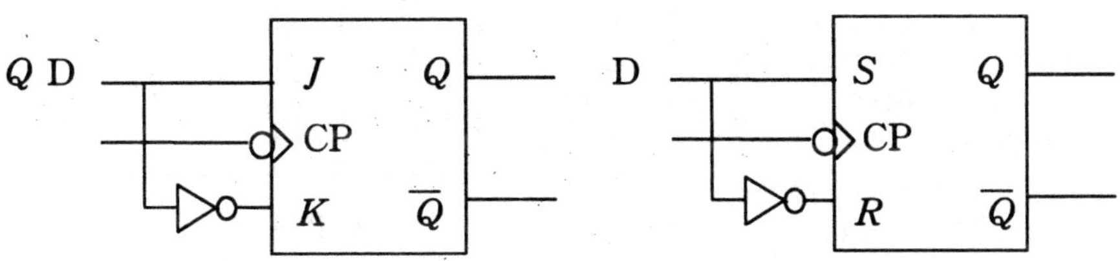

(a) JK FF에 의한 D FF 변환 (b) RS FF에 의한 D FF 변환

그림 9-10. D 플립플롭

3. 사용기기 및 부품

구분	품 명	규 격	수량	비 고
사용 기기	논리회로실험장치		1	
	오실로스코프		1	
	멀티미터		1	
	브레드 보드		1	
부품	TTL IC	7400, 7402, 7404, 7408, 7474, 7476	각 1	

4. 실험순서

(1) 그림 9-11과 같은 회로를 구성하고, 표 9-1의 입력상태를 설정한 후, 출력을 측정하여 기록하시오.

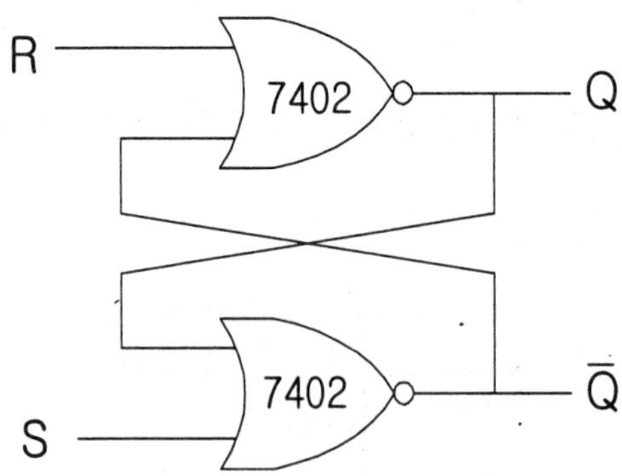

그림 9-11

R	S	Q	$\overline{Q}$
0	0		
0	1		
1	0		
1	1		

표 9-1

(2) 그림 9-12와 같은 회로를 구성하고, 표 9-2의 입력상태를 설정한 후, 출력을 측정하여 기록하시오.

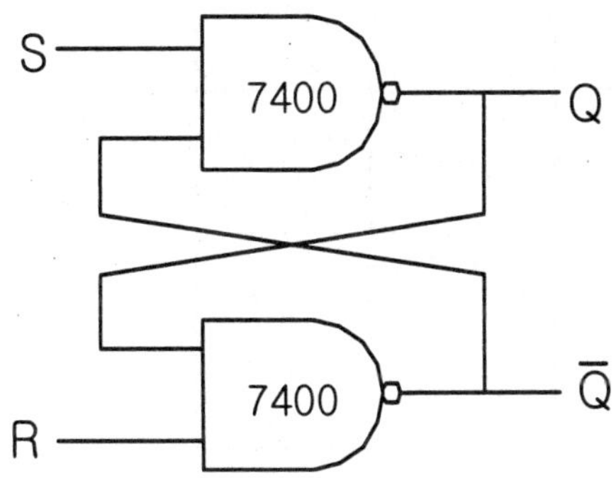

그림 9-12

R	S	Q	$\overline{Q}$
0	0		
0	1		
1	0		
1	1		

표 9-2

(3) 그림 9-13과 같은 회로를 구성하고, 표 9-3의 입력상태를 설정한 후. 출력을 측정하여 기록하시오.

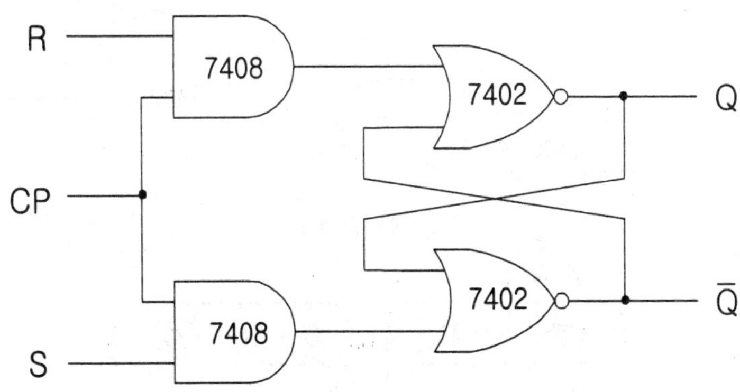

그림 9-13

표 9-3

CP	R	S	Q	$\overline{Q}$
0	0	1		
0	0	0		
0	1	0		
0	1	1		
1	0	1		
1	0	0		
1	1	0		
1	1	1		

(4) 그림 9-14과 같은 회로를 구성하고, 표 9-4의 입력상태를 설정한 후, 출력을 측정하여 기록하시오.

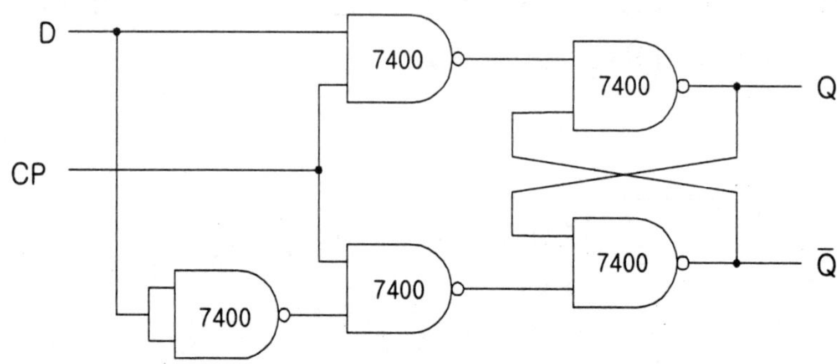

그림 9-14

표 9-4

CP	D	Q	$\overline{Q}$
0	0		
0	1		
1	0		
1	1		

(5) 그림 9-15과 같은 회로를 구성하고, 표 9-5의 입력상태를 설정한 후, 출력을 측정하여 기록하시오.

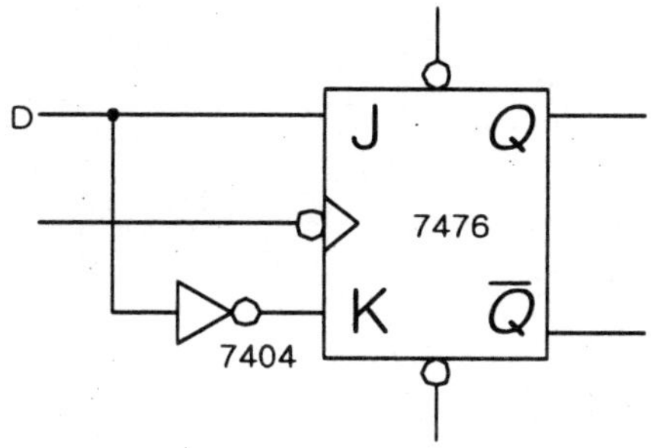

그림 9-15

CP	D	Q	$\overline{Q}$
0	0		
0	1		
1	0		
1	1		

표 9-5

(6) 그림 9-16과 같은 회로를 구성하고, 표 6-6의 입력상태를 설정한 후, 출력을 측정하여 기록하시오.

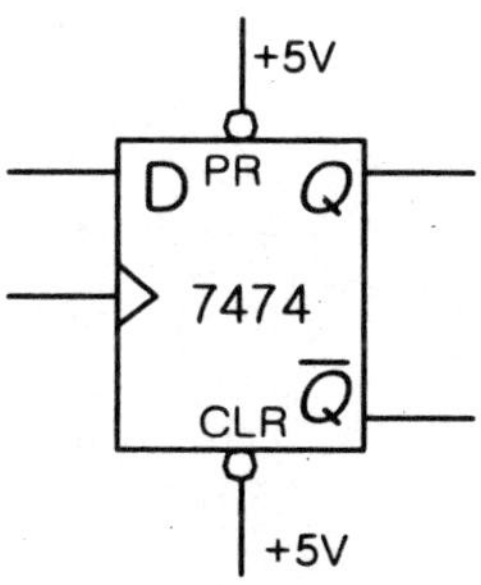

그림 9-16

CP	D	Q	$\overline{Q}$
0	0		
0	1		
1	0		
1	1		

표 9-6

5. 실험 결과보고서

실습제목	실험 9. RS 플립플롭과 D 플립플롭		
실습일자		실습장소	
학 번	(조)	성 명	

(1) 표 9-1

R	S	Q	$\overline{Q}$
0	0		
0	1		
1	0		
1	1		

(2) 표 9-2

R	S	Q	$\overline{Q}$
0	0		
0	1		
1	0		
1	1		

(3) 표 9-3

CP	R	S	Q	$\overline{Q}$
0	0	1		
0	0	0		
0	1	0		
0	1	1		
1	0	1		
1	0	0		
1	1	0		
1	1	1		

(4) 표 9-4

CP	D	Q	$\overline{Q}$
0	0		
0	1		
1	0		
1	1		

(5) 표 9-5

CP	D	Q	$\overline{Q}$
0	0		
0	1		
1	0		
1	1		

(6) 표 9-6

CP	D	Q	$\overline{Q}$
0	0		
0	1		
1	0		
1	1		

[검토 및 고찰]

(1) RS 플립플롭과 JK 플립을 이용하여 D 플립플롭을 구현하시오.

(2) NAND 게이트로 구성된 RS 플립플롭에 R과 S가 0인 경우 출력의 상태를 적고 이유를 설명하시오.

(3) NOR 게이트로 구성된 RS 플립플롭에 R과 S가 1인 경우 출력의 상태를 적고 이유를 설명하시오.

(4) 동기식 플립플롭과 비동기식 플립플롭의 차이점을 설명하시오.

(5) 래치(Latch)에 대하여 설명하시오.

실험 10 JK 와 T 플립플롭

1. 목적

(1) JK 플립플롭의 원리와 동작특성을 이해한다.
(2) T 플립플롭의 원리와 동작특성을 이해한다.
(3) Master-Slave JK 플립플롭의 동작 특성을 이해한다.

2. 이론

(1) JK 플립플롭

RS 플립플롭은 입력 R=S=1인 경우에는 출력 상태가 불확실하여 금지된 입력이 되었다. 이러한 단점 때문에 RS 플립플롭은 응용에 많은 제약이 뒤따르므로, R=S=1의 입력 상태에서도 출력 상태가 정상적으로 정의되는 플립플롭이 요구되었다. 이러한 필요성을 충족해주는 소자가 JK 플립플롭이다.

그림 8.11은 클럭 펄스의 상승구간에서 트리거되는 동기식 JK 플립플롭의 논리 회로를 나타낸다. 입력 J와 K는 동기식 RS 플립플롭의 S과 R 입력과 같은 역할을 한다. 따라서 J=K=1 인 경우, 플립플롭은 불확실한 출력 상태를 내지 않고 클럭 펄스의 다음 상승 구간에서 출력상태가 바뀌게 된다. 이러한 것을 토글(toggle)이라 한다. 따라서 J=K=1 의 입력 상태가 주어지면 클럭 펄스의 상승구간에서 플립플롭은 출력 상태를 1에서 0으로 혹은 0에서 1로 변환한다.

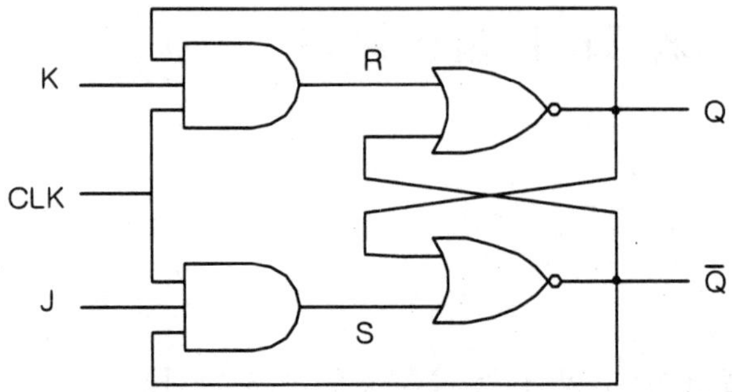

(a) 회로도

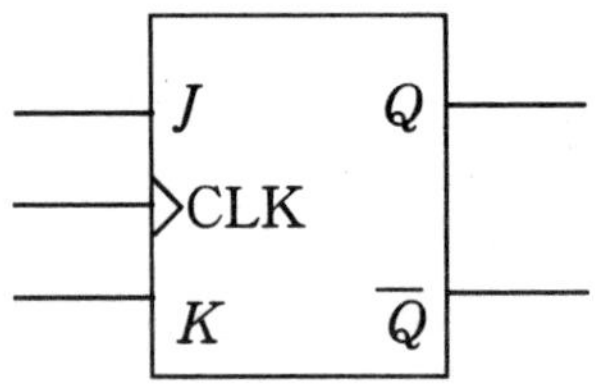

(b) 기호

입력		출력
J	K	Q
0	0	무변화
0	1	0
1	0	1
1	1	토글

(c) 진리표

그림 10-1 상승구간에서 트리거되는 JK 플립플롭

그림 10-2는 클럭 펄스의 하강 구간에서 트리거되는 JK 플립플롭을 나타내고 있다. 클럭 입력단 끝의 작은 원과 세모꼴 모양은 클럭 펄스의 하강 구간에서만 JK 플립플롭의 출력 상태가 변화한다는 것을 나타내고 있다.

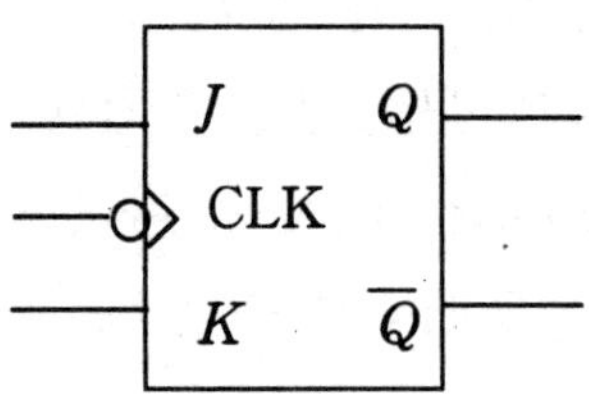

(a) 기호

입력		출력
S	R	Q
0	0	무변화
0	1	0
1	0	1
1	1	금지

(b) 진리표

그림 10-2 하강 구간에서 트리거되는 JK 플립플롭

그림 10-3은 하강 구간에서 트리거되는 JK 플립플롭의 트리거 입력과 제어입력에 따른 출력상태의 변화를 보여주는 타이밍도이다.

무엇보다도 JK 플립플롭에는 RS 플립플롭이 갖는 불확실성이 없고, 오히려 J와 K 입력이 동시에 1일 때 일어나는 토글 동작 때문에 많은 디지털 시스템에서 사용이 되고 있다.

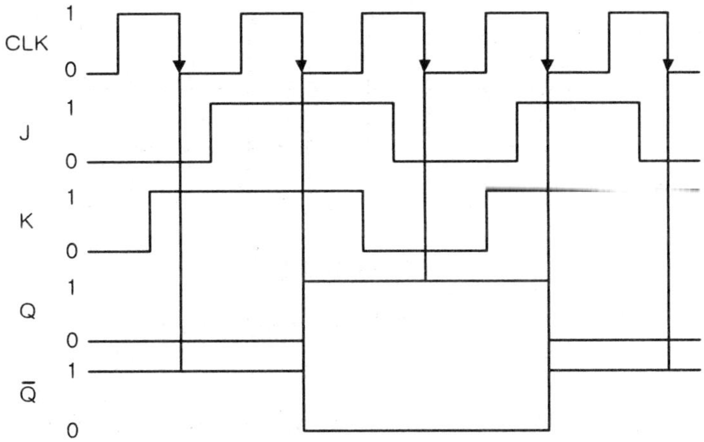

그림 10-3 하강 구간에서 트리거되는 JK 플립플롭의 타이밍도

(2) T 플립플롭

T 플립플롭의 T는 플립플롭을 토글(toggle), 즉 플립플롭의 상태를 바꾼다는 것을 의미한다. 따라서 T 플립플롭은 입력 T가 1인 동안에 클럭 펄스가 인가되면 현재 출력 상태를 1에서 0으로 혹은 0에서 1로 바꾼다. 그리고 T가 0이면 출력은 변하지 않고 현재 상태를 유지한다.

T	Q
0	무변화
1	토글(toggle)

(a) 진리표

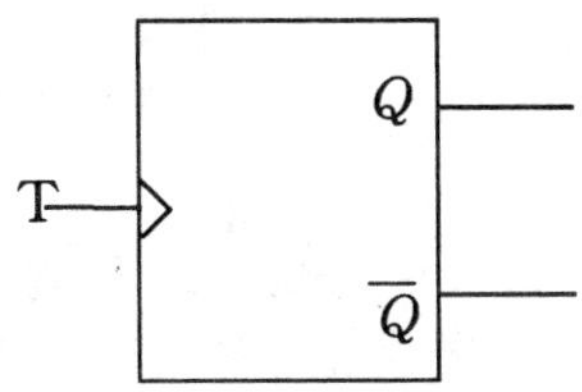

(b) 기호

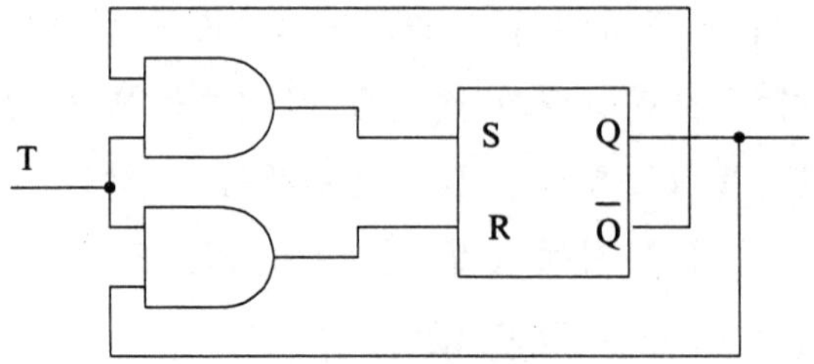

(c) 기호

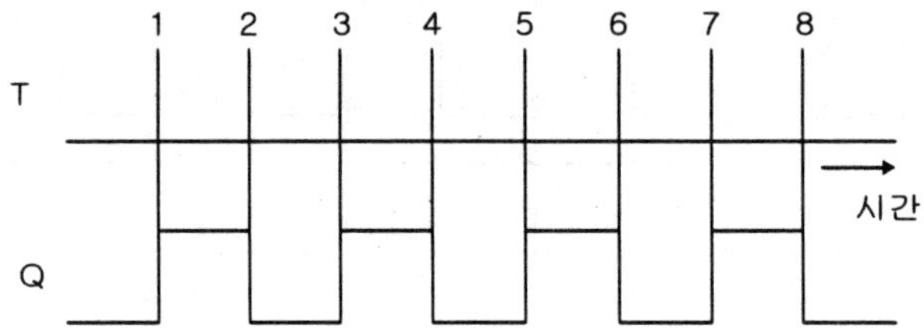

(d) 타이밍도

그림 10-4 T 플립플롭

T 플립플롭의 출력은 2개의 입력 펄스가 들어 올 때마다, 1주기의 출력이 발생하므로 입력신호 주파수를 반으로 감소시킨다.

(3)마스터-슬레이브 플립플롭(Master-slave Flip-Flop)

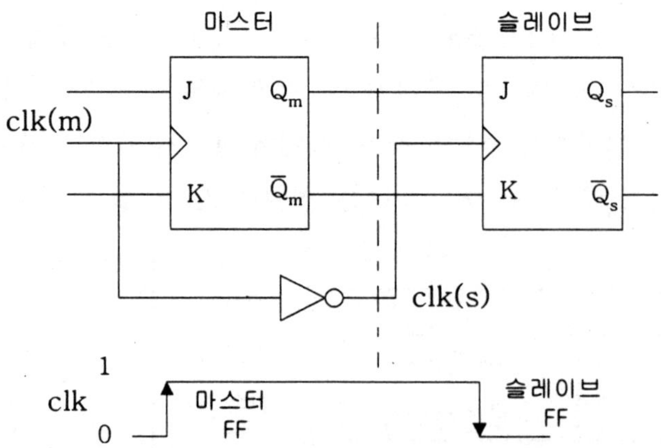

그림 10-5 마스터-슬레이브 플립플롭

디지털 시스템에서 동시에 상태가 바뀌는 2개의 입력신호가 경합한 후에야 비로소 그 출력상태가 안정될 때, 이 시스템에는 경합조건(race condition)이 있다고 한다. 이것은 2개의 입력신호의 상태에 따라서 출력에 예기치 않았던 신호가 나타날 수 있다는 것을 의미한다.

마스터-슬레이브형 플립플롭은 마스터와 슬레이브라는 2개의 래치가 내부적으로 연결된 플립플롭으로서 경합조건에 따른 신호의 불확실성을 없애준다. 그 예를 그림 10-5에 나타내고 있다.

마스터 플립플롭은 클럭 펄스의 한 주기 중, 상승구간에서 동작한다. 이 때 슬레이브 플립플롭은 변하지 않는다. 동일한 주기의 상승구간이 NOT 게이트 거쳐 클럭의 보수가 되어 슬레이브 플립플롭의 트리거 신호로 인가되므로 이 구간에서 직전에 발생한 Q_m과 $\overline{Q}_m$의 상태에 응답한다. 즉, 마스터-슬레이브 플립플롭의 입력과 출력이 각기 한주기 내의 상승과 하강구간에서 동작하므로 입력과 출력사이에는 클럭의 반주기 만큼의 시간차가 발생한다.

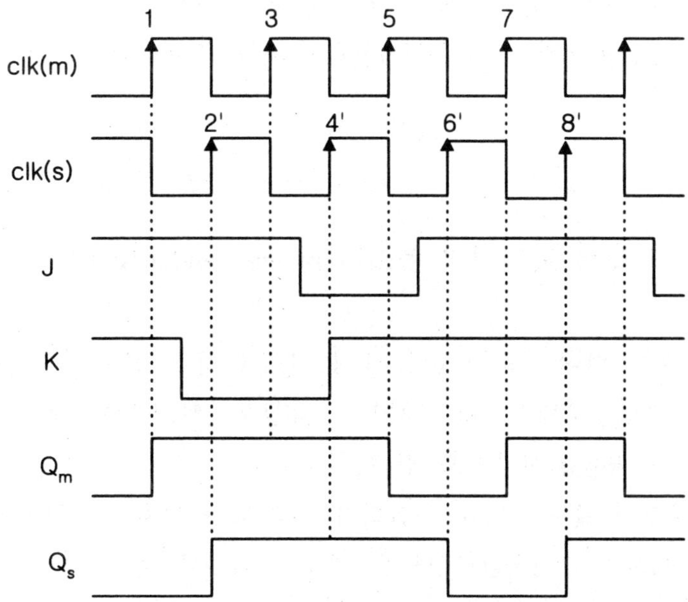

그림 10-6 마스터-슬레이브 플립플롭의 타이밍도

그림 10-6은 그림 10-5에 대한 타이밍도이며, 이 타이밍도에서 클럭의 각 구간별 동작 상태를 알아보자.

① clk(m) 1 : 클럭 펄스의 상승구간에서 마스터 플립은 트리거 되고, 슬플립플롭은 NOT 게이트를 통과한 보수의 신호(clk(s))가 인가되므로 변화가 없다. 즉, 마스터 플립플롭의 출력 상태 변화에 대하여 슬레이브는 아무런 영향을 받지 않게 된다. 이점이 경합문제를 해결하는 중요한 관건이 되고 있다.

② clk(s) 2′ : 반주기 후, NOT 게이트에 의해 반전된 클럭펄스의 상승구간(2‘)에 의해 슬레이브 플립플롭이 트리거 된다. 이때 슬레이브 플립플롭의 입력은 마스터 플립플롭에서 전송된 출력 상태에 영향을 받아 동작을 하고, 마스터 플립플롭은 변화가 없다.

③clk(m) 3 : 이 상승구간에서 다시 마스터 플립플롭은 트리거되고, 슬레이브 플리플롭은 이전 상태를 그대로 유지한다.

즉, 전체 플립플롭의 출력 Q와 Q는 클럭의 하강구간에서만 상태를 바꾸고 있다.

(4) 비동기 입력-프리셋과 클리어(preset and clear)

플립플롭의 제어입력인 R, S, J, K, D, T 등은 클럭 펄스의 유효 구간에서 출력의 상태를 변환시키는 역할을 하기 때문에 동기 입력(synchronous input)이라고도 한다.

이에 반하여 클럭신호와 무관하게 임의로 출력을 1과 0으로 만들 수 있는 셋(set)과 리셋(reset) 입력을 별도로 갖도록 한다. 이와 같이 다른 모든 입력에 상관없이 플립플롭을 어떤 특정 상태로 유지하려면 이 입력을 사용하면 되고, 이러한 비동기입력을 우선입력(override input)이라

하며, 이들 입력을 프리셋(PReset), 클리어(CLR:clear)라고 부른다.

그림 10-7은 비동기 입력단을 갖춘 동기식 JK 플립플롭을 나타내고 있다.

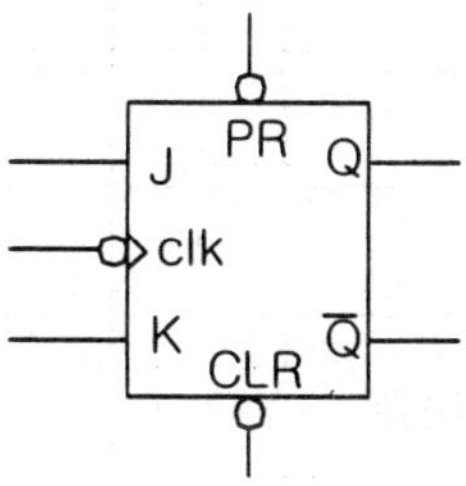

우선 입력		출 력
PR	CLR	Q
0	0	불확실
0	1	1
1	0	0
1	1	FF에 무영향

그림 10-7 비동기 입력단을 갖는 동기식 JK 플립플롭

그림 10-7에서 프리셋(PR)단자는 클럭신호에 관계없이 출력을 강제적으로 1로 만들어 주며, 클리어(CLR)단자는 출력을 0으로 만들어 준다.

그림 10-8은 비동기 입력과 동기입력과의 관계를 보여주는 타이밍도이다.

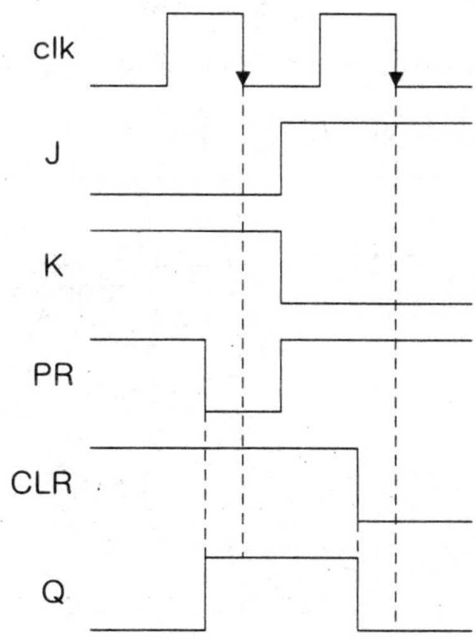

그림 10-8 타이밍도

3. 사용기기 및 부품

구분	품 명	규 격	수량	비 고
사용 기기	논리회로실험장치		1	
	오실로스코프		1	
	멀티미터		1	
	브레드 보드		1	
부품	TTL IC	7402, 7411, 7420, 7472	각 1	

4. 실험순서

(1) 그림 10-10과 같은 회로를 구성하고, 표 10-1의 입력상태를 설정한 후, 출력을 측정하여 표에 기록하고 타이밍도를 그리시오.

(표 10-1의 조건에 의한 측정에서, J와 K단자의 상태를 먼저 설정한 다음, 클럭펄스를 인가하고 이 때의 출력을 측정한다. , 다음 J와 K의 상태를 설정하고 다시 펄스를 인가한다.)

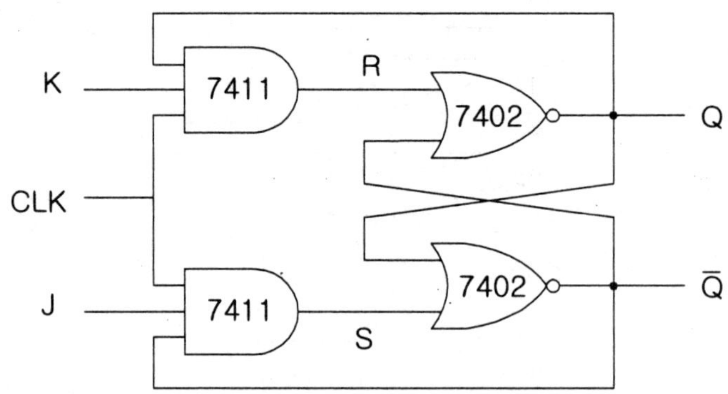

그림 10-10

표 10-1

CP	J	K	Q	$\overline{Q}$
0	0	1		
1	1	0		
2	0	0		
3	0	1		
4	1	0		
5	0	0		
6	1	1		
7	1	1		

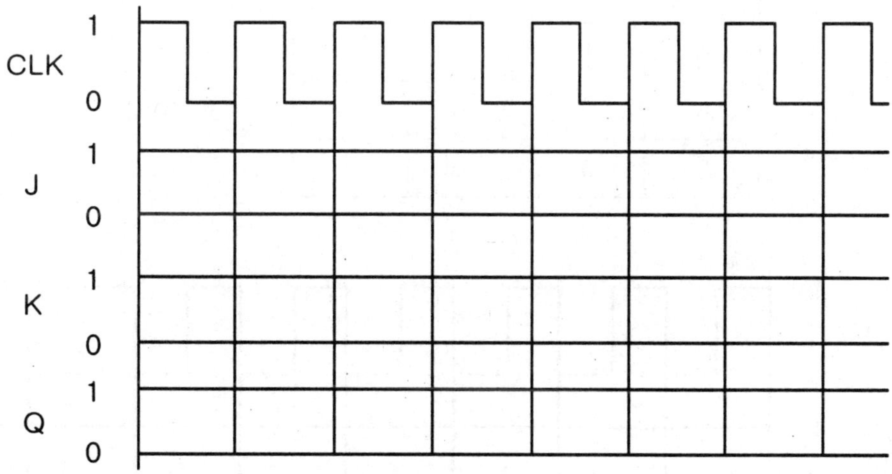

그림 10-11

(2) 그림 10-12과 같은 회로를 구성하고, 표 10-2의 입력상태를 설정한 후, 출력을 측정하여 표에 기록하고 타이밍도를 그리시오.

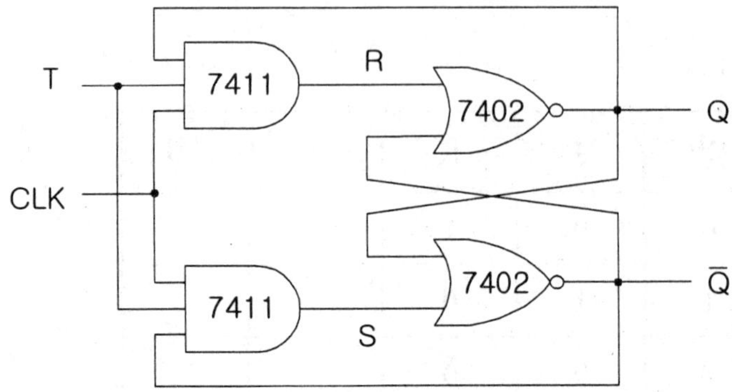

그림 10-12

CP	T	Q	$\overline{Q}$
0	1		
1	1		
2	1		
3	1		
4	1		
5	1		
6	0		
7	0		

표 10-2

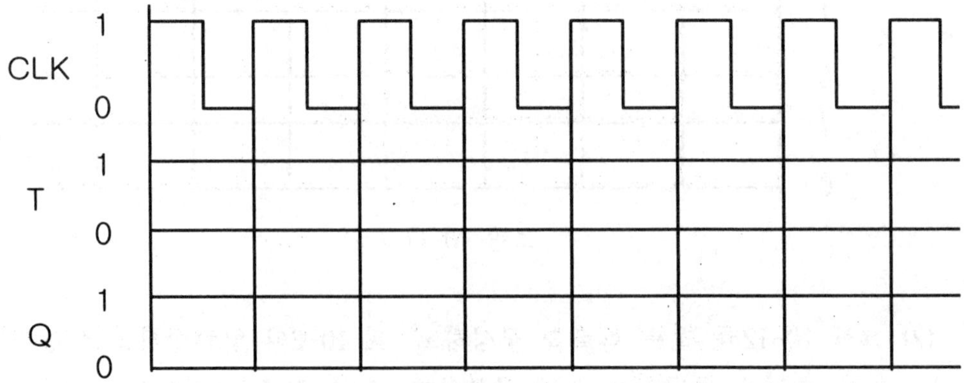

그림 10-13

(3) 그림 10-14과 같은 회로를 구성하고, 표 10-3의 입력상태를 설정한 후. 출력을 측정하여 기록하시오.

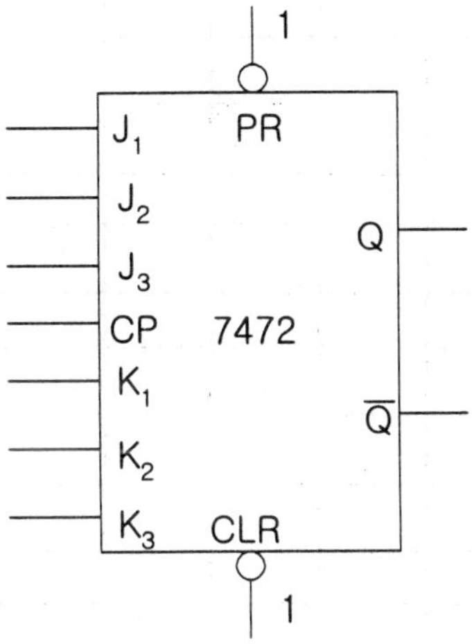

그림 10-14

표 9-3

CP	JK 입력						현재상태		다음상태	
	J_1	J_2	J_3	K_1	K_2	K_3	Q	$\overline{Q}$	Q	$\overline{Q}$
1	0	1	1	1	1	1				
2	0	0	0	0	0	0				
3	1	0	0	0	0	0				
4	1	1	1	1	1	1				
5	0	1	1	1	1	1				
6	0	0	0	0	0	0				
7	1	0	0	0	0	0				
8	0	0	0	0	0	0				
9	1	0	0	0	0	0				
10	1	1	1	1	1	1				

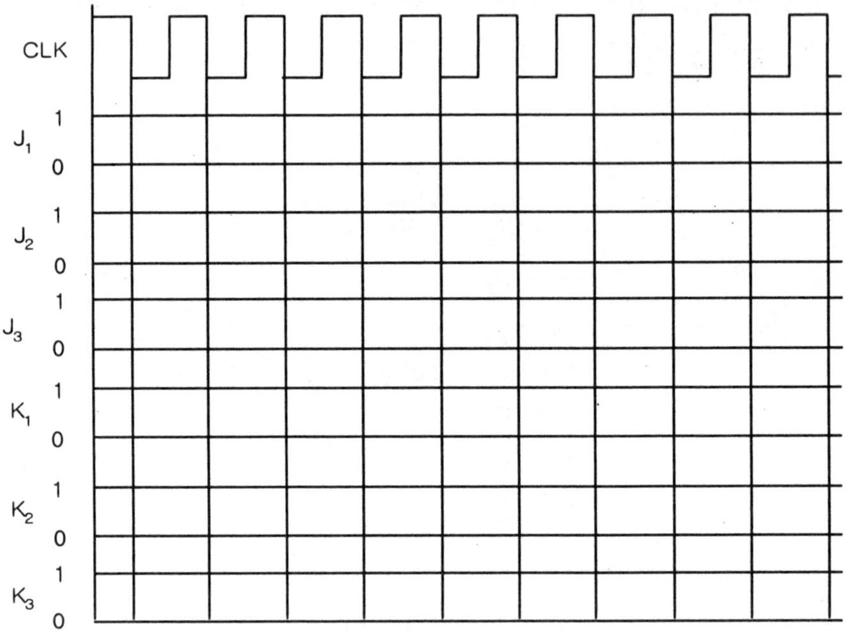

그림 10-15

(4) 그림 10-16과 같은 회로를 구성하고, 표 10-4의 입력상태를 설정한 후, 출력을 측정하여 기록하시오.

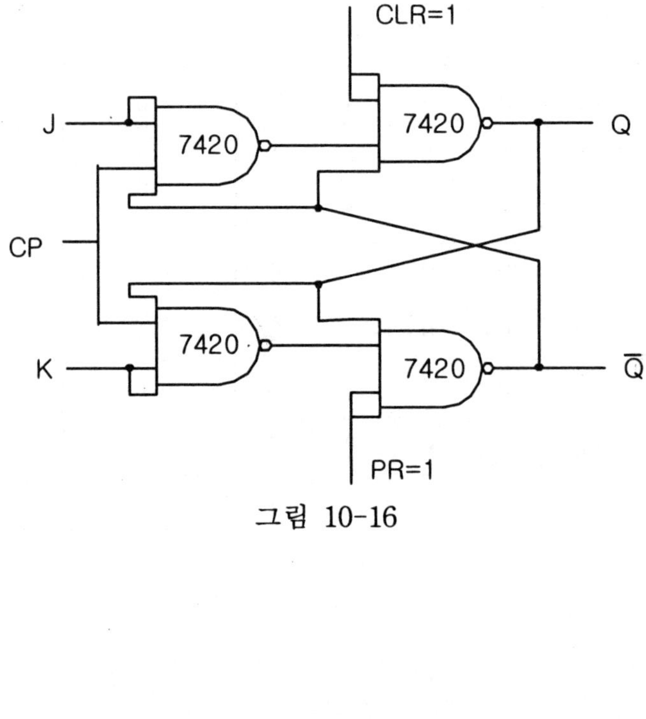

그림 10-16

표 10-4

CP	J	K	Q	$\overline{Q}$
0	0	1		
1	1	0		
2	0	0		
3	0	1		
4	1	0		
5	0	0		
6	1	1		
7	1	1		

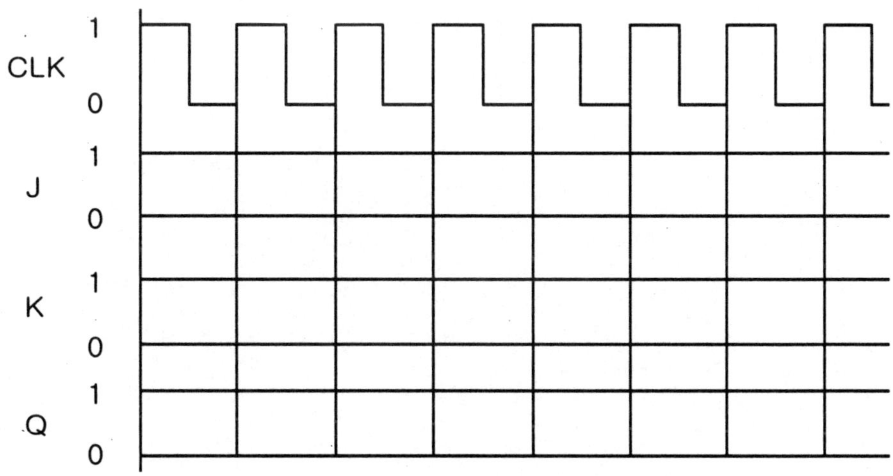

그림 10-17

5. 실험 결과보고서

실습제목	실험 10. JK 플립플롭과 T 플립플롭		
실습일자		실습장소	
학 번	(조)	성 명	

(1) 표 10-1

CP	J	K	Q	$\overline{Q}$
0	0	1		
1	1	0		
2	0	0		
3	0	1		
4	1	0		
5	0	0		
6	1	1		
7	1	1		

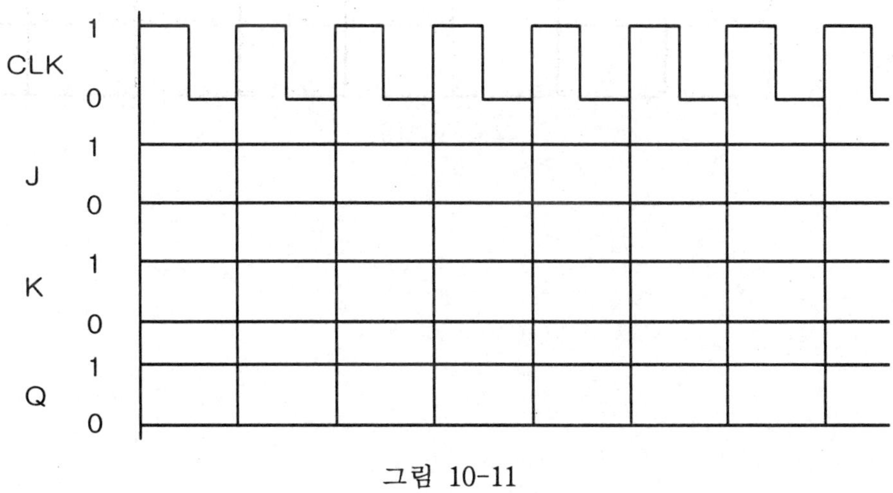

그림 10-11

(2) 표 10-2

CP	T	Q	$\overline{Q}$
0	1		
1	1		
2	1		
3	1		
4	1		
5	1		
6	0		
7	0		

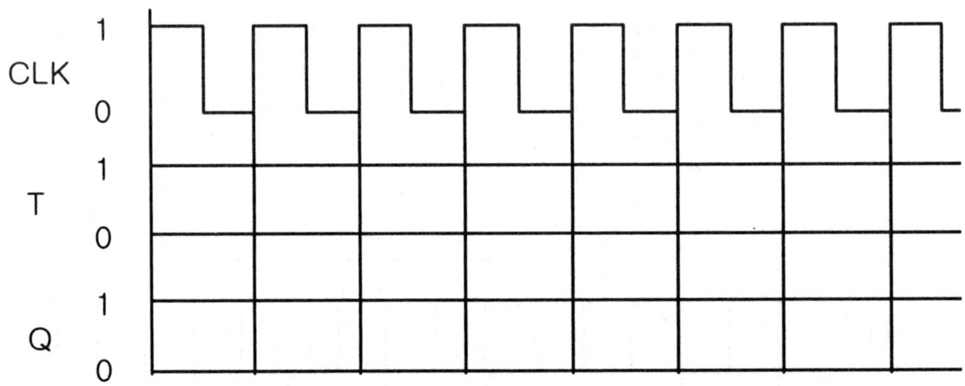

그림 10-13

(3) 표 10-3

CP	JK 입력						현재상태		다음상태	
	J_1	J_2	J_3	K_1	K_2	K_3	Q	$\overline{Q}$	Q	$\overline{Q}$
1	0	1	1	1	1	1				
2	0	0	0	0	0	0				
3	1	0	0	0	0	0				
4	1	1	1	1	1	1				
5	0	1	1	1	1	1				
6	0	0	0	0	0	0				
7	1	0	0	0	0	0				
8	0	0	0	0	0	0				
9	1	0	0	0	0	0				
10	1	1	1	1	1	1				

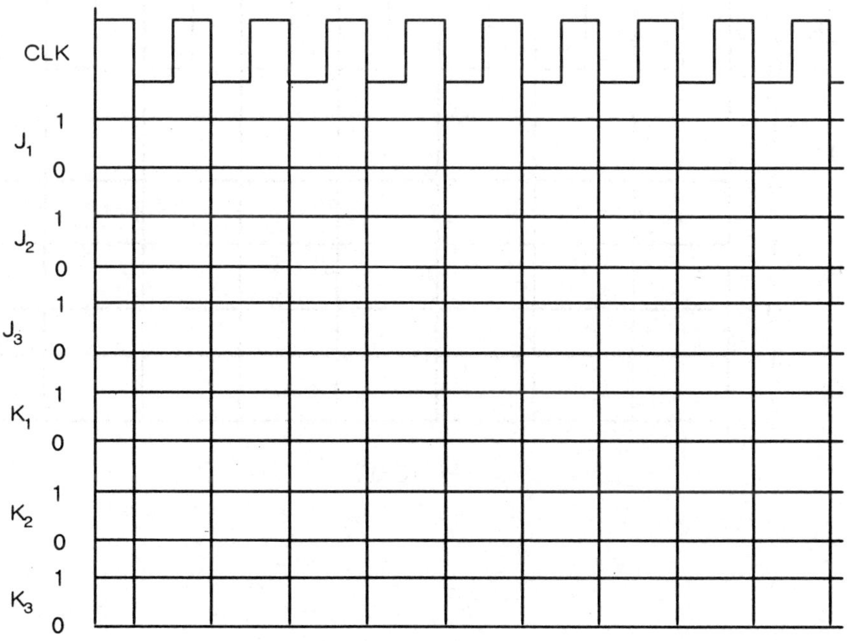

그림 10-15

(4) 표 10-4

CP	J	K	Q	$\overline{Q}$
0	0	1		
1	1	0		
2	0	0		
3	0	1		
4	1	0		
5	0	0		
6	1	1		
7	1	1		

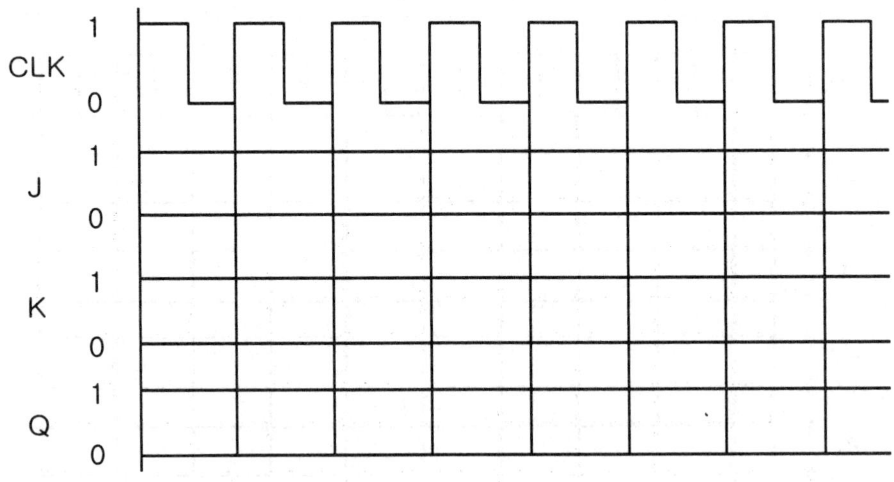

그림 10-17

[검토 및 고찰]

(1) RS 플립플롭과 JK 플립플롭의 차이점을 비교설명하시오.

(2) 프리셋과 클리어 단자와 JK 입력단과의 관계를 비교 설명하시오.

(3) 마스터-슬레이브 플립플롭이란 무엇인지 설명하시오.

실험 11 비동기식 카운터

1. 목적

(1) 비동기식 카운터의 동작원리와 구성을 이해한다.
(2) 비동기식 카운터의 설계 방법을 익힌다.
(3) 비동기식 카운터의 동작 특성을 이해한다.

2. 이론

카운터는 비동기식과 동기식 두 가지로 나눌 수 있다. 비동기식 카운터는 각각의 플립플롭에 클럭펄스가 순차적으로 인가되는 방식의 카운터를 말하며, 리플카운터(ripple counter)라고도 한다. 이와 같은 비동기식 카운터는 앞 단의 플립플롭이 다음 단의 플립플롭을 트리거시켜 순차적으로 카운터를 한다. 그리고 비동기식은 클럭을 쓰는 순차회로와 같은 부울식을 사용할 수가 없다. 즉, 플립플롭의 출력은 J와 K의 입력 조건에 따라 좌우되므로 필요에 따라 J와 K의 입력을 조절해야만 된다.

이에 반하여 동기식 카운터는 모든 플립플롭이 동일한 클럭 펄스에 의해 동시에 트리거 되는 카운터를 말한다.

(1) 비동기식 2진 업 카운터

비동기식 2진 카운터는 JK 플립플롭이나 T 플립플롭 등을 직렬로 연결하여 구현할 수 있다. 사용된 플립플롭의 수를 N이라 할 때, 카운터가 계수를 하기 위해 구성 가능한 상태의 총수는 2^N 개가 된다. 즉, 이 카운터가 계수 가능한 수가 2^N개 라는 것이다. 예를 들어 2개의 플립플롭으로 구성된 2진 카운터는 2^N=4개의 독립된 상태를 가질 수 있으므로 0~3까지 계수를 할 수 있고, 3개의 플립플롭으로 구성된 경우에는 2^N=8개의 독립된 상태를 갖고, 4개의 플립플롭으로 구성된 경우에는 2^N=16개의 상태를 가질 수 있으므로, 각각 0~7과 0~F까지 계수를 할 수 있다.

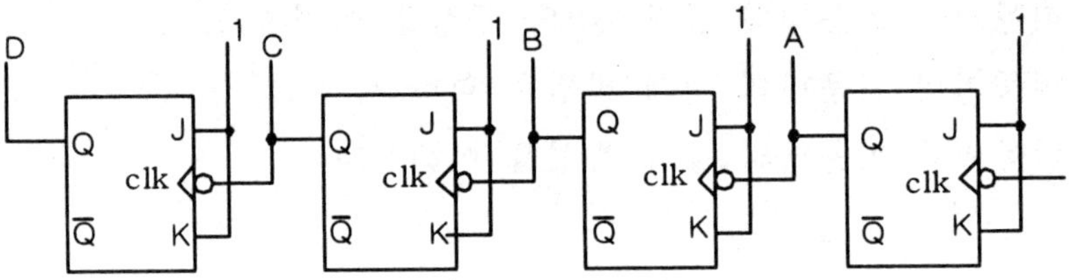

(a) 논리 회로

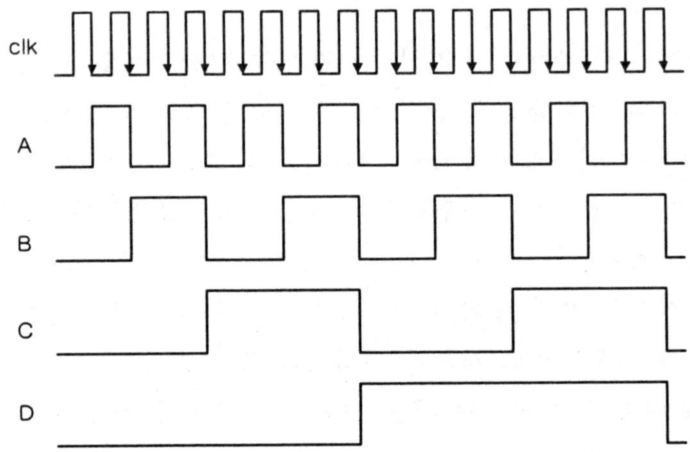

(b) 타이밍도

그림 11-1 비동기식 4비트 2진 카운터

그림 11-1은 비동기식 2진 4비트 업 카운터를 나타낸다. 플립플롭의 출력이 다음 단의 클럭 입력으로 연결되었다. 그리고 모든 플립플롭의 입력 J와 K에 1이 입력되어 T 플립플로으로 동작한다. 따라서 clk 단에 인가된 펄스의 하강구간에서 출력 상태를 토글(toggle)한다.

이와 같이 클럭펄스를 계속 인가하면서 카운터를 하면 표 9.1과 같은 진리표를 얻을 수 있다. 이 카운터는 0에서 15까지 1씩 증가하며 이 상태를 반복하므로 2진 업 카운터(up counter)라 한다.

표 11-1 2진 업 카운터의 상태표

클럭수	D	C	B	A
0	0	0	0	0
1	0	0	0	1
2	0	0	1	0
3	0	0	1	1
4	0	1	0	0
5	0	1	0	1
6	0	1	1	0
7	0	1	1	1
8	1	0	0	0
9	1	0	0	1
10	1	0	1	0
11	1	0	1	1
1	1	1	0	0
13	1	1	0	1
14	1	1	1	0
15	1	1	1	1

(2) 다운 카운터(down counter)

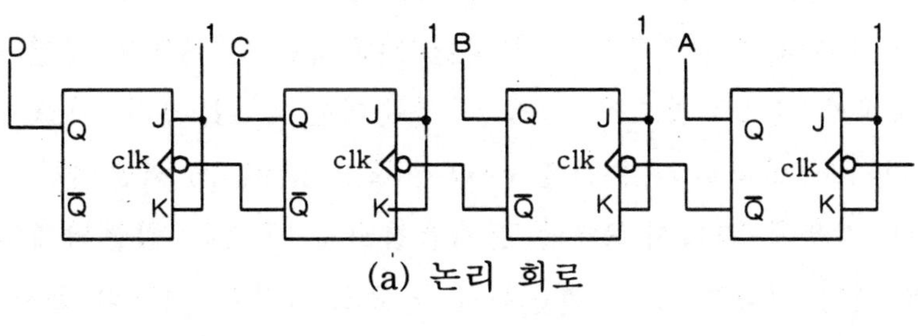

(a) 논리 회로

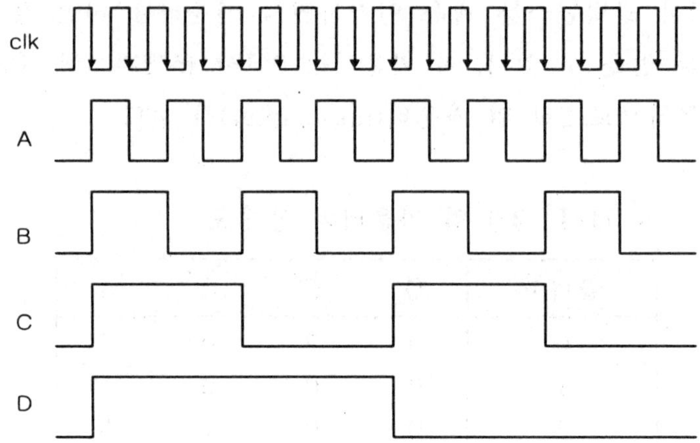

(b) 타이밍도

그림 11-2 비동기식 4비트 2진 다운 카운터

비동기식 2진 카운터는 클럭 입력과 플립플롭의 연결 방법을 조그만 변형하면 간단하게 다운 카운터를 구현할 수 있다. 다운 카운터는 하나의 클럭 펄스가 입력될 때마다 2진 카운터의 출력값을 1씩 감소시켜 15에서 0까지 역순으로 16개의 수를 계수하는 논리회로이다.

회로의 구성은 그림 11-2에 논리회로와 같이 앞 단의 부정출력 $\overline{Q}$를 다음 단의 클럭 입력에 연결하면 2진 다운 카운터로 구현할 수 있다.

(3) 비동기식 10진 카운터

N개의 플립플롭으로 구성된 카운터는 2^N개의 자연 상태를 가진다. 예를 들어, 3개의 플립플롭으로 구성된 카운터는 2^N=8개의 자연 상태를 가지며, 4개의 플립플롭으로 구성된 카운터는 2^N=16개의 자연 상태를 가진다. 따라서 이러한 카운터를 mod-8 혹은 mod-16 카운터라 불렀다.

그러나 경우에 따라서 3개의 플립플롭으로 구성된 카운터에서 5 혹은 7개의 변형 상태를 갖는 카운터를 필요로 하거나, 4개의 플립플롭으로 된 카운터에서 10개 혹은 12개의 변형 상태를 갖는 카운터를 필요로 할 수도 있다. 이렇게 변형 상태를 갖는 카운터를 설계하려면 이것보다 큰 자연상태에서 몇 개의 상태를 뛰어 넘어 이들 상태를 제외시키면 된다. 그리고 변형 상태를 갖는 카운터에 필요한 플립플롭의 수를 정하는 방법은 원하는 변형 상태의 개수보다 큰 자연 상태 중에서 최소수를 선택하면 된다. 예를 들면, 본절에서 설계하고자 하는 10진 카운터도 10개의 변형상태를 가지므로 이것보다 큰 자연상태의 수는 16이다. 따라서 4개의 플립플롭이 필요하다. 0~16까지 16개의 자연상태에서 0~9까지의 10개의 상태를 계수하고 10~15까지 6개의 상태는 뛰어 넘어 카운터에서 제외시키면 10진 카운터 혹은 mod-10 카운터가 된다.

표 11-2 10진 카운터의 상태표

클럭수	D	C	B	A
0	0	0	0	0
1	0	0	0	1
2	0	0	1	0
3	0	0	1	1
4	0	1	0	0
5	0	1	0	1
6	0	1	1	0
7	0	1	1	1
8	1	0	0	0
9	1	0	0	1
10	0	0	0	0

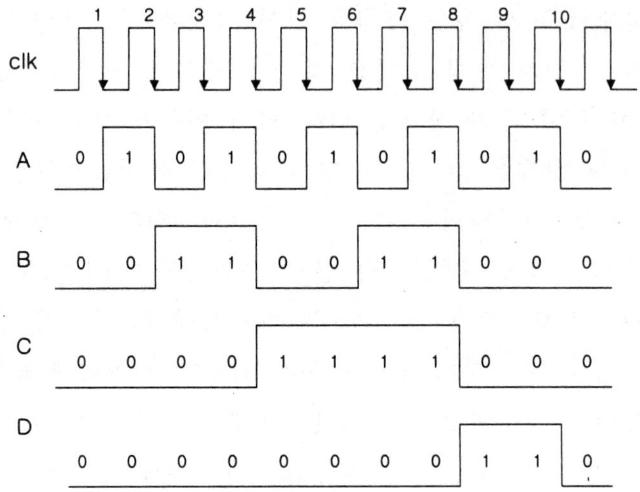

그림 11-3 비동기식 10카운터의 타이밍도

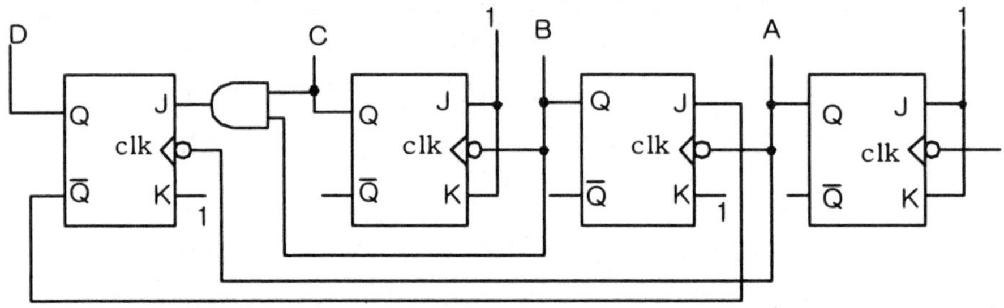

그림 11-4 비동기식 10진 카운터

그림 11-4의 비동기식 10진 카운터는 0에서 9까지의 수를 카운터 할 수 있으므로 10진 카운터라고 한다.

3. 사용기기 및 부품

구분	품 명	규 격	수량	비 고
사용기기	논리회로실험장치		1	
	오실로스코프		1	
	멀티미터		1	
	브레드 보드		1	
부품	TTL IC	7408, 7476	각 1	

4. 실험순서

(1) 그림 11-5과 같은 회로를 구성하시오. Clear 단자를 잠시 0상태로 한 뒤 다시 1의 상태로 둔다. CP 단자에 펄스를 인가하면서 카운터의 출력 DCBA를 측정하여 표 11-1에 기록하시오.
측정된 값으로 그림 11-6의 타이밍도를 작성하시오.

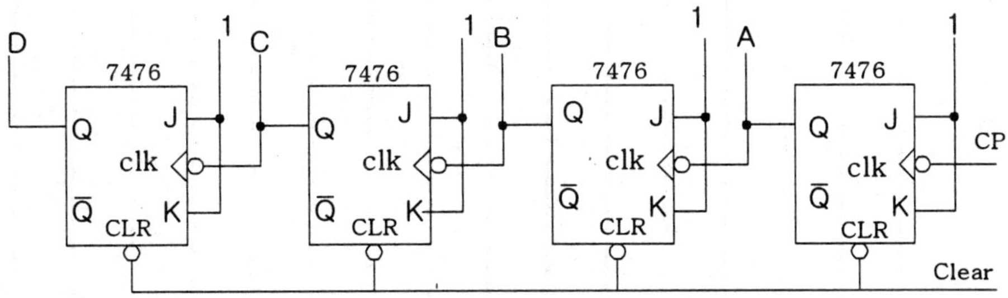

그림 11-5

표 11-1

CP	D	C	B	A	10진수
0					
1					
2					
3					
4					
5					
6					
7					
8					
9					
10					
11					
12					
13					
14					
15					

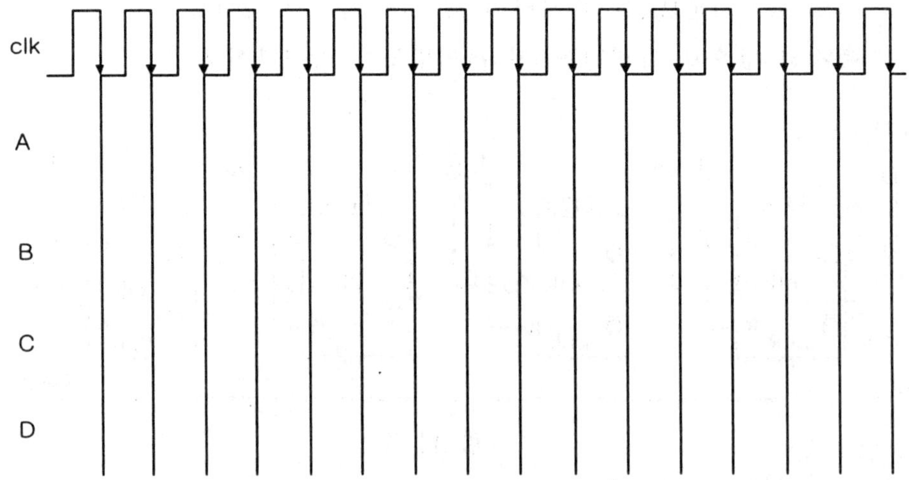

그림 11-6

(2) 그림 11-7과 같은 회로를 구성하시오. Clear 단자를 잠시 0상태로 한 뒤 다시 1의 상태로 둔다. CP 단자에 펄스를 인가하면서 카운터의 출력 DCBA를 측정하여 표 11-2에 기록하시오.
측정된 값으로 그림 11-8의 타이밍도를 작성하시오.

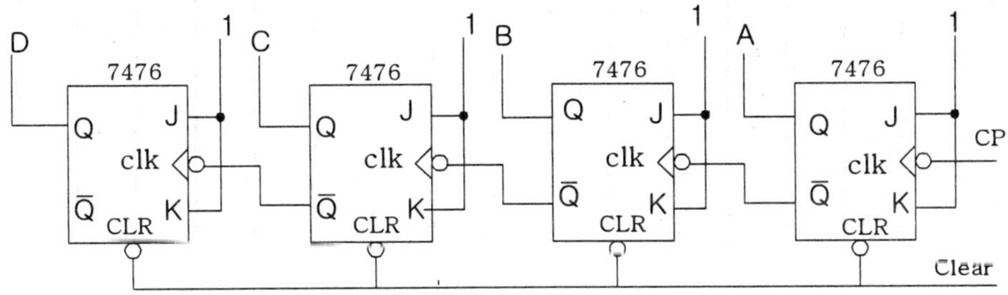

그림 11-7

표 11-2

CP	D	C	B	A	10진수
0					
1					
2					
3					
4					
5					
6					
7					
8					
9					
10					
11					
12					
13					
14					
15					

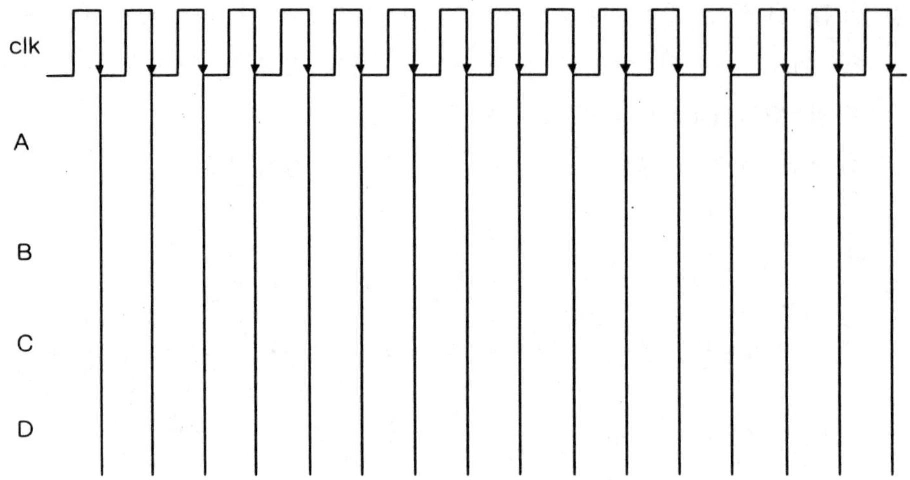

그림 11-8

(3) 그림 11-9과 같은 회로를 구성하시오. Clear 단자를 잠시 0상태로 한 뒤 다시 1의 상태로 둔다. CP 단자에 펄스를 인가하면서 카운터의 출력 DCBA를 측정하여 표 11-3에 기록하시오.
측정된 값으로 그림 11-10의 타이밍도를 작성하시오.

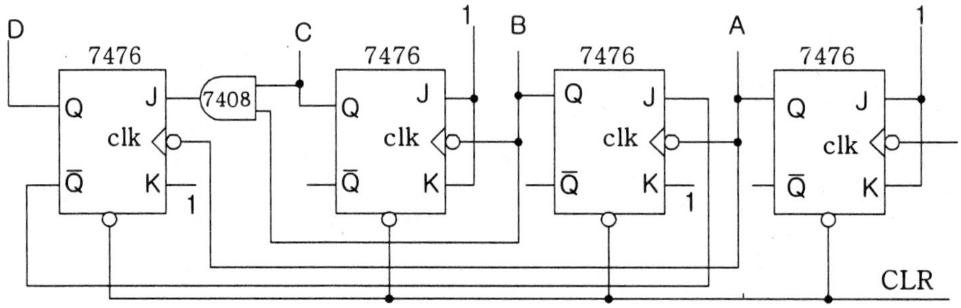

그림 11-9

표 11-3

CP	D	C	B	A	10진수
0					
1					
2					
3					
4					
5					
6					
7					
8					
9					
10					
11					

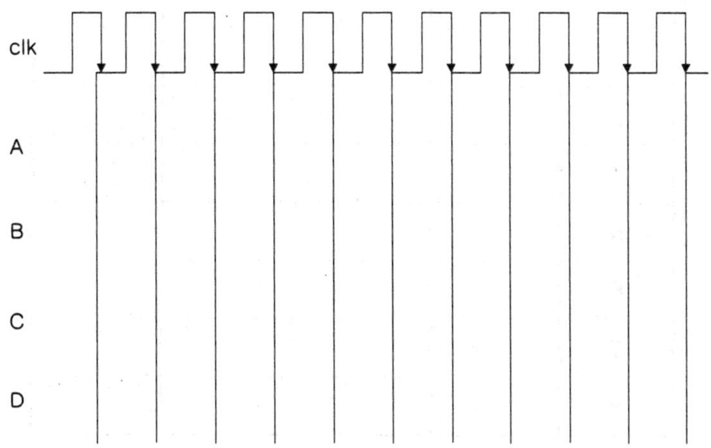

그림 11-10

(4) 그림 11-11과 같은 회로를 구성하시오. Clear 단자를 잠시 0상태로 한 다음, 다시 1의 상태로 둔다. CP 단자에 펄스를 인가하면서 카운터의 출력 DCBA를 측정하여 표 11-4에 기록하시오.
측정된 값으로 그림 11-12의 타이밍도를 작성하시오.

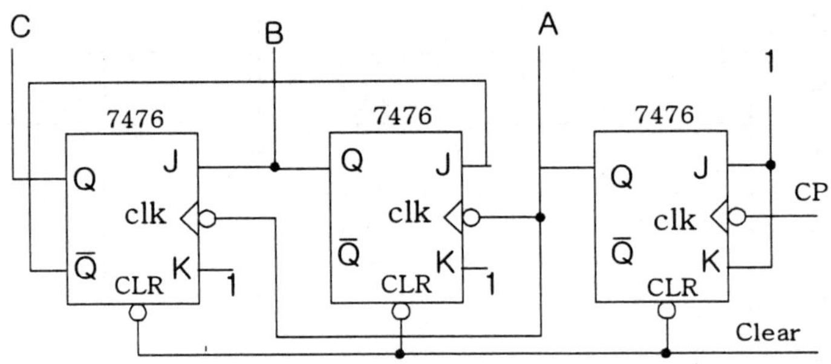

그림 11-11

표 11-4

CP	C	B	A	10진수
0				
1				
2				
3				
4				
5				
6				
7				
8				

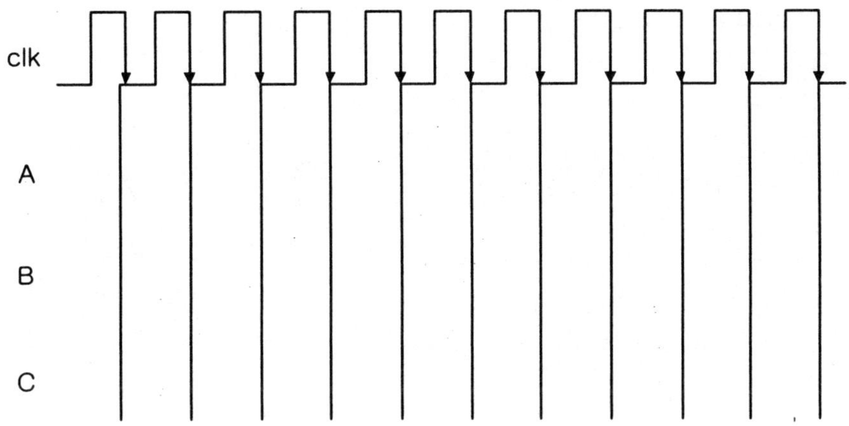

그림 11-12

5. 실험 결과보고서

실습제목	실험 11. 비동기식 카운터		
실습일자		실습장소	
학 번	(조)	성 명	

(1) 표 11-1

CP	D	C	B	A	10진수
0					
1					
2					
3					
4					
5					
6					
7					
8					
9					
10					
11					
12					
13					
14					
15					

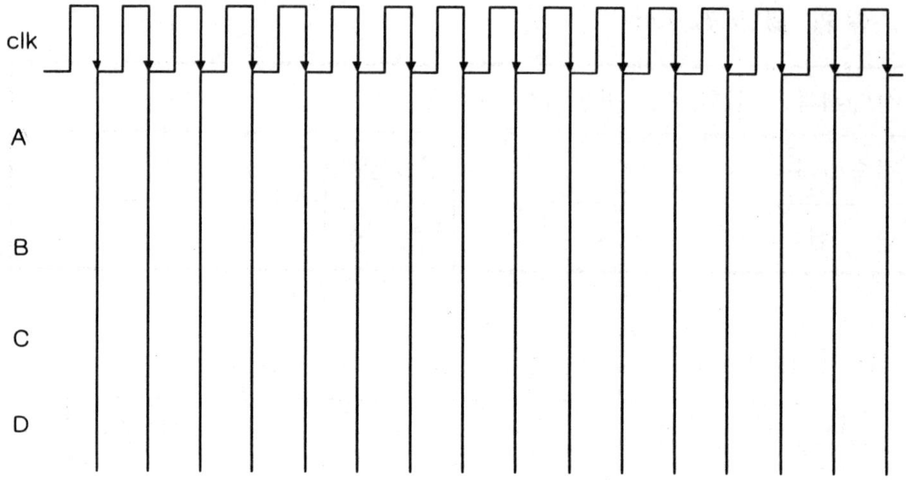

그림 11-6

(2) 표 11-2

CP	D	C	B	A	10진수
0					
1					
2					
3					
4					
5					
6					
7					
8					
9					
10					
11					
12					
13					
14					
15					

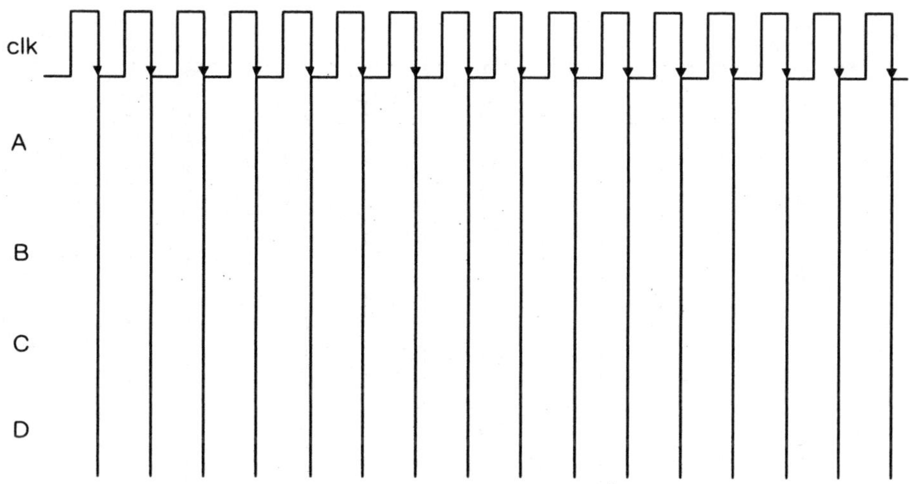

그림 11-8

(3) 표 11-3

CP	D	C	B	A	10진수
0					
1					
2					
3					
4					
5					
6					
7					
8					
9					
10					
11					

그림 11-10

(4) 표 11-4

CP	C	B	A	10진수
0				
1				
2				
3				
4				
5				
6				
7				
8				

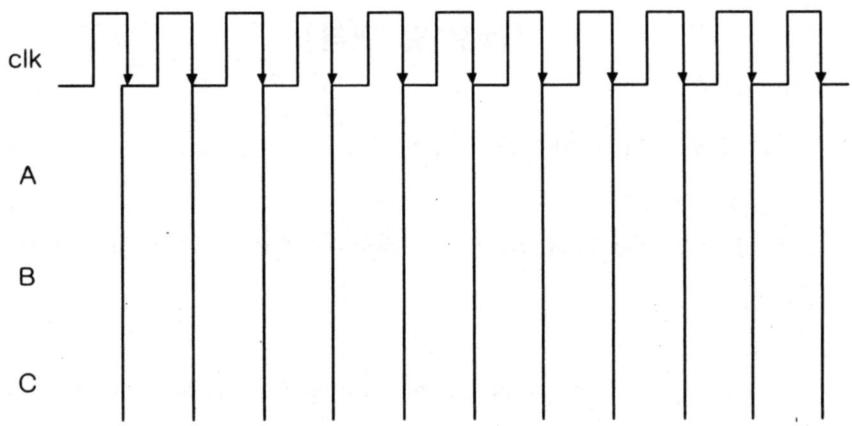

그림 11-12

[검토 및 고찰]

(1) 비동기식 카운터의 원리를 설명하시오.

(2) 그림 11-9의 비동기식 10진 카운터에서 AND 게이트의 역할을 설명하시오.

(3) 실험에서 사용된 JK 플립플롭의 프리셋과 클리어 단자를 모두 0으로 두면 출력 상태는 어떻게 되는가?

(4) 그림 11-9의 비동기식 10진 카운터에서 출력이 DCBA=1001 인 상태에서 새로운 클럭 펄스가 인가되었다면, 카운터의 동작은 어떻게 되는지 설명하시오.

실험 12 동기식 카운터

1. 목적

(1) 동기식 카운터의 동작원리와 구성을 이해한다.
(2) 동기식 카운터의 설계 방법을 익힌다.
(3) 동기식 카운터의 동작 특성을 이해한다.

2. 이론

(1) 동기식 카운터

비동기식 카운터는 구성이 간단하지만, 앞 단의 출력이 다음 단의 클럭 입력으로 인가되는 방식으로 트리거 되므로 동작 주파수가 제한적이다. 이에 반하여 동기식 카운터는 모든 플립플롭이 클럭 펄스에 의해 카운터 회로를 동시에 트리거하는 방식을 취한다. 즉, 모든 플립플롭의 출력상태의 변화가 동시에 일어난다.

따라서 동기식 카운터는 비동기식에 비하여 입력 신호의 전달 지연 시간이 훨씬 짧다. 따라서 동기식 카운터는 신호의 전달속도가 빨라서 전달 지연 시간이 적게 걸리므로 고속카운터 등에 많이 이용된다.

그림 12-1은 동기식 8진 카운터를 나타내고 있다. 이 회로는 0~7까지 8개의 상태를 순차적으로 1씩 증가하면서 계수를 하는 동기식 카운터회로로써, 모든 플립플롭이 동일한 클럭펄스에 의해 동시에 트리거 된다는 점을 제외하고는 비동기식 업 카운터와 비슷하다.

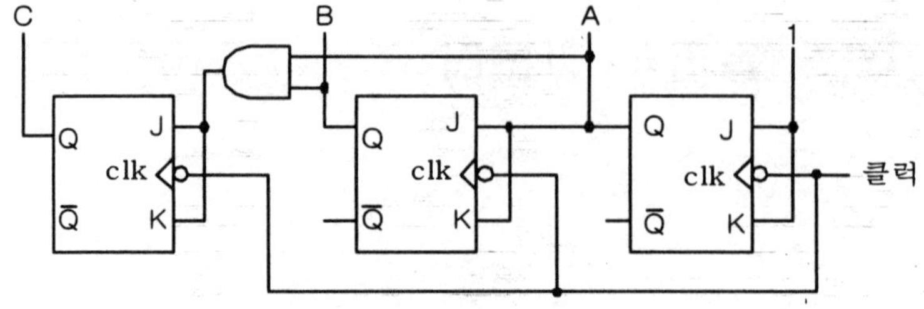

(a) 논리 회로

클럭수	C	B	A
0	0	0	0
1	0	0	1
2	0	1	0
3	0	1	1
4	1	0	0
5	1	0	1
6	1	1	0
7	1	1	1

(b) 상태표

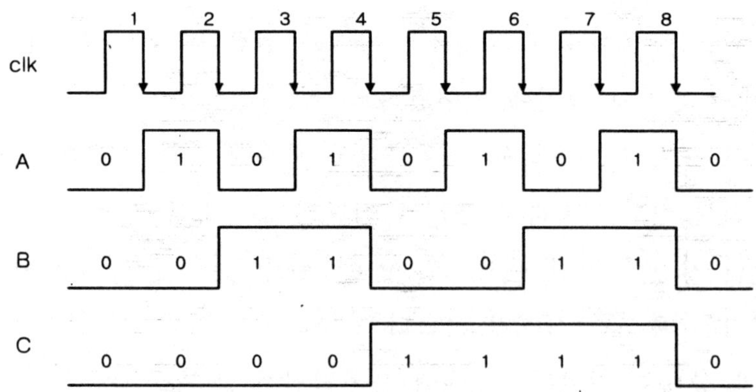

(c) 타이밍도

그림 12-1 동기식 8진 카운터

그림 12-1의 진리표 및 타이밍도와 논리회로의 규칙을 통하여 8진 카운터가 어떻게 동작하는지 알기위해 플립플롭의 각 단을 하나하나 분석해 보자.

- A의 규칙 : 출력 A는 클럭펄스 clk의 하강구간을 만날 때마다 토글(toggle)한다.
  - J=K=1의 상태로 두어 T FF처럼 동작하도록 한다.
- B의 규칙 : 출력 B는 A=1이고 클럭의 하강구간 일 때 토글한다.
  - 그러므로 J=K=A로 연결하고 클럭은 동시에 인가한다.
- C의 규칙 : 출력 C는 출력 A와 B가 1일 때 클럭의 하강구간을 만나면 토글한다.
  - 출력 A와 B를 AND 하여 C의 입력 J, K에 연결하고 클럭은 동시에 인가한다.

(2) 직·병렬 카운터

비동기식 카운터의 간단함과 동기식 카운터의 전달 지연이 짧은 장점을 이용하기 위해 비동기식과 동기식을 적절히 혼합하여 구성함으로써, 부품 수를 줄여 간단한 구성과 함께 전달지연시간까지 개선할 수 있는 직병렬 카운터가 있다.

그림 12-2는 5진 직병렬 카운터의 상태표와 타이밍도를 나타내고 있다. 그림에서 알 수 있듯이 이 카운터는 0~4까지 5개의 상태를 셀 수 있는 카운터로써, 5, 6, 7 세 개의 상태는 정상적인 상태에서는 계수되지 않고 4에서 0으로 뛰어 넘게 되었다.

클럭수	C B A	10진수
0	0 0 0	0
1	0 0 1	1
2	0 1 0	2
3	0 1 1	3
4	1 0 0	4
5	0 0 0	0

(a) 상태표

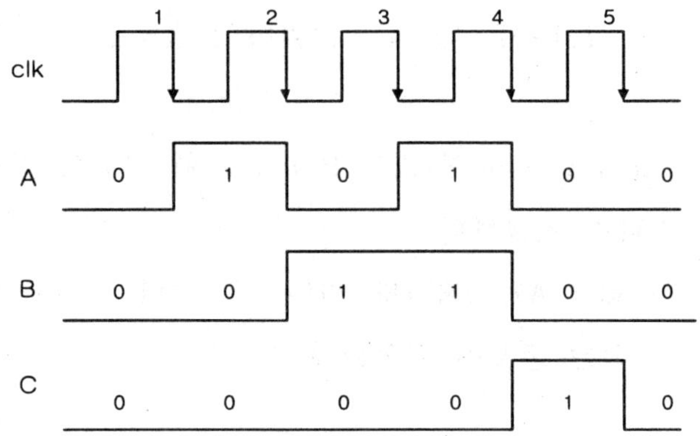

(b) 타이밍도

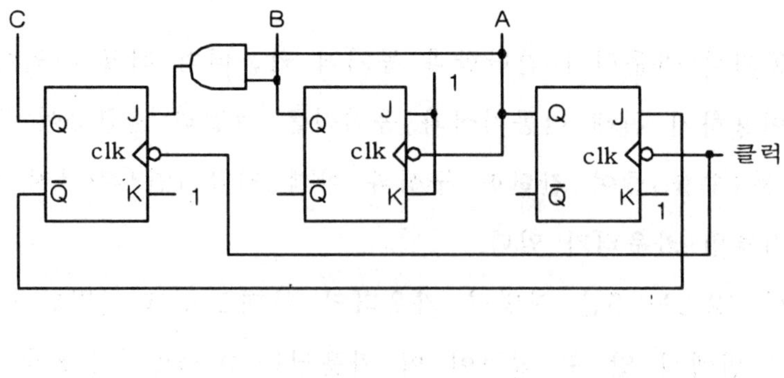

그림 12-2 5진 직병렬 카운터

(3) 링 카운터(Ring Counter)

링카운터는 쉬프트 레지스터를 응용한 가장 간단한 카운터로써, 10진 변환을 위하여 별도의 디코더가 필요하지 않은 장점이 있다. 즉, 자리값이 9876543210인 코드로 10진수 중 어떤 값을 표시하더라도 10비트 중 1개의 비트만 1인 코드 체계를 가진다. 따라서 초기값으로 0000000001을 가지고 있어야 하며, 이 1 값이 클럭 펄스의 입력에 의해 1비트씩 좌측으로 쉬프트 된다. 표 12-1은 링 카운터의 상태표를 나타내고 있다.

표 12-1 링 카운터의 상태표

클럭수	Q_9	Q_8	Q_7	Q_6	Q_5	Q_4	Q_3	Q_2	Q_1	Q_0
0	0	0	0	0	0	0	0	0	0	1
1	0	0	0	0	0	0	0	0	1	0
2	0	0	0	0	0	0	0	1	0	0
3	0	0	0	0	0	0	1	0	0	0
4	0	0	0	0	0	1	0	0	0	0
5	0	0	0	0	1	0	0	0	0	0
6	0	0	0	1	0	0	0	0	0	0
7	0	0	1	0	0	0	0	0	0	0
8	0	1	0	0	0	0	0	0	0	0
9	1	0	0	0	0	0	0	0	0	0
10	0	0	0	0	0	0	0	0	0	1

링 카운터의 구성은 그림 12-3에 나타내었다. 각 단의 출력 Q는 다음단의 입력 J에 연결하고, 부정 출력 $\overline{Q}$는 다음단의 입력 K에 연결한다. 그러나 마지막 단의 출력 Q는 첫 번째 단의 입력 K에, 마지막 단

의 부정 출력 $\overline{Q}$는 첫 번째 단의 입력 J에 연결한다.

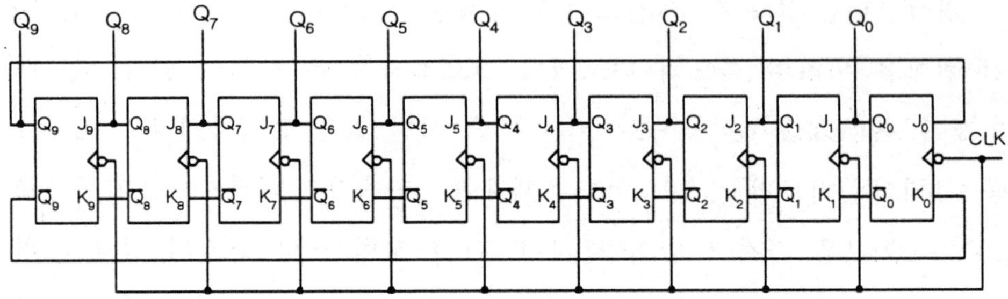

(a) 논리회로

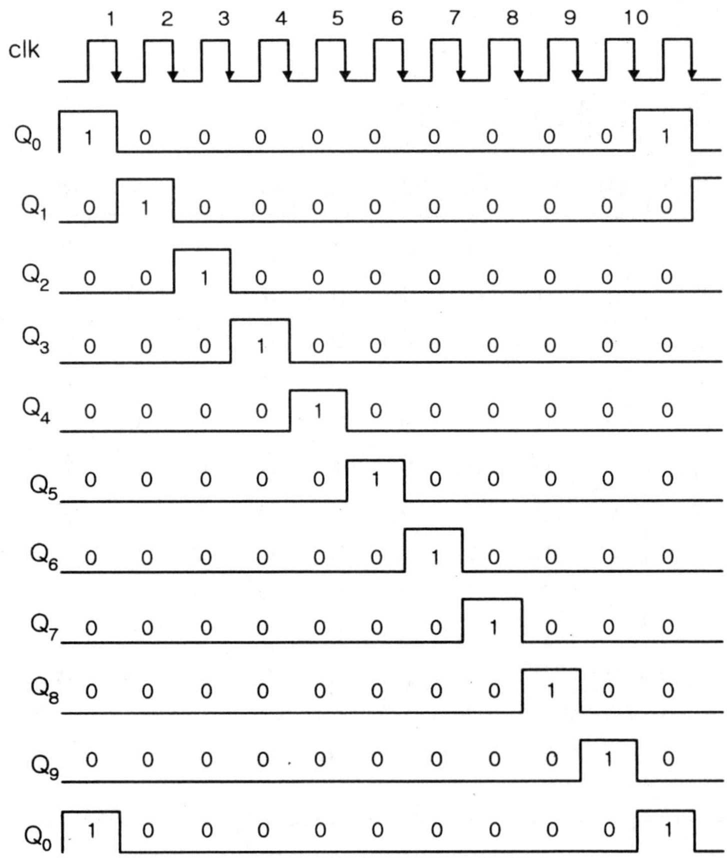

(b) 타이밍도

그림 12-3 링 카운터

(4) 존슨 카운터(Johnson counter)

존슨 카운터는 일명 쉬프트 카운터(Shift counter)라고도 한다. 코드표에서처럼 매 클록 펄스에서 현재 상태의 값이 우측으로 쉬프트되며, 가장 우측 비트의 보수가 가장 좌측으로 전달되는 동작을 한다. 따라서 존슨 카운터는 마지막 플립플롭의 부정출력 $\overline{Q}$를 첫 번째 플립플롭의 입력 J에, 마지막 플립플롭의 출력 Q를 첫 번째 플립플롭의 입력 K에 연결시켜 주면 된다. 그림 12-4는 4비트 존슨 코드를 나타낸다.

10진수	D	C	B	A
0	0	0	0	0
1	1	0	0	0
2	1	1	0	0
3	1	1	1	0
4	1	1	1	1
5	0	1	1	1
6	0	0	1	1
7	0	0	0	1

(a) 코드표

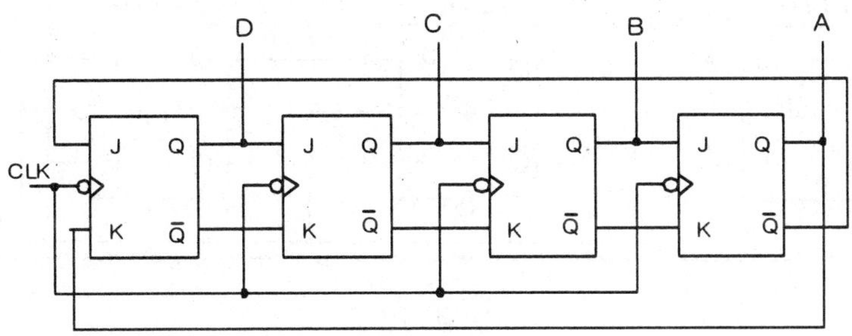

(b) 논리 회로

그림 12-4 존슨 코드

3. 사용기기 및 부품

구분	품　명	규　격	수량	비 고
사용 기기	논리회로실험장치		1	
	오실로스코프		1	
	멀티미터		1	
	브레드 보드		1	
부품	TTL IC	7408, 7476	각 1	

4. 실험순서

(1) 그림 12-5과 같은 회로를 구성하시오. Clear 단자를 잠시 0상태로 한 뒤 다시 1의 상태로 둔다. CP 단자에 펄스를 인가하면서 카운터의 출력 ABC 값을 측정하여 표 12-2에 기록하시오.
측정된 값으로 그림 12-6의 타이밍도를 작성하시오.

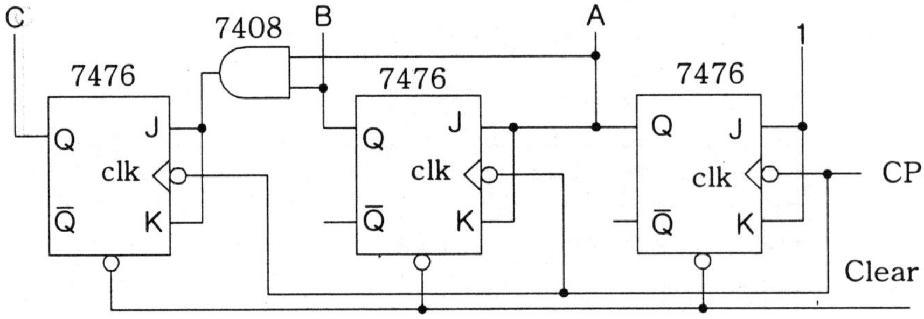

그림 12-5

표 12-2

CP	C	B	A	10진수
0				
1				
2				
3				
4				
5				
6				
7				
8				

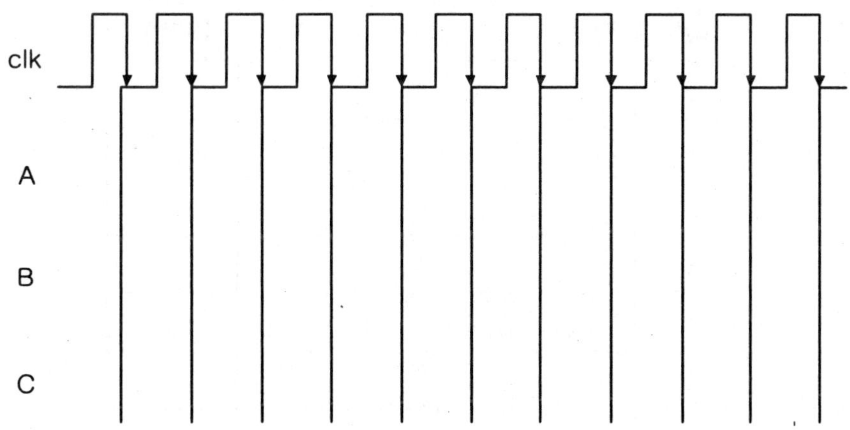

그림 12-6

(2) 그림 12-7과 같은 회로를 구성하시오. Clear 단자를 잠시 0상태로 한 뒤 다시 1의 상태로 둔다. CP 단자에 펄스를 인가하면서 카운터의 출력 ABC 값을 측정하여 표 12-3에 기록하시오.
측정된 값으로 그림 12-8의 타이밍도를 작성하시오.

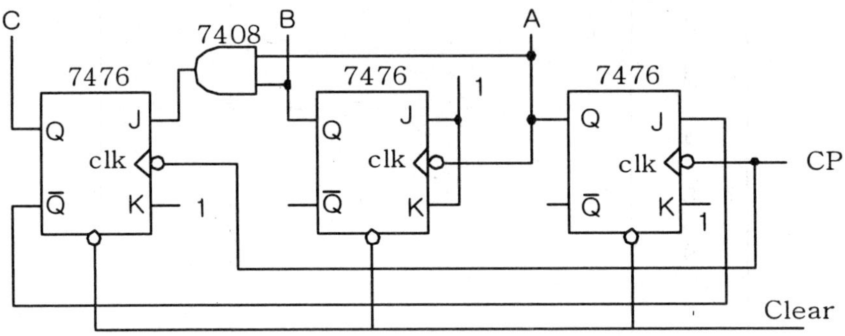

그림 12-7

표 12-3

CP	C	B	A	10진수
0				
1				
2				
3				
4				
5				
6				
7				
8				

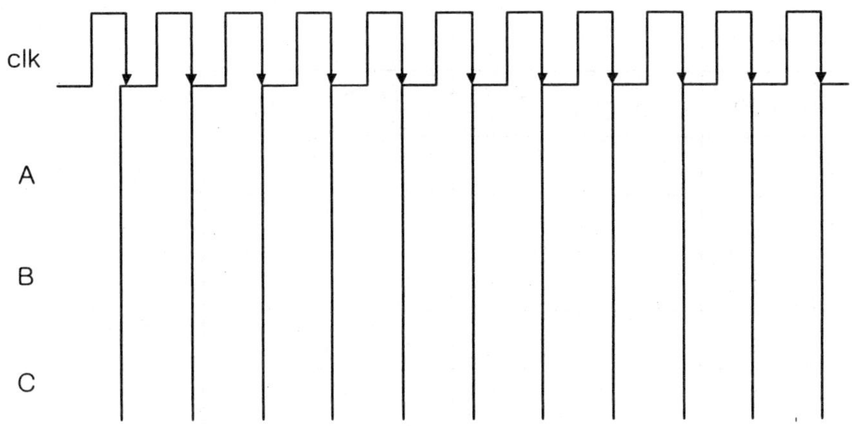

그림 12-8

(3) 그림 12-9과 같은 회로를 구성하시오. Clear 단자를 잠시 0상태로 한 뒤 다시 1의 상태로 둔다. PR 단자를 잠시 0상태로 한 다음, 다시 1의 상태로 둔다. 카운터에 클럭 펄스(CP)를 인가하면서 카운터의 출력을 측정하여 표 12-4에 기록하시오.

측정된 값으로 그림 12-10의 타이밍도를 작성하시오.

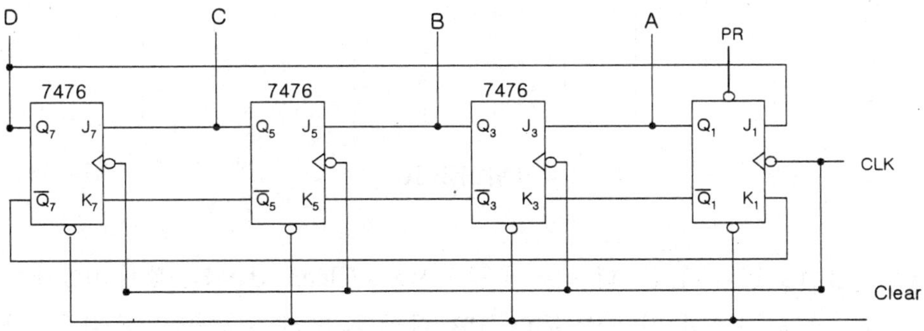

그림 12-9

표 12-4

CP	A	B	C	D
0				
1				
2				
3				
4				
5				
6				

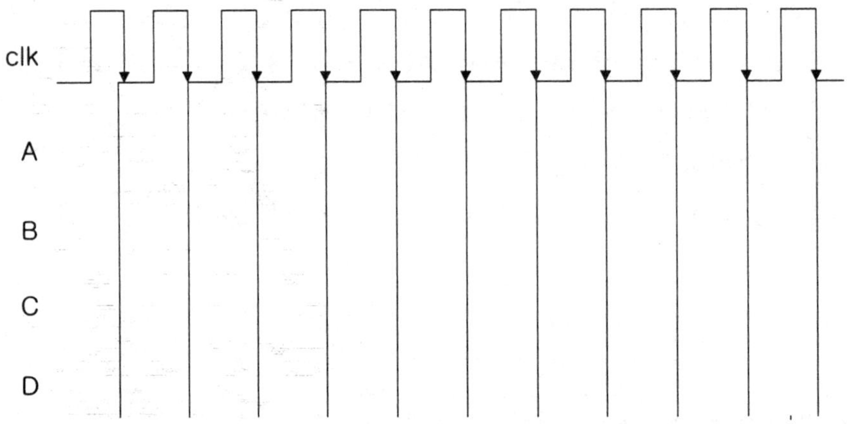

그림 12-10

(4) 그림 12-11과 같은 회로를 구성하시오. Clear 단자를 잠시 0상태로 한 뒤 다시 1의 상태로 둔다. PR 단자를 잠시 0상태로 한 다음, 다시 1의 상태로 둔다. 카운터에 클럭 펄스(CP)를 인가하면서 카운터의 출력을 측정하여 표 12-5에 기록하시오.
측정된 값으로 그림 12-12의 타이밍도를 작성하시오.

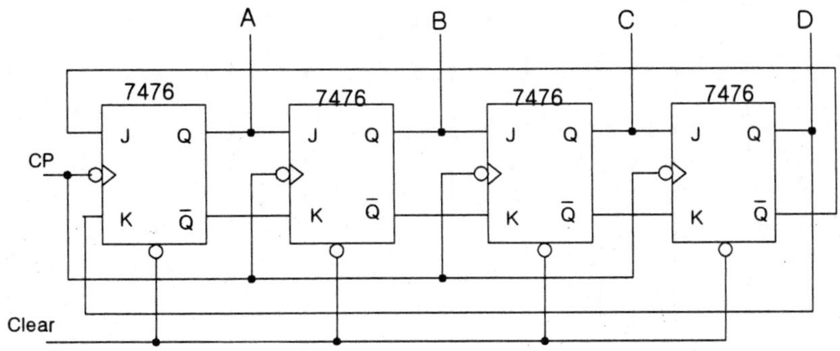

그림 12-11

표 12-5

CP	A	B	C	D
0				
1				
2				
3				
4				
5				
6				
7				
8				
9				

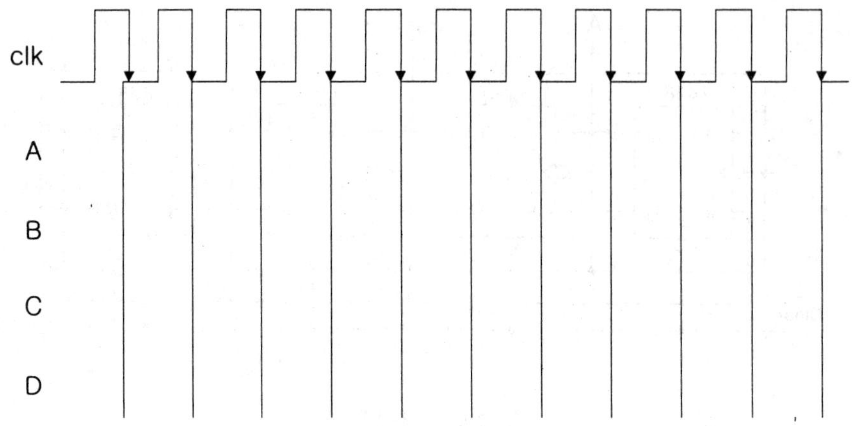

그림 12-12

5. 실험 결과보고서

실습제목	실험 12. 동기식 카운터		
실습일자		실습장소	
학 번	(조)	성 명	

(1) 표 12-2

CP	C	B	A	10진수
0				
1				
2				
3				
4				
5				
6				
7				
8				

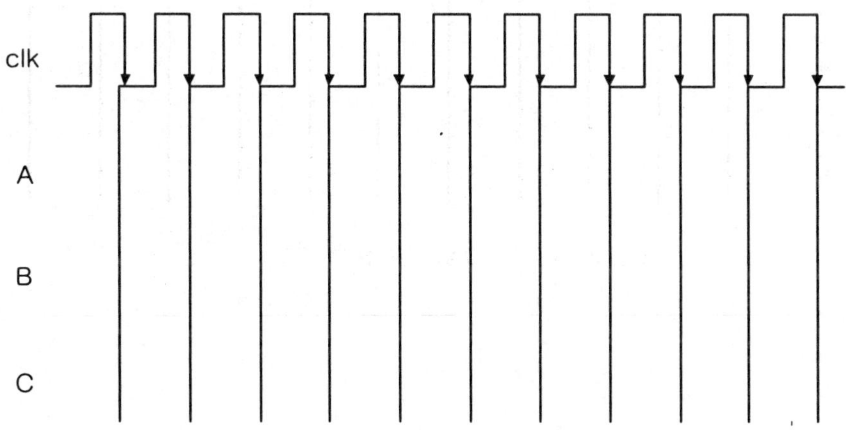

그림 12-6

(2) 표 12-3

CP	C	B	A	10진수
0				
1				
2				
3				
4				
5				
6				
7				
8				

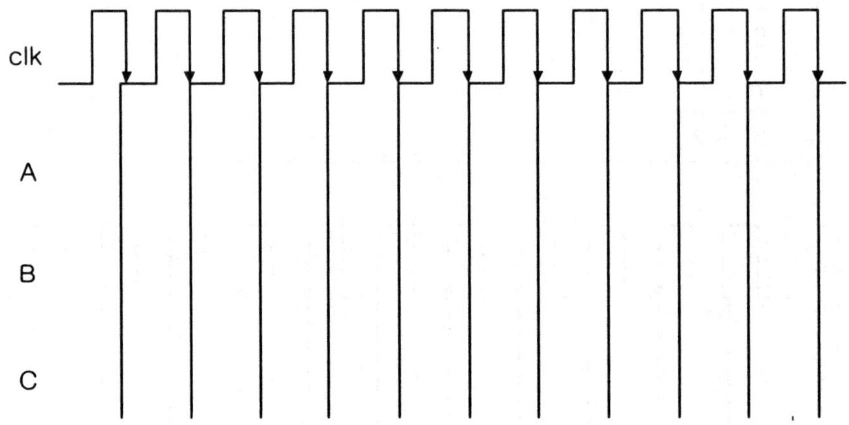

그림 12-8

(3) 표 12-4

CP	A	B	C	D
0				
1				
2				
3				
4				
5				
6				

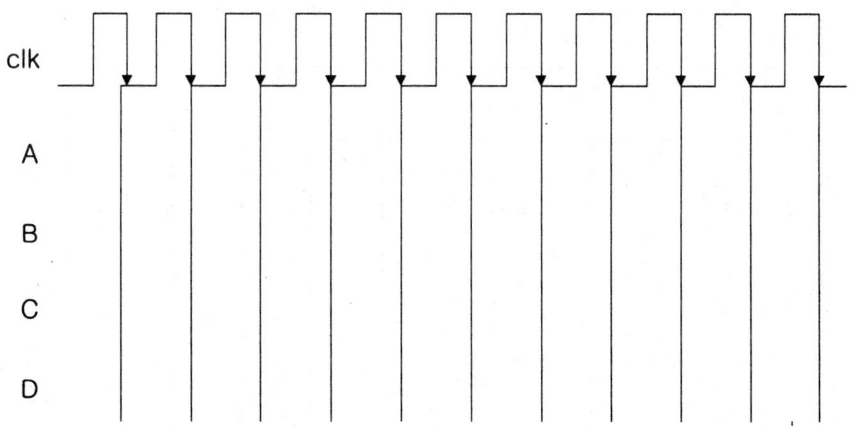

그림 12-10

(4) 표 12-5

CP	A	B	C	D
0				
1				
2				
3				
4				
5				
6				
7				
8				
9				

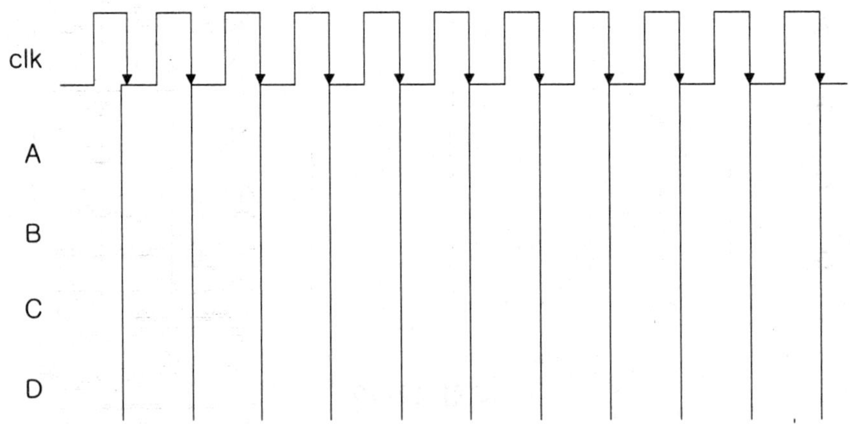

그림 12-12

[검토 및 고찰]

(1) 비동기식 카운터와 동기식 카운터의 차이점을 비교 설명하시오.

(2) 실험에 사용된 각 논리회로의 기능을 간단히 쓰시오.

(3) 비동기식 카운터와 동기식 카운터의 속도가 차이가 나는 이유는 무엇인가?

(4) 링 카운터와 존슨 카운터의 차이점은 무엇인가?

Ⅳ. 디지털 회로 응용

실험 13. 카운터와 LED의 활용

실험 14. 레지스터

실험 15. D/A 변환기 와 A/D 변환기

실험 13 카운터와 LED의 활용

1. 목적

(1) 카운터의 출력을 디코더하여 LED에 나타내는 방법을 익힌다.
(2) LED의 특성을 이해한다.

2. 이론

(1) LED의 특징

카운터의 2진 출력값을 사람들의 눈으로 직접 확인하기 위해서는 부가적인 연결장치가 있어야 하는데 대표적인 것이 LED 표시기이다.

LED 표시기는 디지털회로에서 가장 사용하기 편리하고 간단한 표시장치로써, 발광다이오드(LED)를 여러개 모아 어떤 문자나 숫자를 표시할 수 있도록 되어 있으며, 직류나 교류에 상관없이 사용할 수 있고, 액정(LCD)표시장치처럼 야간에도 보조발광기구가 필요치 않으며, 수명이 반영구적이고 사용이 간편한점 등 여러 가지 장점이 있다.

그러나 LED는 발광을 위해서 상당한 양의 전류가 필요하고, 전류의 크기에 따라 밝기가 다르므로 충분한 양의 전류를 흘러주어야 되는데 보통 5㎃에서 25㎃사이의 전류값에서 필요한 발광을 얻을 수 있고, 최대 30㎃의 전류 정도까지 견딜 수 있다.

LED 표시기는 다이오드이므로 애노드를 공통으로 한 것(CA)과 캐소드를 공통으로 한 것(CC)이 있다. 일반적으로 TTL IC에서는 공통애노드형을 많이 사용한다.

그림 13-1은 LED 표시기의 배열과 접속방법을 나타낸다. 여기서

a~g까지 각각의 LED를 세그먼트(segment)라 하며, 세그먼트가 7개이므로 7-세그먼트(7-segment)라 부르기도 한다.

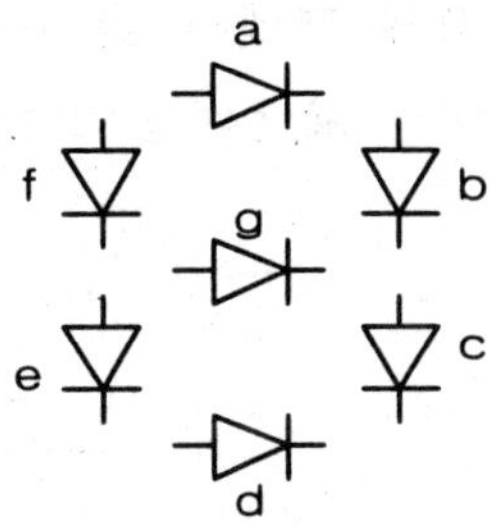

(a) 7-세그먼트 배열 및 호칭

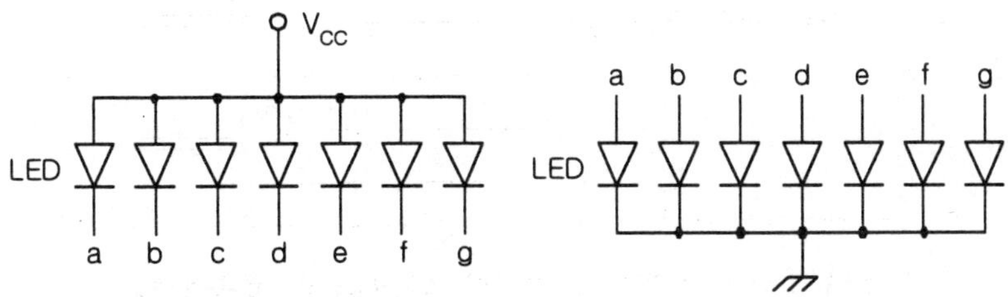

(b) 공통 애노드형 (c) 공통 캐소드형

그림 13-1 LED 표시기의 배열과 내부구조

그리고 LED 표시기를 사용할 때는 반드시 전류제한 저항을 연결해야만 되며, 이 저항이 없으면 과전류로 인하여 LED가 파괴될 수 있다.

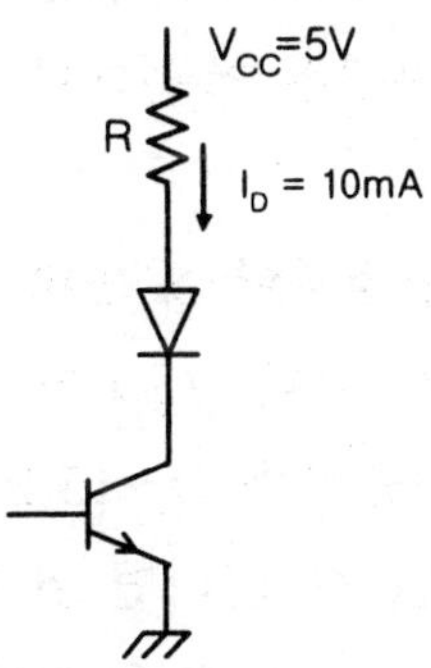

V_{CC} = 5V, I_D = 10㎃ 이고 LED의 순방향전압 강하를 1.7V라 하면,

$R = \frac{5-2}{10\text{mA}} = 300\Omega$ 이 된다.

그림 13-2 LED의 저항값 구하는 법

그림 13-2는 전류제한저항이 연결된 회로와 필요한 저항과 전류를 계산하는 방법을 나타내고 있다.

LED의 동작 속도는 10^{-6} ~ 10^{-8}sec로 빠르며, 색깔은 주로 많이 사용되고 그외는 가격이나 색상의 면에서 잘 사용치 않는다.

그림 13-3은 7-세그먼트와 7-세그먼트 디코더의 접속 방법을 나타내고 있다.

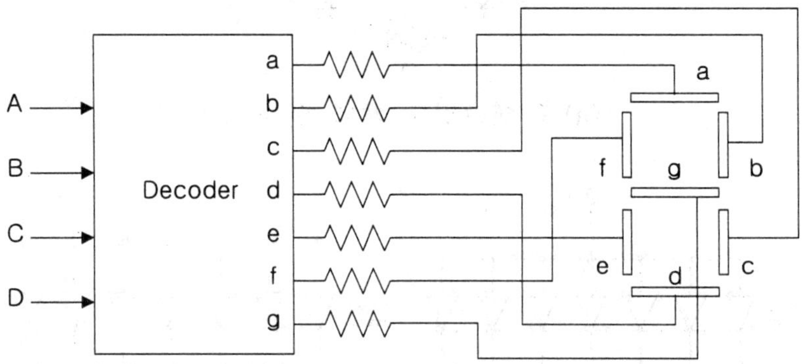

그림 13-3 LED 표시기와 디코더의 접속방법

(2) 카운터와 LED 표시기의 연결

카운터와 LED 표시기의 접속에는 7-세그먼트 디코더가 필수적이며, 카운터의 상태는 0과 1만 표시하므로 이 디코더가 없는 경우에는 7-세크먼트에 나타내기가 어려워진다. 그림 13-3은 카운터와 LED 표시기의 연결방법을 나타내고 있다.

카운터와 디코더 및 LED 표시기로 구성되어 있는데 카운터의 출력이 4비트로, 그 조합은 0에서 15(F_{16})까지 이다. 디코더는 카운더의 출력을 받아 표시기를 구동시키나 비록 카운터가 0~15(F_{16})까지 카운트 한다 해도 이 디코더에서 그것을 받아들일 수 없다면 표시는 어느 한정치 밖에 되지 않는다. 표시기는 디코더의 논리회로에 따라 다르며 TTL

IC인 경우 공통 애노더형의 LED 표시기를 사용할 수 있다.

LED 표시기의 깜박거림을 방지하고 싶은 경우는 카운더와 디코더 사이에 래치회로를 삽입하면 된다.

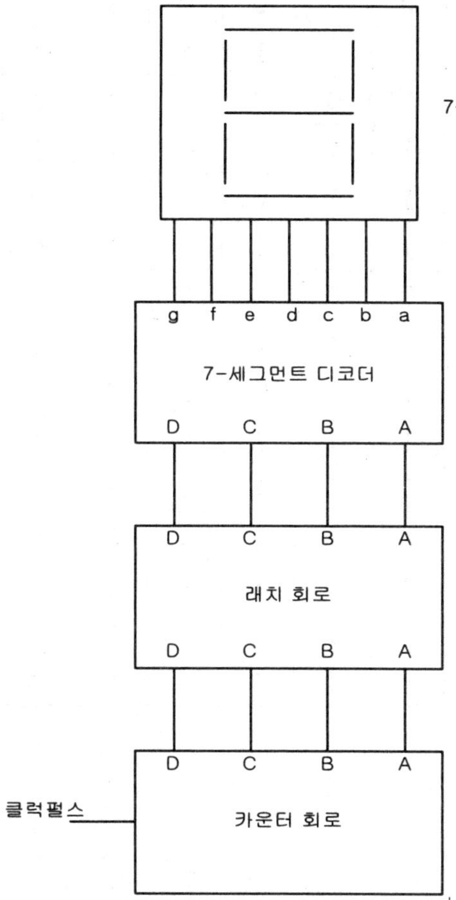

그림 13-4 카운터회로의 7-세그먼트 연결

표 13-1은 공통 캐소드형 일 경우, 디코더의 입력 및 출력과 7-세그먼트의 상태값을 나타낸다. 예를 들어, 입력 DCBA=1100일 경우 7-세그먼트에 나타나는 값은 12가 되어야 하나, 이 회로는 1디지트이므로 C_{16}이 표시되도록 디코더회로가 구성되어 있다.

표 13-1

D	C	B	A	g	f	e	d	c	b	a	표시
0	0	0	0	0	1	1	1	1	1	1	0
0	0	0	1	0	0	0	0	1	1	0	1
0	0	1	0	1	0	1	1	0	1	1	2
0	0	1	1	1	0	0	1	1	1	1	3
0	1	0	0	1	1	0	0	1	1	0	4
0	1	0	1	1	1	0	1	1	0	1	5
0	1	1	0	1	1	1	1	1	0	1	6
0	1	1	1	0	0	0	0	1	1	1	7
1	0	0	0	1	1	1	1	1	1	1	8
1	0	0	1	1	1	0	1	1	1	1	9
1	0	1	0	1	1	1	0	1	1	1	A
1	0	1	1	1	1	1	1	1	0	0	b
1	1	0	0	0	1	1	1	0	0	1	C
1	1	0	1	1	0	1	1	1	1	0	d
1	1	1	0	1	1	1	1	0	0	1	E
1	1	1	1	1	1	1	0	0	0	1	F

3. 사용기기 및 부품

구분	품 명	규 격	수량	비 고
사용기기	논리회로실험장치		1	
	오실로스코프		1	
	멀티미터		1	
	브레드 보드		1	
부품	TTL IC	7442, 7447, 7490, 7493	각 1	
	LED		10	
	7-세그먼터	CA형	1	
	저항	330Ω	7	

4. 실험순서

(1) 그림 13-4와 같은 회로를 구성하고, 표 13-2의 입력 상태에 따른 출력값을 측정하여 기록하시오.(단, LED에 불이 들어온 경우는 1, 그렇지 않은 경우에는 0으로 표시한다.)

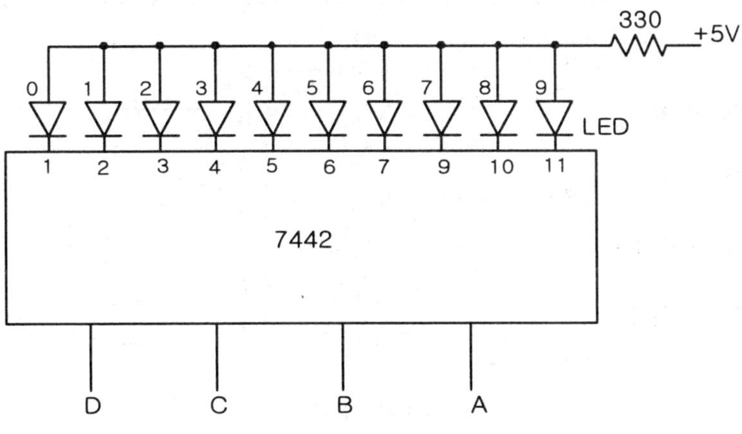

그림 13-4

표 13-2

D	C	B	A	0	1	2	3	4	5	6	7	8	9
0	0	0	0										
0	0	0	1										
0	0	1	0										
0	0	1	1										
0	1	0	0										
0	1	0	1										
0	1	1	0										
0	1	1	1										
1	0	0	0										
1	0	0	1										

(2) 그림 13-5와 같은 회로를 구성하고, 표 13-3의 입력 상태에 따른 출력값을 측정하여 기록하시오.

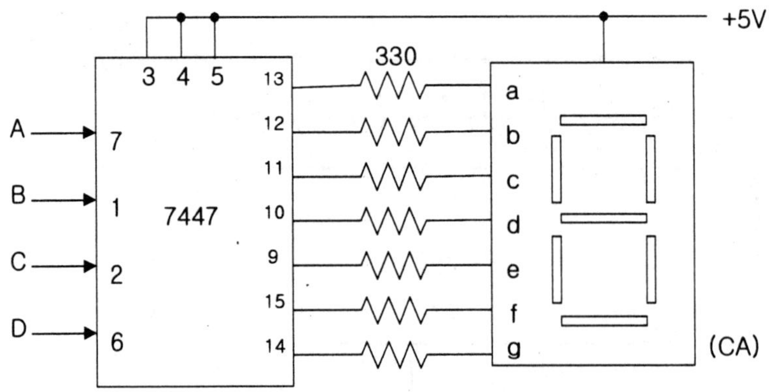

그림 13-5

표 13-3

D	C	B	A	7-segment 표시
0	0	0	0	
0	0	0	1	
0	0	1	0	
0	0	1	1	
0	1	0	0	
0	1	0	1	
0	1	1	0	
0	1	1	1	
1	0	0	0	
1	0	0	1	

(3) 그림 13-6와 같은 회로를 구성하고, 표 13-4의 입력 상태에 따른 출력값을 측정하여 기록하시오.

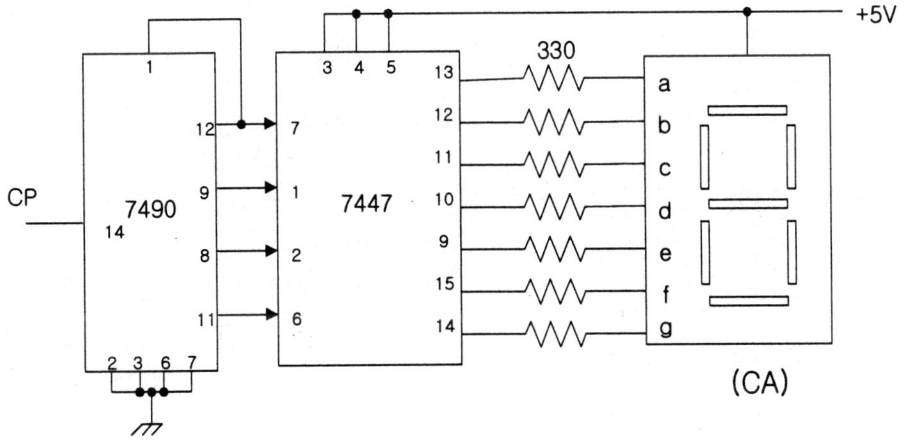

그림 13-6

표 13-4

CP	7-segment 표시
0	
1	
2	
3	
4	
5	
6	
7	
8	
9	

(4) 그림 13-7와 같은 회로를 구성하고, 표 13-5의 입력 상태에 따른 출력값을 측정하여 기록하시오.

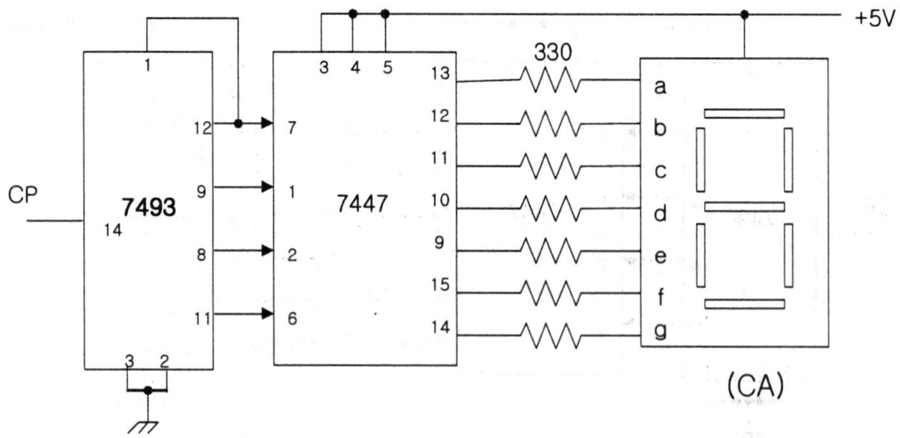

그림 13-7

표 13-5

CP	7-segment 표시	CP	7-segment 표시
0		8	
1		9	
2		10	
3		11	
4		12	
5		13	
6		14	
7		15	

5. 실험 결과보고서

실습제목	실험 13. 카운터와 LED의 활용		
실습일자		실습장소	
학 번	(조)	성 명	

(1) 표 13-2

D	C	B	A	0	1	2	3	4	5	6	7	8	9
0	0	0	0										
0	0	0	1										
0	0	1	0										
0	0	1	1										
0	1	0	0										
0	1	0	1										
0	1	1	0										
0	1	1	1										
1	0	0	0										
1	0	0	1										

(2) 표 13-3

D	C	B	A	7-segment 표시
0	0	0	0	
0	0	0	1	
0	0	1	0	
0	0	1	1	
0	1	0	0	
0	1	0	1	
0	1	1	0	
0	1	1	1	
1	0	0	0	
1	0	0	1	

(3) 표 13-4

CP	7-segment 표시
0	
1	
2	
3	
4	
5	
6	
7	
8	
9	

(4) 표 13-5

CP	7-segment 표시	CP	7-segment 표시
0		8	
1		9	
2		10	
3		11	
4		12	
5		13	
6		14	
7		15	

[검토 및 고찰]

(1) 그림 13-7에서 7-세그먼트를 공통 캐소드형으로 사용할 경우 세그먼트의 회로구성은 어떻게 연결해야 하는가?

(2) 그림 13-5에서 저항을 연결한 이유는 무엇인가?

(3) 그림 13-6과 그림 13-7 회로의 차이점은 무엇인가?

(4) 74LS90과 74LS93 TTL IC의 기능을 쓰시오.

실험 14 레지스터(Register)

1. 목적

(1) 레지스터의 기본원리와 특성을 이해하고 설계능력을 기른다.

2. 이론

(1) 레지스터(Register)

레지스터는 2진 정보로 된 데이터를 일시 저장하거나 이동시키는 데 사용되는 장치로 대부분의 디지털 시스템이나 컴퓨터에서 없어서는 안 될 중요한 기능을 담당하고 있다.

레지스터는 데이터의 입출력 방식에 따라 직렬입력-직렬출력, 직렬입력-병렬출력, 병렬입력-직렬출력, 병렬입력-병렬출력의 4가지로 분류되며, 데이터의 이동방식에 따라 좌측 쉬프트 레지스터, 우측 쉬프트 레지스터 및 양방향 쉬프트 레지스터의 3가지로 분류되고, 입출력방식과 이동방식을 자유자재로 할 수 있는 만능 쉬프트 레지스터로 분류할 수 있다.

그리고, 레지스터는 동기식 카운터처럼 플립플롭에 공통 클럭 펄스가 연결된 형태로 구성된다. 이렇게 모든 클럭이 공통으로 연결되는 것은 레지스터의 동작이 다른 디지털 회로와 동기화 되기 위해서이다.

①직렬입력 -직렬출력 쉬프트 레지스터

이 레지스터는 데이터를 직렬로 받아들여 직렬로 쉬프트 시켜 처리하는 데이터 입출력 방식의 레지스터이다. 즉, 데이터를 한번에 1비트씩 입력으로 받아들여 1비트씩 출력한다.

그림 14-1은 D 플립을 이용한 4비트 레지스터를 나타내고 있다.

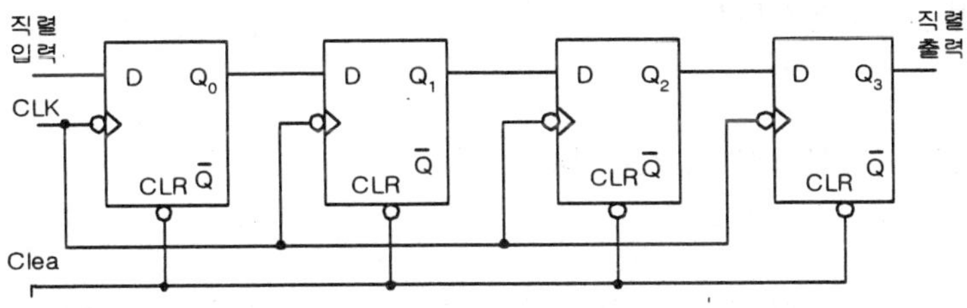

그림 14-1 직렬입력-직렬출력 쉬프트 레지스터

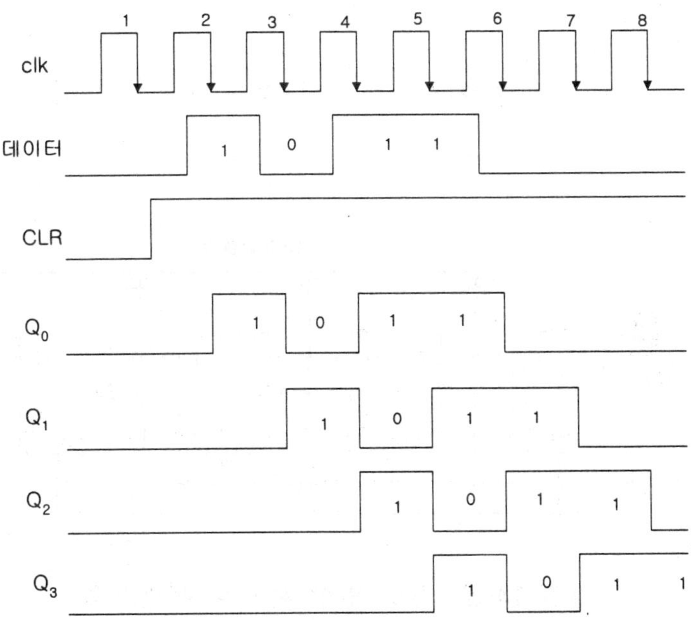

그림 14-2 타이밍도

이 레지스터는 4비트의 데이터를 저장할 수 있으며, 하나의 데이터 입력, 클럭 입력, 클리어 입력 및 2개의 상보형 출력을 가지고 있다.

데이터의 입력은 클럭 펄스의 입력에 동기되어 출력으로 전송되며, 앞 단의 플립플롭의 출력은 다음 단의 입력이 된다. 따라서 클럭 펄스 입력의 하강구간 트리거에 동기하여 데이터는 우측으로 1비트씩 이동한다.

그림 14-2는 데이터와 클럭, 클리어 파형을 공급하였을 때, 직렬 출력 파형을 나타낸 것이다.

② 직렬입력 -병렬출력 쉬프트 레지스터

4비트 직렬-병렬 레지스터는 각 단의 플립플롭의 출력이 외부에 연결되어 있는 것을 제외하고는 직렬-입력, 직렬-출력 레지스터와 동일한 구조를 가지며, 직렬로 된 데이터를 병렬로 바꾸고자 할 때 주로 사용한다.

이 방식은 디지털 컴퓨터에서 직렬-병렬 변환기 등에 널리 사용되고 있다.

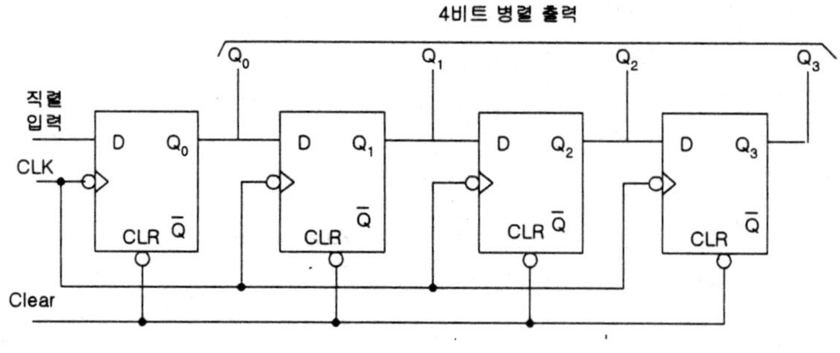

그림 14-3 직렬-병렬 쉬프트 레지스터

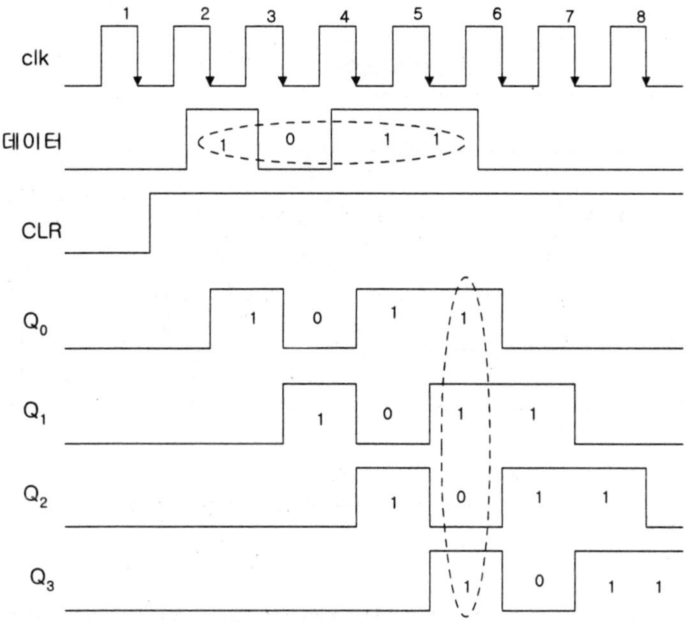

그림 14-4 타이밍도

그림 14-4의 타이밍도에서 보였듯이 각 클럭펄스의 하강구간에서 데이터가 오른쪽으로 쉬프트된다. 직렬 입력 데이터 1101_2이 직렬로 입력되면 4클럭 펄스의 신호 입력 후에 병렬 출력을 취한다.

③ 병렬입력 -직렬출력 쉬프트 레지스터

이 방식은 모든 입력 데이터 비트를 병렬 형식으로 동시에 입력한다. 일단 여러 개의 비트 데이터가 복수로 저장되면 그것을 직렬로 출력하게 된다.

그림 14-5는 전형적인 4비트 병렬 입력-직렬 출력 쉬프트 레지스터로 4개의 D형 플립플롭이 공통 클럭에 의해 연결되어 있다.

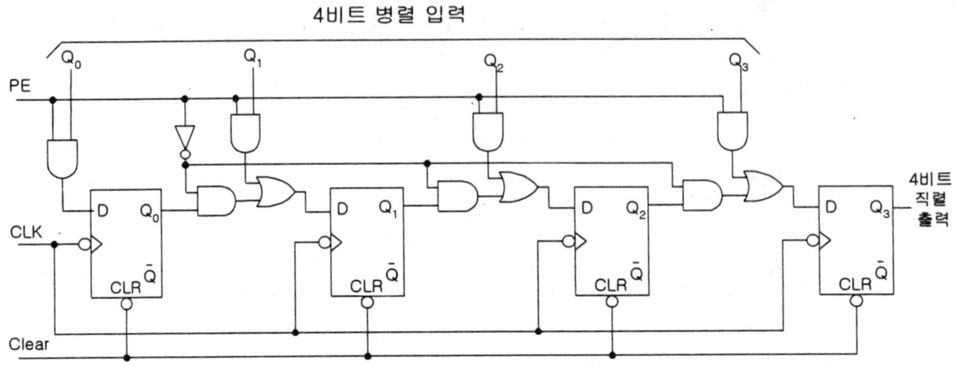

그림 14-5 4비트 병렬-직렬 쉬프트 레지스터

D_0, D_1, D_2, D_3 의 4개 입력에 가해진 데이터는 클럭 펄스가 더해지고, 또 이들 데이터 입력에 접속된 AND 게이트를 인에이블이라는 병렬 인에이블(PE) 입력이 로직 1 이 될 때 각 해당 플립플롭에 저장된다.

출력데이터를 직렬로 끌어내리면 PE 입력을 먼저 0으로 하여 병렬 입력 AND 게이트를 Disable하는 동시에 좌측의 3개 플립플롭의 출력에 접속된 AND 게이트를 인에이블 시켜야 한다.

병렬 방식은 많은 신호선과 논리게이트가 필요하게 되므로 그 구성회로가 복잡해지는 단점이 있지만 병렬 레지스터는 1개의 클럭으로 동시에 데이터가 전송되므로 매우 빠른 속도로 전송이 가능하므로 고속을 요하는 컴퓨터에서는 필요하다.

그림 14-6은 레지스터의 출력파형을 그려놓은 것이다.

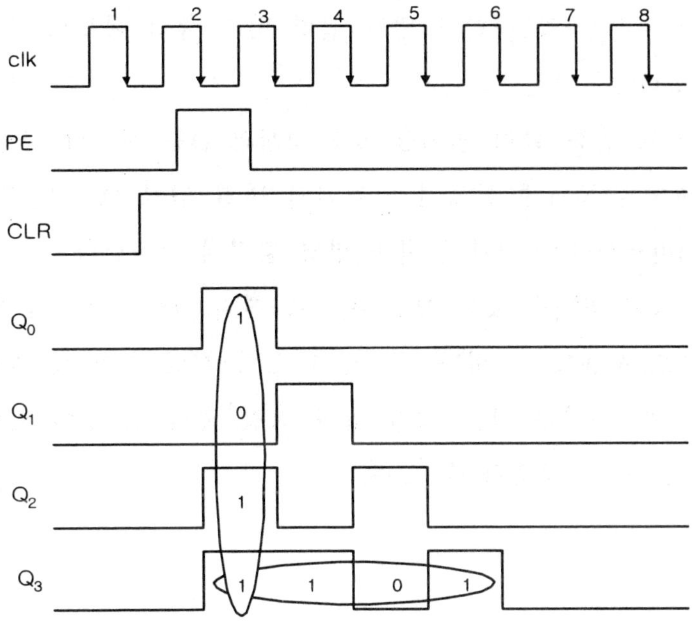

그림 14-6 타이밍도

④ **병렬입력-병렬출력 쉬프트 레지스터**

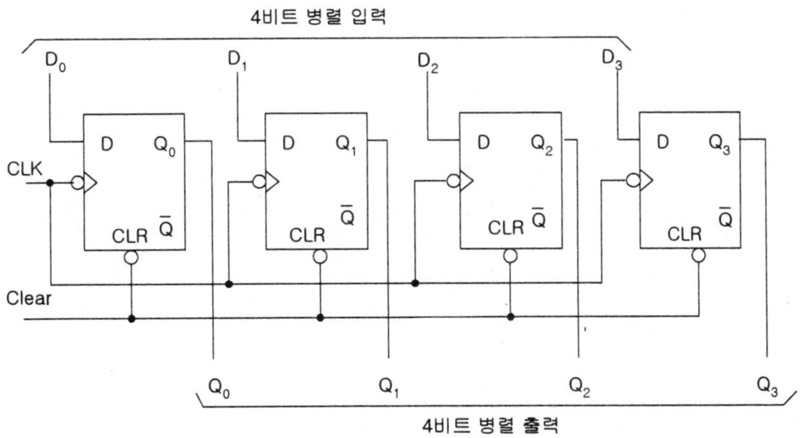

그림 14-7 4비트 병렬 입력-병렬 출력 쉬프트 레지스터

그림 14-7은 가장 간단한 병렬 입력-병렬 출력 쉬프트 레지스터를 나타내고 있다.

기본적으로 공통 클럭 입력을 갖는 4개의 D형 래치의 구성으로 모든 플립 플롭에 동시에 클럭이 입력되면 병렬 입력 D_0, D_1, D_2, D_3 에 가해지는 4비트의 데이터가 동시에 병렬 출력에 나타난다.

실제로 병렬 입력을 갖는 모든 쉬프트 레지스터는 직렬 입력 쉬프트 레지스터로도 사용할 수 있다. 즉, 병렬 입력-직렬 출력 및 병렬 입력-병렬 출력 레지스터는 각각 직렬 입력-직렬 출력 및 병렬 입력- 직렬 출력 레지스터로도 사용할 수 있다.

3. 사용기기 및 부품

구분	품　명	규　격	수량	비 고
사용기기	논리회로실험장치		1	
	오실로스코프		1	
	멀티미터		1	
	브레드 보드		1	
부품	TTL IC	7404, 7408, 7432, 7476	각 1	

4. 실험순서

(1) 그림 14-8과 같은 회로를 구성하시오. Clear 단자를 잠시 0상태로 한 뒤 다시 1의 상태로 둔다. CP 단자에 펄스를 인가하면서 출력 ABCD 값을 측정하여 표 14-1에 기록하시오.

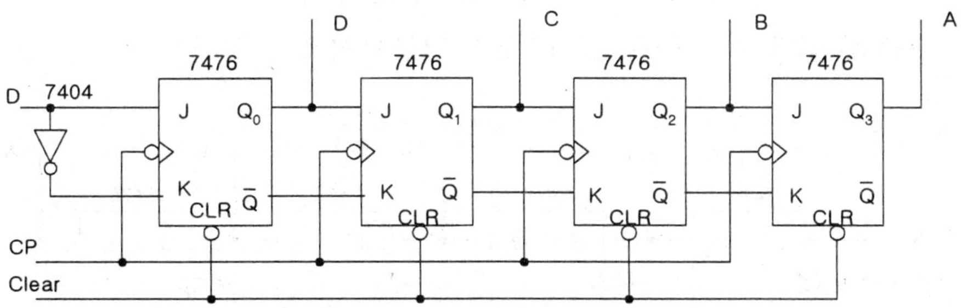

그림 14-8

표 14-1

D	CP	D	C	B	A
1	1				
1	2				
1	3				
1	4				
1	5				
0	6				
0	7				
0	8				
1	9				
1	10				
0	11				
1	12				

(2) 그림 14-9과 같은 회로를 구성하시오. Clear 단자를 잠시 0상태로 한 뒤 다시 1의 상태로 둔다. CP 단자에 펄스를 인가하면서 출력 ABCD 값을 측정하여 표 14-2에 기록하시오.

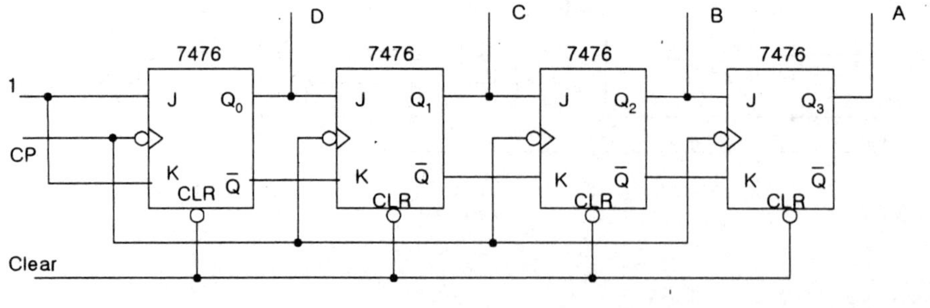

그림 14-9

표 14-2

J	K	CP	D	C	B	A
0	0	1				
0	1	2				
1	0	3				
1	0	4				
1	1	5				
0	1	6				
0	1	7				
1	0	8				
0	1	9				
1	0	10				

(3) 그림 14-10과 같은 회로를 구성하시오. Clear 단자를 잠시 0상태로 한 뒤 다시 1의 상태로 둔다. CP 단자에 펄스를 인가하면서 출력 ABCD 값을 측정하여 표 14-3에 기록하시오.

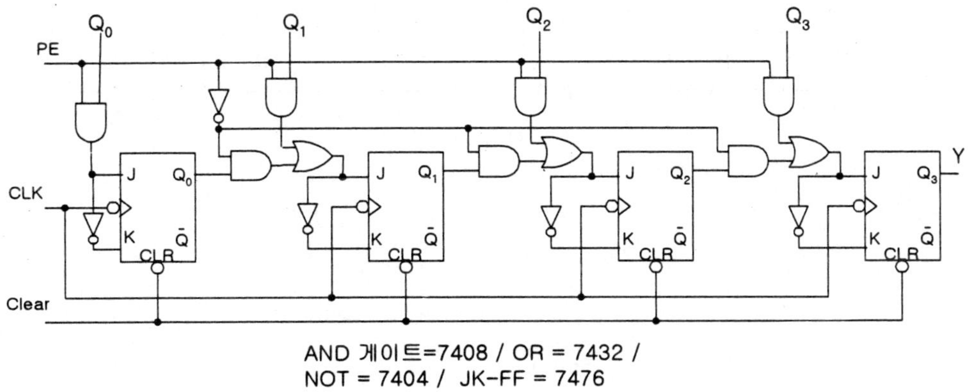

그림 14-10

표 14-3

병렬 인에이블	클럭	병렬입력 데이터				직렬출력
PE	CLK	Q_0	Q_1	Q_2	Q_3	Y
1	1	1	0	0	0	
0	2	1	0	0	0	
0	3	1	0	0	0	
0	4	1	0	0	0	
0	5	1	0	0	0	
1	6	0	1	0	1	
0	7	1	0	1	0	
0	8	1	0	1	0	
0	9	0	0	0	0	
0	10	1	1	1	1	
1	11	1	1	1	1	
0	12	0	0	0	0	
0	13	0	0	0	0	
0	14	0	0	0	0	
0	15	0	0	0	0	

5. 실험 결과보고서

실습제목	실험 14. 레지스터(Register)		
실습일자		실습장소	
학 번	(조)	성 명	

(1) 표 14-1

D	CP	D	C	B	A
1	1				
1	2				
1	3				
1	4				
1	5				
0	6				
0	7				
0	8				
1	9				
1	10				
0	11				
1	12				

(2) 표 14-2

J	K	CP	D	C	B	A
0	0	1				
0	1	2				
1	0	3				
1	0	4				
1	1	5				
0	1	6				
0	1	7				
1	0	8				
0	1	9				
1	0	10				

(3) 표 14-3

병렬 인에이블	클럭	병렬입력 데이터				직렬출력
PE	CLK	Q_0	Q_1	Q_2	Q_3	Y
1	1	1	0	0	0	
0	2	1	0	0	0	
0	3	1	0	0	0	
0	4	1	0	0	0	
0	5	1	0	0	0	
1	6	0	1	0	1	
0	7	1	0	1	0	
0	8	1	0	1	0	

0	9	0	0	0	0	
0	10	1	1	1	1	
1	11	1	1	1	1	
0	12	0	0	0	0	
0	13	0	0	0	0	
0	14	0	0	0	0	
0	15	0	0	0	0	

[검토 및 고찰]

(1) 레지스터의 종류를 예를 들고 간략히 설명하시오.

(2) 그림 14-10의 병렬입력- 직렬출력 회로에서 병렬인에이블(PE) 입력의 기능을 설명하시오.

실험 15 D/A 변환기 와 A/D 변환기

1. 목적

(1) A/D 변환기와 D/A 변환기의 원리와 동작을 이해한다.
(2) 기본적인 A/D, D/A 변환기의 회로를 이해하고, 응용력을 높인다.

2. 이론

(1) D/A, A/D 변환기

0과 1로 구성된 디지털 신호를 아날로그 신호로 변환시키는 소자를 D/A변환기(Digital to Analog Converter)라 하고, 아날로그 신호를 디지털 신호로 변환시키는 소자를 A/D 변환기(Anallog to Digital Converter)라 한다.

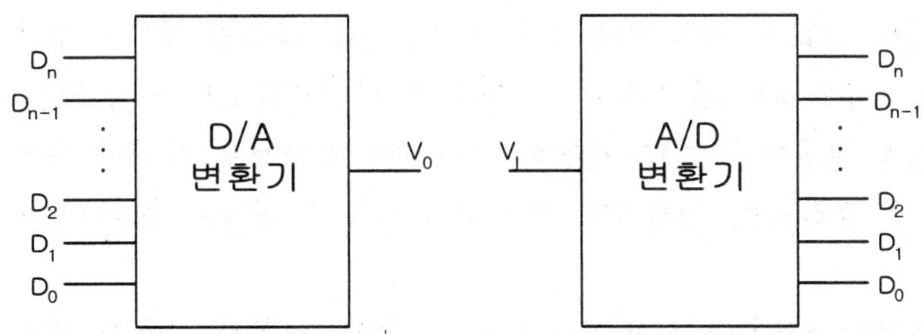

(a) D/A 변환기 (b) A/D 변환기

그림 15-1 D/A 변환기와 A/D 변환기의 기본구성

그림 15-1은 D/A 변환기와 A/D 변환기의 기본구성을 나타내고 있

다. 그림 15-1(a)에서 2진 정보인 "1"과 "0" 상태의 디지털 값은 D/A 변환기 회로를 이용하여 아날로그 전압값으로 변환된다. 이 때 D/A 변환기는 2진 정보의 최하위 비트(LSB:Do)부터 최상위 비트(MSB:Dn)까지 아날로그 전압값을 출력하게 되며, MSB의 비트 값이 클수록 고정도 분해능의 아날로그 값을 얻을 수 있다.

그림 15-1(b)에서 입력된 아날로그 전압 Vi는 A/D 변환기(Analog to Digital Converter)를 통하여 "0"과 "1"의 디지털 값으로 변환되며, 이 때 디지털 값의 출력은 $D_0(2^0)$부터 $D_n(2^n)$의 값이 된다.

(2) D/A 변환기

디지털 신호를 아날로그 신호로 변환하려면 먼저 디지털 전압레벨을 한 개의 아날로그신호로 바꾸는 것이다. 이러한 방법에는 자리값을 갖는 저항 회로를 이용한 래더형 D/A 변환기와 전압 가산형 D/A 변환기가 있다.

① 래더형 D/A 변환기

그림 15-2는 래더형 D/A 변환기의 기본구성을 나타낸 것으로 R과 2R의 래더형 저항회로와 연산증폭기를 이용한 비반전회로로 구성한다.

래더형 D/A 변환기는 저항 선정이 간단하여 집적회로 설계시 유리하며, 아날로그 출력값의 선형성이 양호하기 때문에 실제로 많이 사용되고 있다.

그림 15-2에서 저항회로의 출력전압 V_A는 입력 디지털 신호의 데이터에 따라 다음 식과 같은 값을 가진다.

$$V_A = \left(\frac{1}{2}\right)^{N-n} \cdot \left(\frac{1}{3}\right) \cdot V_n$$

여기서 N은 2진정보(ABCD)의 비트수이고, n은 2진 정보 1이 입력된 비트 수이며, V_n 은 디지털 전압 레벨을 나타낸다.

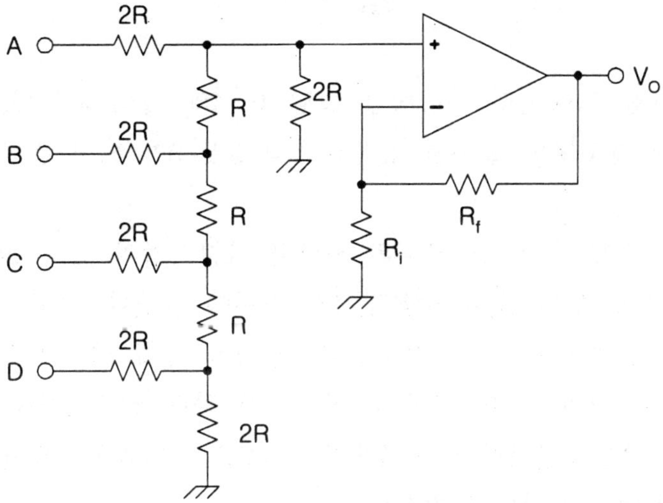

그림 15-2 래더형 D/A 변환기

② 전압가산형 D/A 변환기

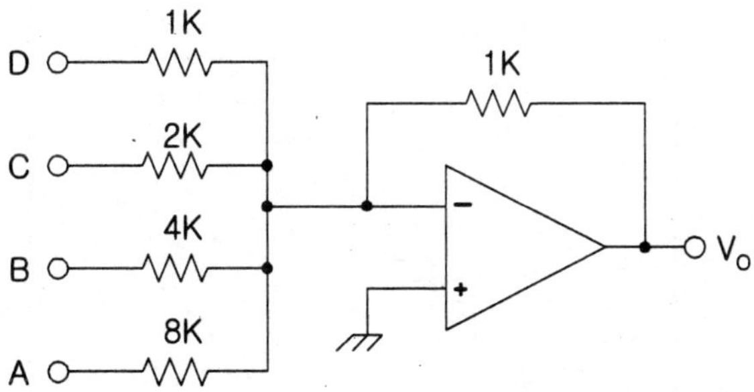

그림 15-3 전압 가산형 D/A 변환기

또 다른 D/A 변환기로는 연산증폭기의 가산작용을 이용하는 방법이 있다. 그림 15-3에서 A점의 전압을 5V라 하면 이 때의 출력전압은

$$V_0 = \frac{1K}{8K} \times 5\,V = 0.625\,V$$

이 되고, C점의 전압이 같은 5V라면 출력전압은

$$V_0 = \frac{1K}{2K} \times 5\,V = 2.5\,V$$

가 된다. 이를 그래프로 나타내면 그림 15-4와 같이 되는데, 입력중의 어느 하나가 잘못되면 잘못된 입력항의 파형은 0가 되어 출력에 나타난다.

D/A변환기의 정확도는 사용된 저항과 기준전압의 정밀도에 따라 좌우되며, 실제의 출력전압과 이론값과의 차이를 말한다. 정확도는 상대적 정확도와 차분직선식으로 구분되는데, 상대적 정확도는 기준선에 대한 변환기출력의 최대편차를 말하며, 이상적인 값은 ±1/2 LSB 이하가 되어야 하고, 차분직선성이란 입력에서 1 LSB가 변화하였을때의 실제출력값과 이론값과의 차이를 말한다.

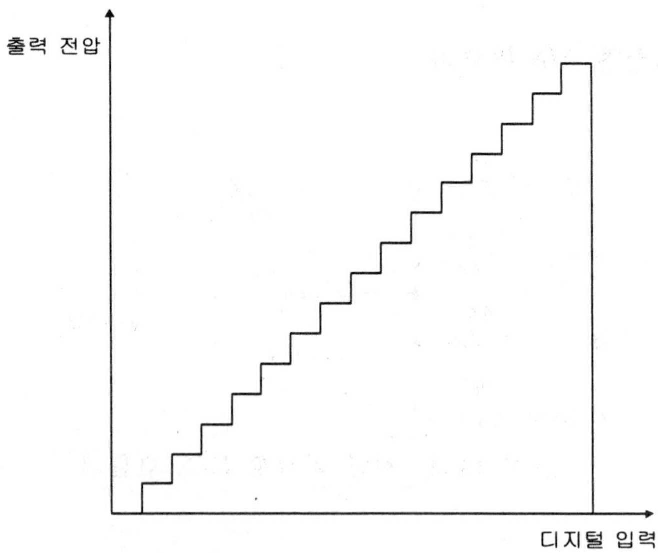

그림 15-4 D/A 변환기의 출력 전압

분해능이란 디지털입력의 단일스탭 변화에 따라서 아날로그출력에 나타나는 식별가능한 최소변화를 말한다. 따라서 입력비트를 많이 사용할수록 최소분해능은 더 낮은 자리까지 식별가능하다. 그림 15-5는 D/A변환기의 사양이다.

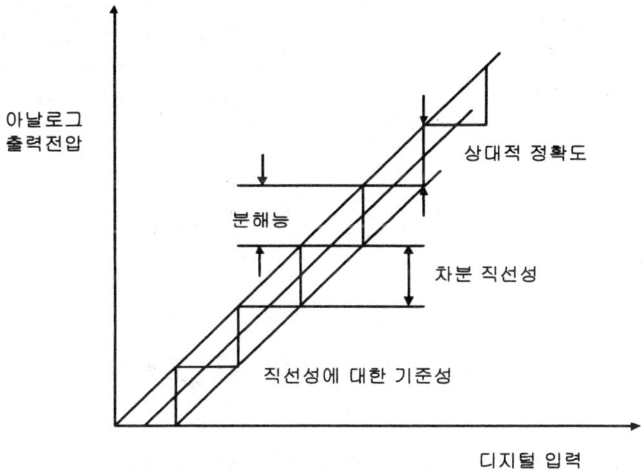

그림 15-5 D/A변환기의 사양

(3) A/D 변환기

아날로그 신호를 디지털 값으로 바꾸는 것을 A/D변환이라 한다. 이 과정은 D/A변환기보다 더 복잡하며 어렵다. 기본적인 원리에 따라 계수방식과 비교방식으로 대별할 수 있는데, 계수방식은 전압/시간변환형과 전압/주파수변환형으로, 비교방식은 궤환비교방식과 무궤환비교방식으로 분류되며, 궤환비교방식은 다시 축차비교형, 추종비교형, 펄스순환형으로 구분되고, 무궤환비교방식은 병렬비교형, 직병렬비교형, 종속비교형으로 분류된다. 속도가 수 ms 이하의 저속에서는 계수방식이, 수 ns～수 μs의 중속에서는 비교방식중 축차 비교형의 것이 많이 쓰이고, 100ns 이상의 고속에서는 비교방식 중 병렬변환법이 많이 쓰인다. 병렬 변환법은 여러 개의 비교회로를 사용한다.

① 병렬형 A/D 변환 방식

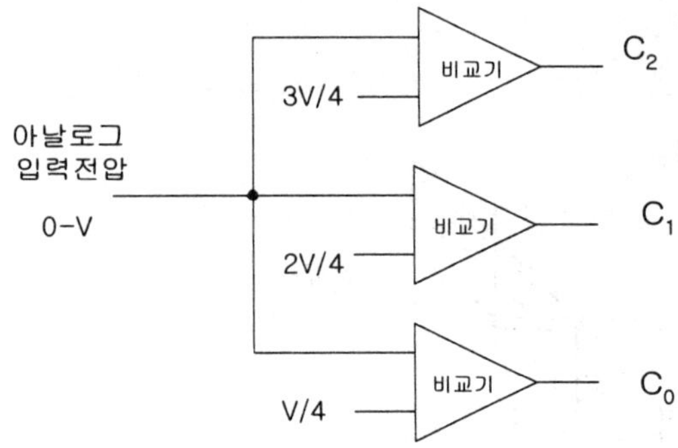

(a) 논리 회로

아날로그 입력전압	비교기 출력		
	C_0	C_1	C_2
0~V/4	0	0	0
V/4~V/2	1	0	0
V/2~3V/4	1	1	0
3V/4~V	1	1	1

(b)비교기의 입출력 전압

그림 15-6 병렬형 A/D 변환

그림 15-6과 같이 디지털 값으로 변환할 아날로그신호는 모든 비교기의 한 쪽 입력이 된다. 다른 하나의 입력은 표준이 되는 기준전압이다. 기준 전압은 V/4, 2V/4, 3V/4이므로 이 회로는 0[V]와 V[V] 사이의 아날로그 전압을 입력으로 받아들일 수 있다. 비교기는 OP-AMP를 사용하기 때문에 입력신호가 비교기의 기준전압을 넘으면 비교기의 출력은 0이 된다. 입력전압이 V/4~V/2 이면 C_1 이 1이 되고, V/2~3V/4 사이는 C_1 과 C_2 가 1이 되고, 3V/4~V가 되면 모든 출력은 1이 된다. 이 비교기의 출력은 엔코우더를 통과하면 3비트의 디지털 출력을 얻을 수 있다.

② 계수형 A/D 변환기

계수형 A/D변환기는 병렬비교형과는 달리 기준전압을 가변하여 비교기를 하나만 사용하고 있다. 그림 15-7과 같이 구성되어 있으며, 초기에 계수기의 출력을 0으로 한 뒤 변환신호가 시작신호에 나타나면 게이트가 동작하여 클럭펄스가 계수기의 입력에 인가되어 사다리형 저항회로에서는 계단파 출력이 나온다. 이 출력은 비교기의 한쪽 입력이 되고 아날로그입력과 비교되어, 비교기 출력에서는 서로 비교되어 전압이 같거나 기준전압이 크면 계수기의 동작이 멈춘다.

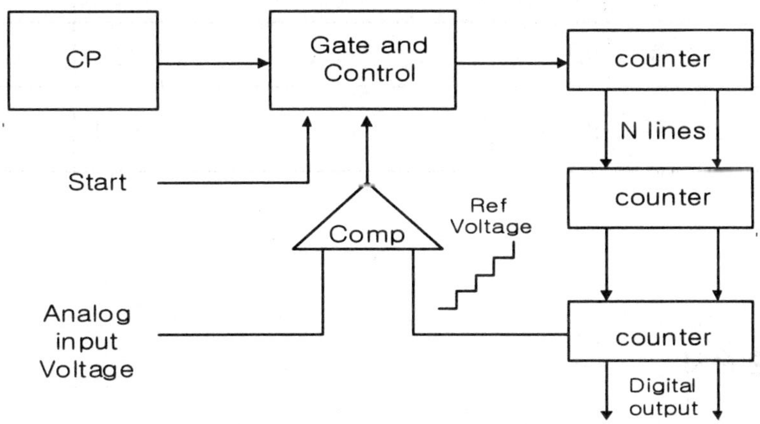

그림 15-7 계수형 A/D변환기

3. 사용기기 및 부품

구분	품　명	규　격	수량	비 고
사용 기기	논리회로실험장치		1	
	오실로스코프		1	
	멀티미터		1	
	브레드 보드		1	
부품	TTL IC		각 1	

4. 실험순서

(1) 그림 15-8과 같은 회로를 구성하여 표 15-1에 주어진 입력상태에 따라 오실로스코프로 출력파형을 측정하고 전압과 주기를 쓰시오. (표에서 0=0V 이고, 1=5V 이다)

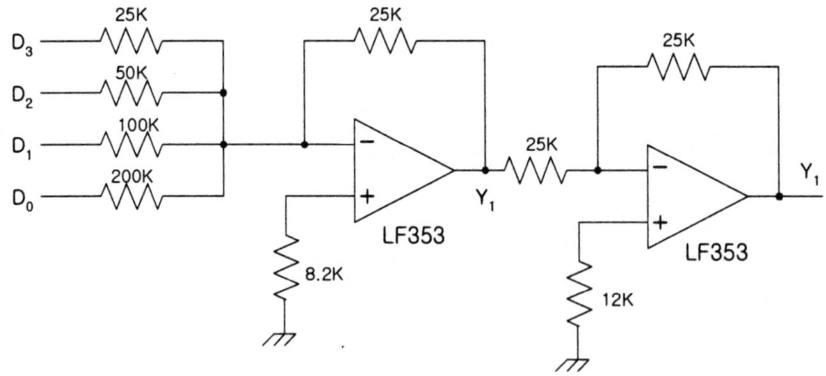

그림 15-8 전압가산형 D/A 변환기

표 15-1

D_3	D_2	D_1	D_0	Y_1	Y_2
0	0	0	0		
0	0	0	1		
0	0	1	0		
0	0	1	1		
0	1	0	0		
0	1	0	1		
0	1	1	0		
0	1	1	1		
1	0	0	0		
1	0	0	1		
1	0	1	0		
1	0	1	1		
1	1	0	0		
1	1	0	1		
1	1	1	0		
1	1	1	1		

그림 15-9

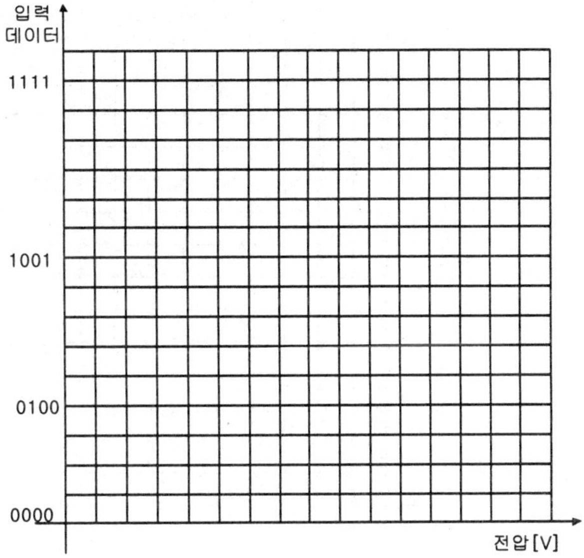

(2) 그림 15-10과 같은 회로를 구성한 후, 오실로스코프를 이용하여 출력파형을 측정하고 전압과 주기를 쓰시오.

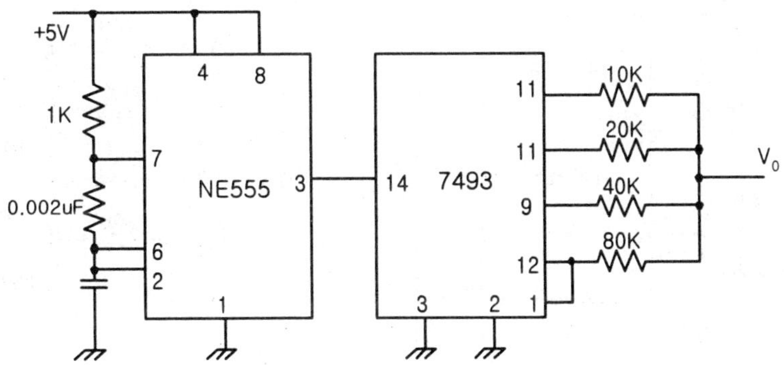

그림 15-10

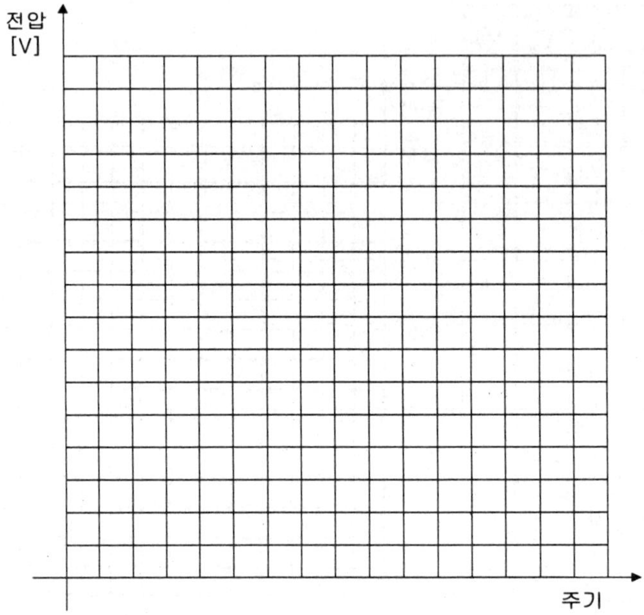

그림 15-11

(3) 그림 15-12과 같은 회로를 구성한 후, 오실로스코프를 이용하여 출력파형을 측정하고 전압과 주기를 쓰시오.

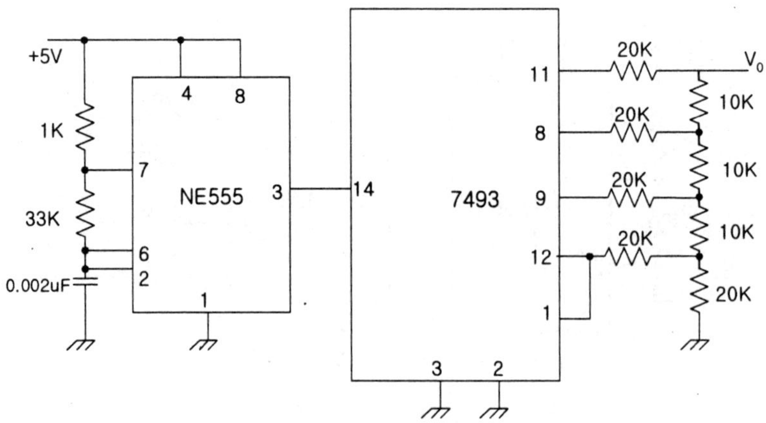

그림 15-12

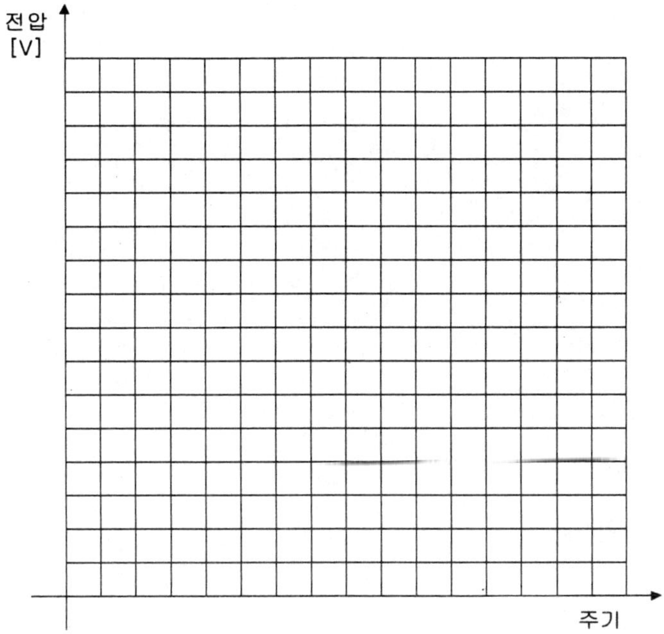

그림 15-13

5. 실험 결과보고서

실습제목	실험 15.D/A 변환기 와 A/D 변환기		
실습일자		실습장소	
학　번	(　조)	성　명	

(1) 표 15-1

D_3	D_2	D_1	D_0	Y_1	Y_2
0	0	0	0		
0	0	0	1		
0	0	1	0		
0	0	1	1		
0	1	0	0		
0	1	0	1		
0	1	1	0		
0	1	1	1		
1	0	0	0		
1	0	0	1		
1	0	1	0		
1	0	1	1		
1	1	0	0		
1	1	0	1		
1	1	1	0		
1	1	1	1		

그림 15-9

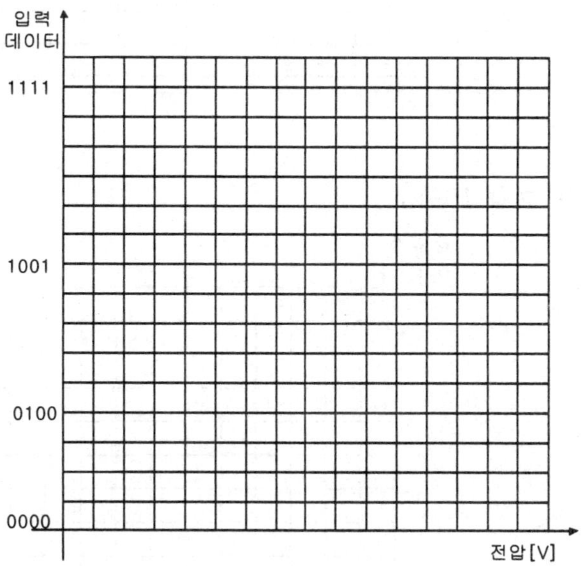

(2) 그림 15-11

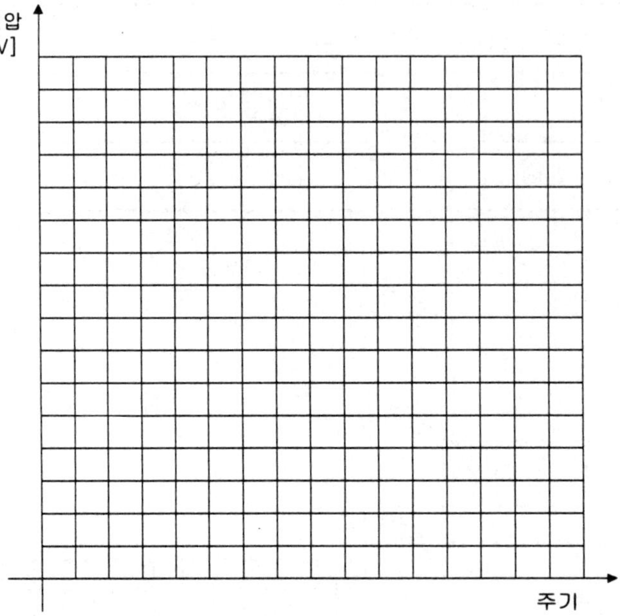

(3) 그림 15-13

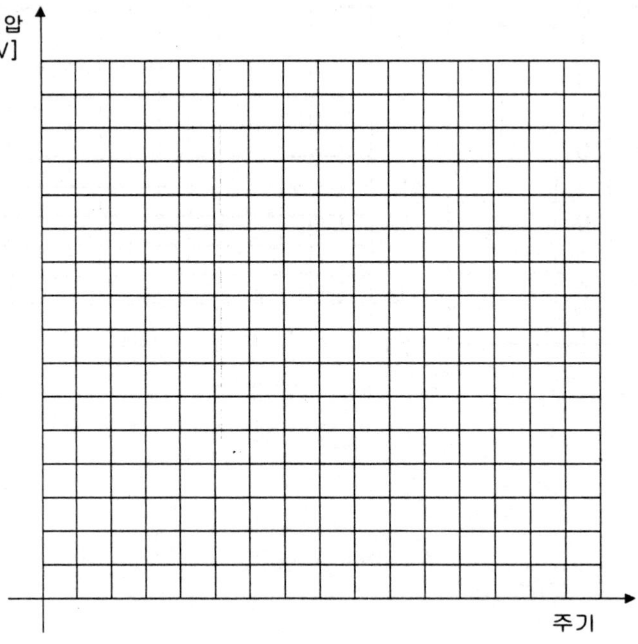

[검토 및 고찰]

(1) D/A 변환기의 종류와 특징에 대하여 설명하시오.

(2) 실제 사용이 되고 있는 A/D 변환기의 응용 예를 들고 설명하시오.

부 록

A. TTL Manual

B. C-MOS Manual

TTL Manual

00
Quad 2 Input NAND

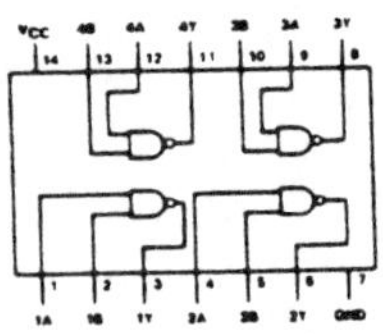

7400, 74LS00, 74S00, 74ALS00, 74F00, 74AS00, 74ALS1000, 74AS1000, 74HC00, 74HCT00, 40H000

01
Quad 2 Input NAND with OC

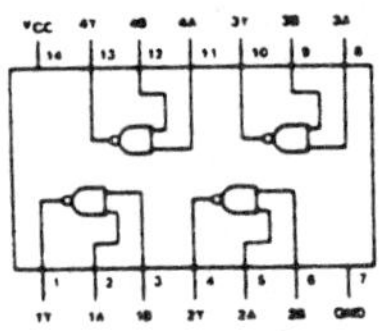

7401, 74LS01, 74ALS01, 74HC01

02
Quad 2 Input NOR

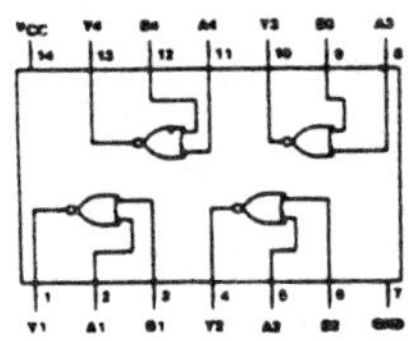

7402, 74LS02, 74ALS02, 74F02, 74S02, 74AS02, 74ALS1002, 74AS1002, 74HC02, 40H002

03
Quad 2 Input NAND with OC

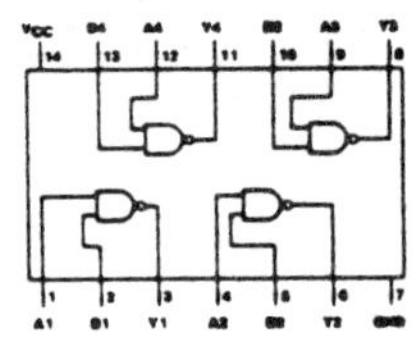

7403, 74LS03, 74S03, 74ALS03, 74ALS1003, 74HC03

04
Hex Inverter

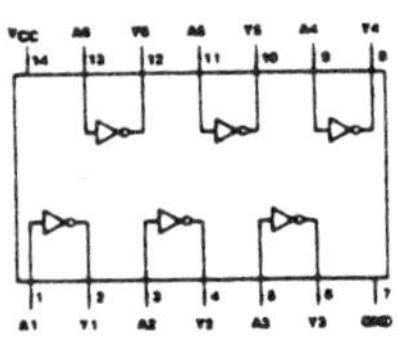

7404, 74LS04, 74S04, 74ALS04, 74F04, 74AS04, 74ALS1004, 74AS1004, 74HCU04, 74HC04, 74HCT04, 40H004

05
Hex Inveter with OC

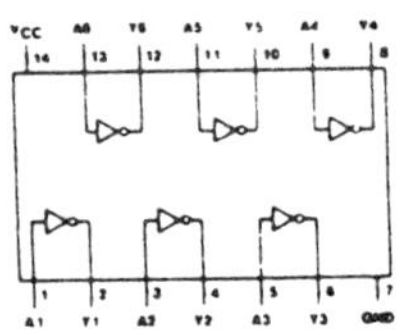

7405, 74LS05, 74ALS05, 74S05, 74ALS1005, 74HCT05

06
Hex Inverter Buffer with OC High Voltage Output

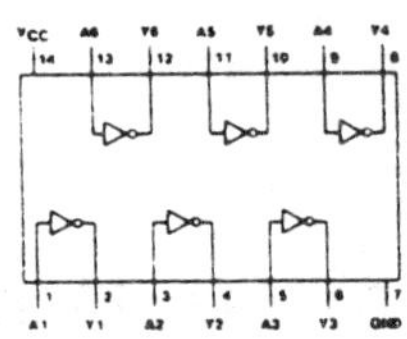

7406, 74LS06

07
Hex Buffer with OC High Voltage Output

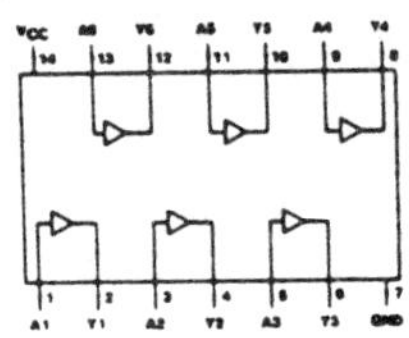

7407, 74LS07, 74HC07

08
Quad 2 Input AND

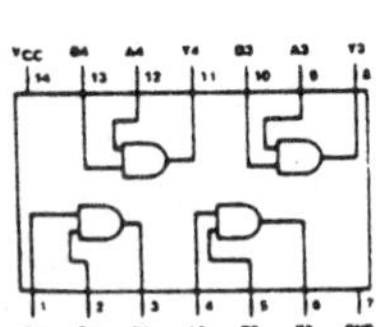

7408, 74LS08, 74S08, 74ALS08, 74F08, 74AS08, 74ALS1008, 74AS1008, 74HC08, 74HCT08, 40H008

09
Quad 2 Input AND with OC

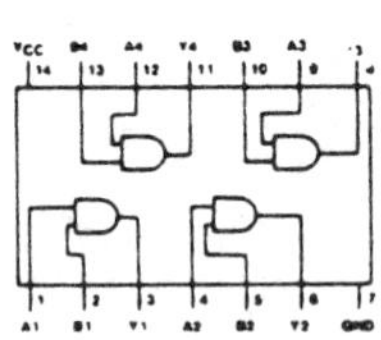

7409, 74LS09, 74S09, 74ALS09

10
Triple 3 Input NAND

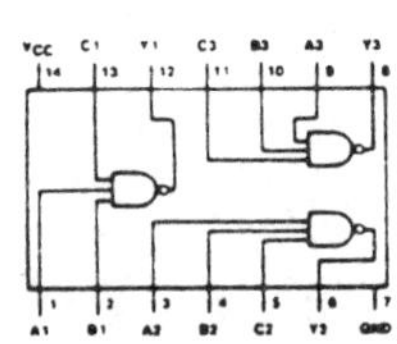

7410, 74LS10, 74S10, 74ALS10, 74F10, 74AS10, 74ALS1010, 74HC10, 74HCT10, 40H010

11
Triple 3 Input AND

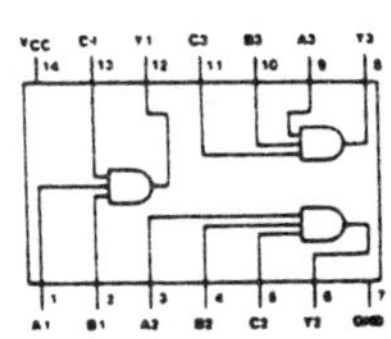

7411, 74LS11, 74S11, 74ALS11, 74AS11, 74F11, 74ALS1011, 74HC11, 74HCT11, 40H011

12
Triple 3 Input NAND with OC

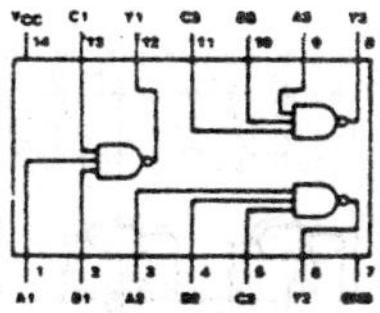

7412
74LS12
74S12
74ALS12

13
Dual 4 Input NAND Schmitt Trigger

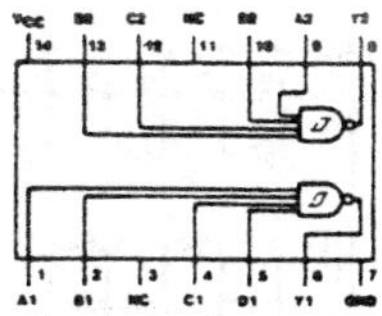

7413 74HC13
74LS13
74F13

14
Hex Inverter Schmitt Trigger

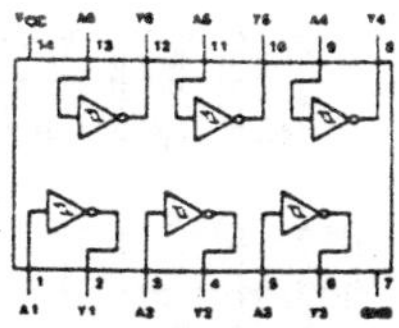

7414 74HC14
74LS14 74HCT14
74F14

15
Triple 3 Input AND with OC

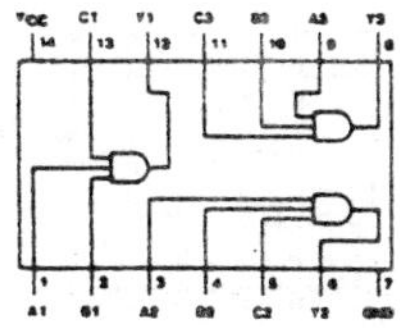

74LS15
74S15
74ALS15

16
Hex Inverter Buffer 15V with OC

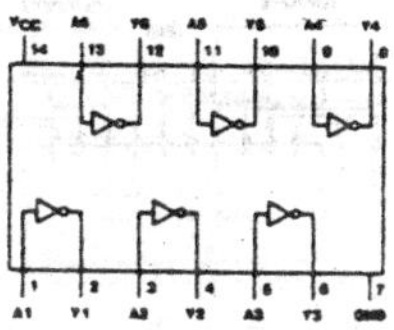

7416
74LS16

17
Hex Buffer 15V with OC

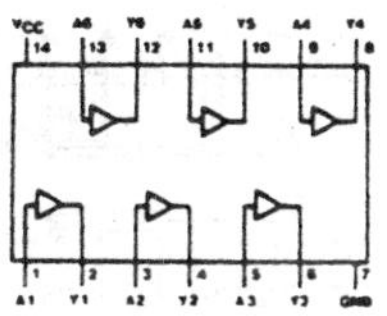

7417
74LS17

18
Dual 4 Input NAND Schmitt Trigger

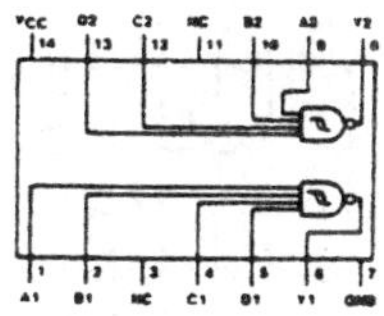

74LS18

19
Hex Inverter Schmitt Trigger

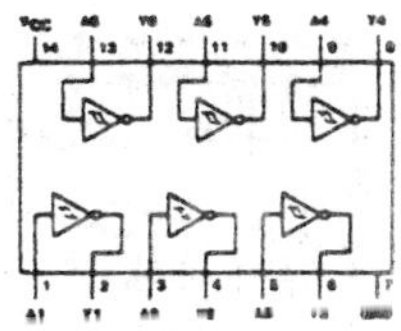

74LS19

20
Dual 4 Input NAND

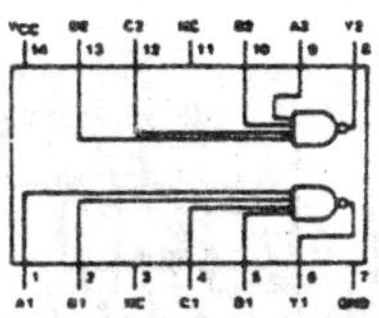

7420 74AS20 74HC20
74LS20 74ALS1020 74HCT20
74S20 40H020
74ALS20
74F20

21
Dual 4 Input AND with OC

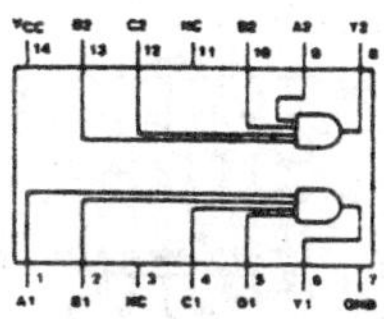

7421 74HC21
74LS21 40H021
74ALS21
74AS21

22
Dual 4 Input NAND with OC

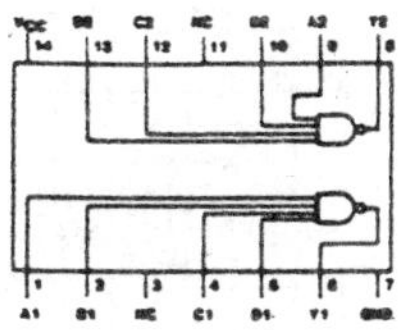

7422 74ALS22
74LS22
74S22

23
Expandable Dual 4 Input NOR with Strobe

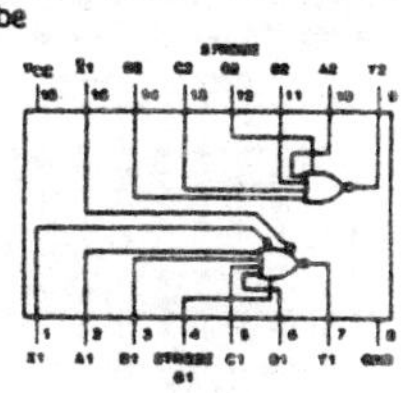

7423

24
Quad 2 Input NAND Schmitt Trigger

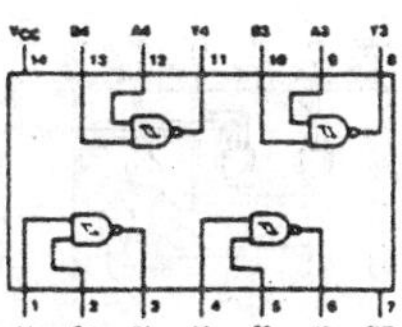

74LS24

25
Dual 4 Input NOR with Strobe

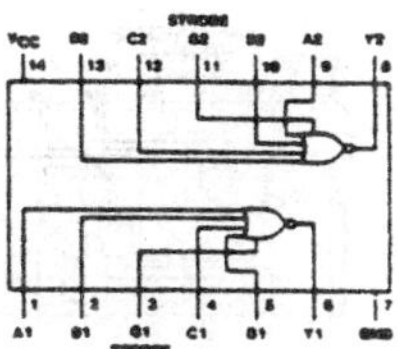

7425

26
Quad 2 Input NAND 15V with OC

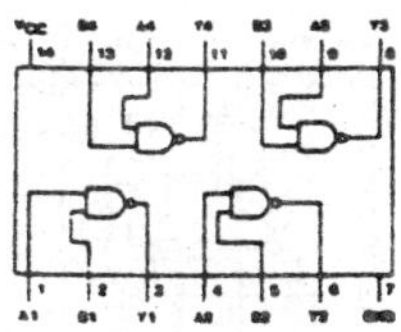

7426
74LS26

27
Triple 3 Input NOR

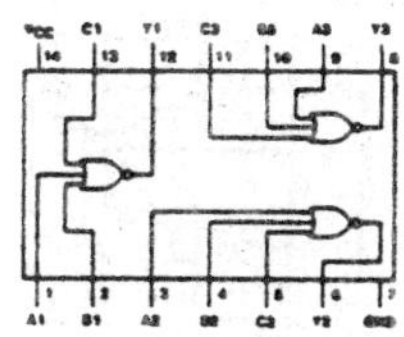

7427 74HC27
74LS27 74HCT27
74ALS27 40H027
74AS27

28
Quad 2 Input NOR Buffer

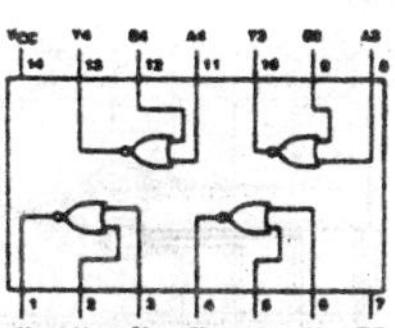

7428
74LS28
74ALS28
74ALS1028

30
8 Input NAND

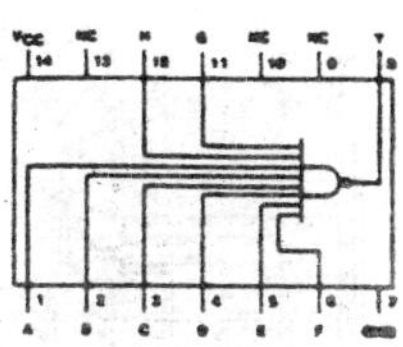

7430 74HC30
74LS30
74ALS30
74S30
74AS30

31
Delay Element

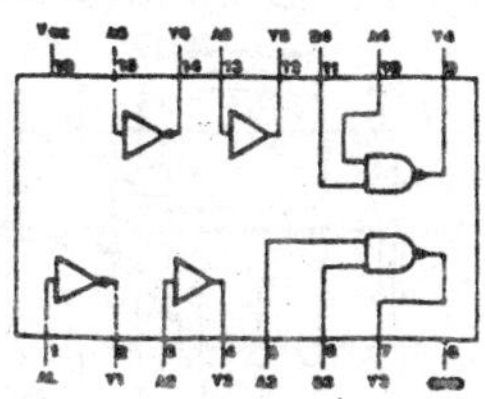

74LS31

32
Quad 2 Input OR

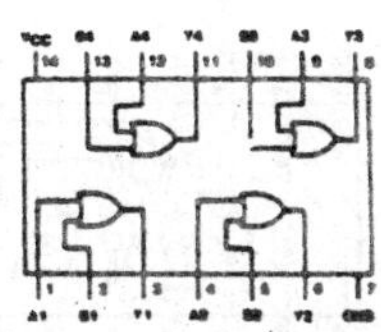

7432 74AS32 74HC32
74LS32 74ALS1032 74HCT32
74S32 74AS1032 40H032
74ALS32
74F32

33
Quad 2 Input NOR Buffer with OC

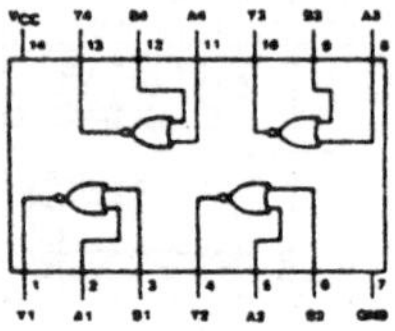

7433
74LS33
74ALS33

34
Hex Buffer

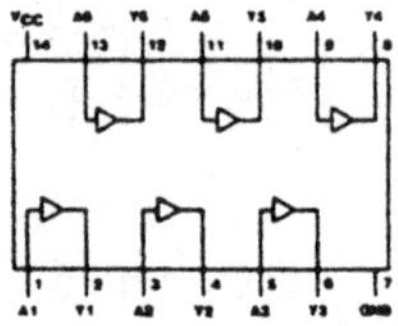

74ALS34 74AS34 74HCT34
74ALS1034 74AS1034

35
Hex Buffer with OC

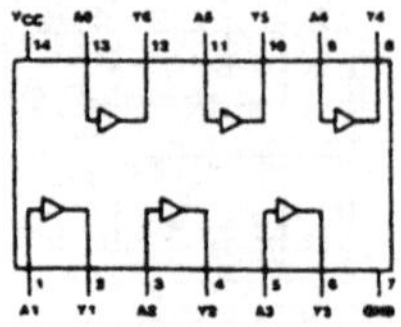

74ALS35
74ALS1035

37
Quad 2 Input NAND Buffer

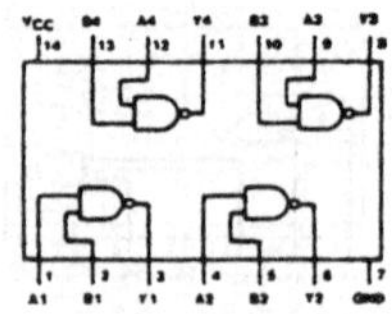

7437 74ALS37
74LS37 74ALS1037
74S37
74F37

38
Quad 2 Input NAND Buffer with OC

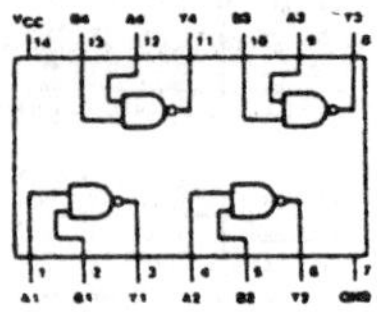

7438 74ALS38
74LS38
74S38
74F38

39
Quad 2 Input NAND Buffer with OC

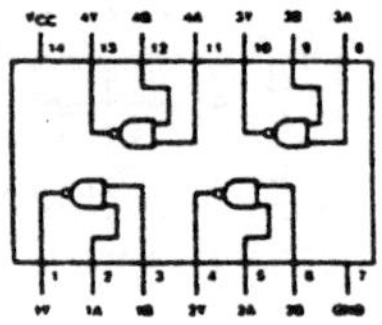

7439

40
Dual 4 Input NAND Buffer

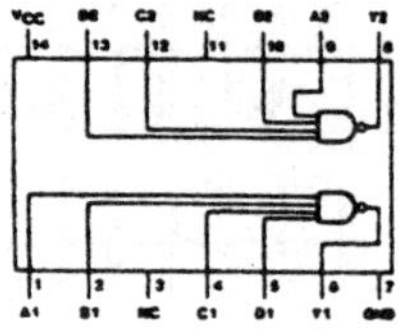

7440 74ALS1040
74LS40
74S40
74ALS40

41
BCD to Decimal Decorder/Driver

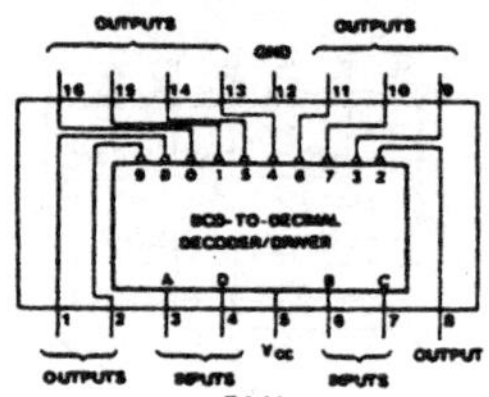

7441

42: BCD to Decimal Decoder
43: Excess 3 to Decimal Decoder
44: Excess 3 Gray to Decimal Decoder

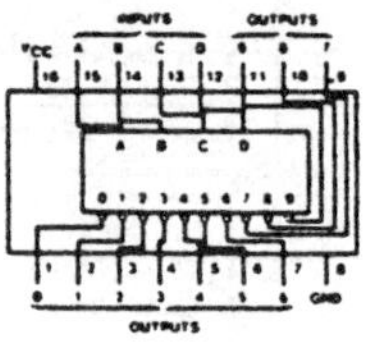

7442～44 74HC42
74LS42～44 74HCT42
40H042

45
BCD to Decimal Decoder 30V with OC

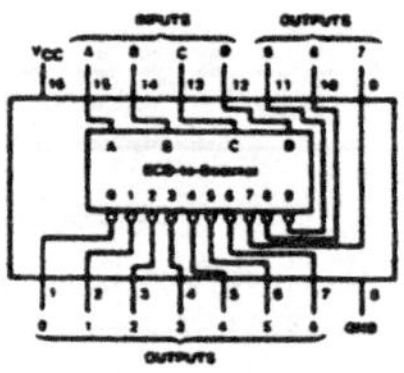

7445

46: BCD to Seven Segment Decoder 30V with OC
47: BCD to Seven Segment Decoder 15V with OC

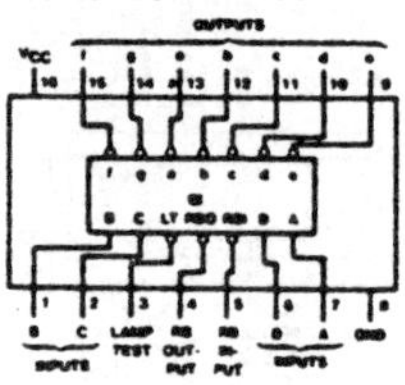

7446 7447
74LS47

48
BCD to Seven Segment Decoder
2kΩ pullup with OC

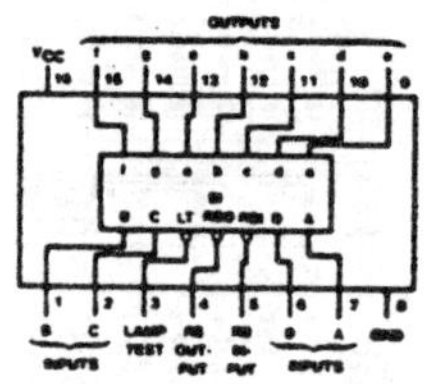

7448
74LS48

49
BCD to Seven Segment Decoder
5.5V with OC

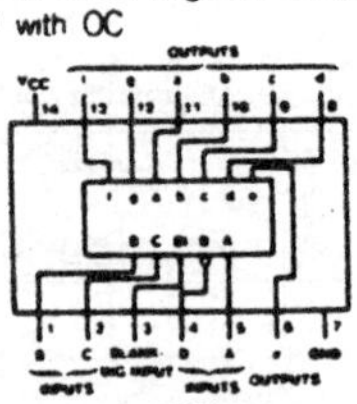

7449
74LS49

50
Dual 2 wide 2 Input AND OR INVERT

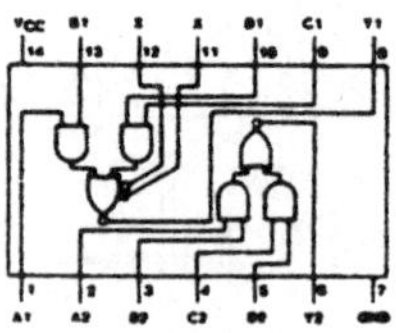

7450

51
Dual 2 wide 2 Input AND OR INVERT

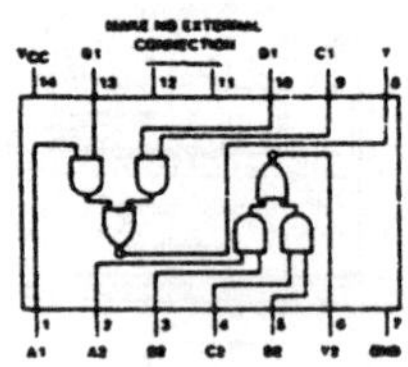

7451
74S51

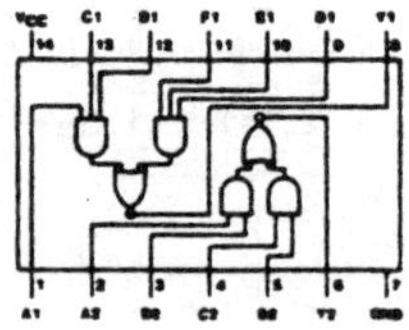

74LS51 74HC51
74ALS51 40H051

53
4 wide 2 Input AND OR INVERT

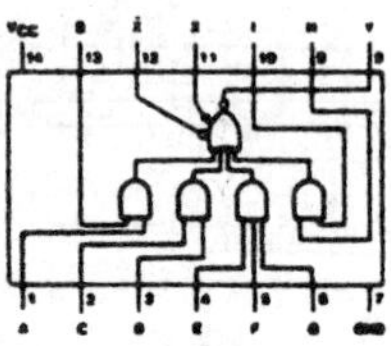

7453

54
4 wide 2 Input AND OR INVERT

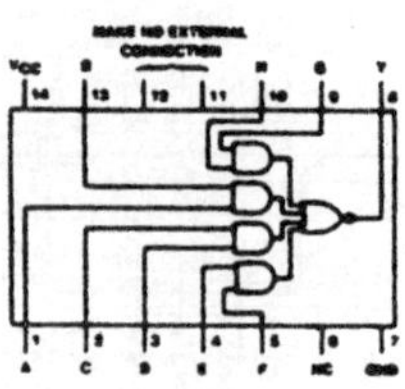

7454

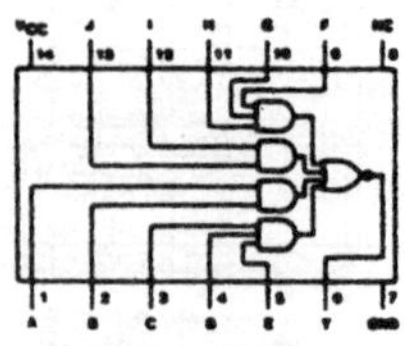

74LS54
74ALS54

55
Expandable 2 wide 4 Input AND OR INVERT

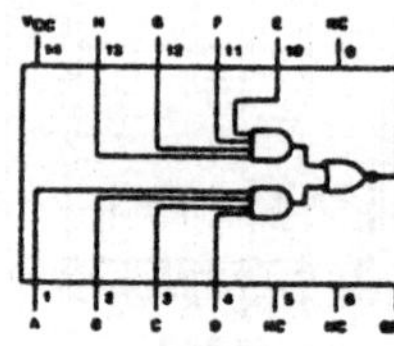

74LS55
74ALS55

60
Dual 4 Input Expander

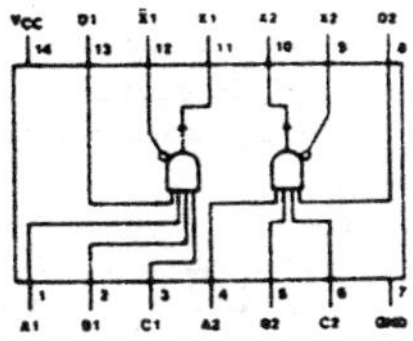

7460

63
Hex Current Sense Interface GATE

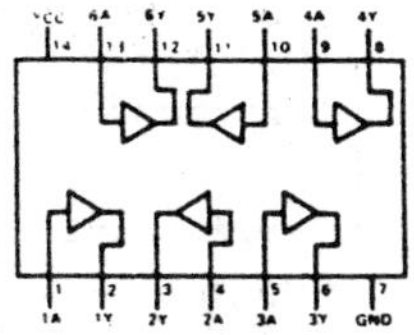

74LS63

64: 4-2-3-2 Input AND OR INVERT
65: 4-2-3-2 Input AND OR INVERT with OC

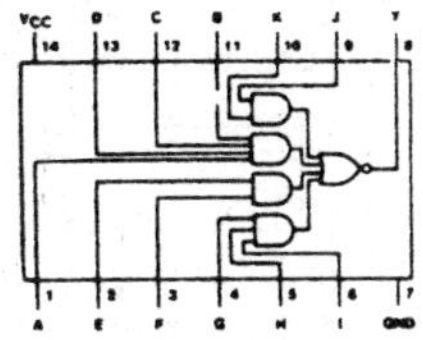

74S64 74S65
74F64 74ALS65
74ALS64

68
Dual Decade Counter

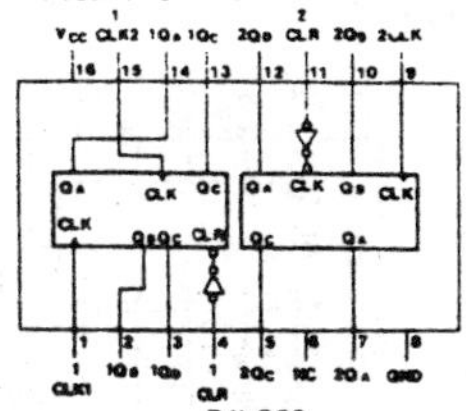

74LS68

69
Dual 4 Bit Binary Counter

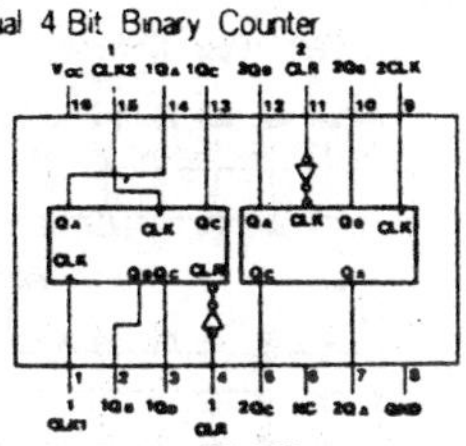

74LS69

70
AND-gated JK-FF with Preset and Clear

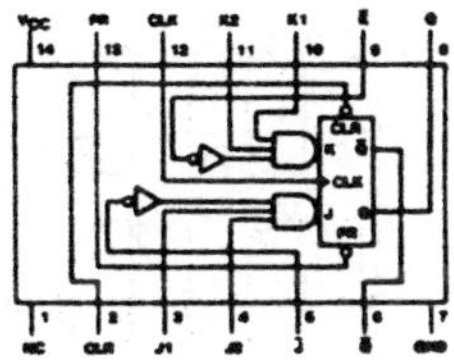

7470

72
AND-gated JK-FF with Preset and Clear

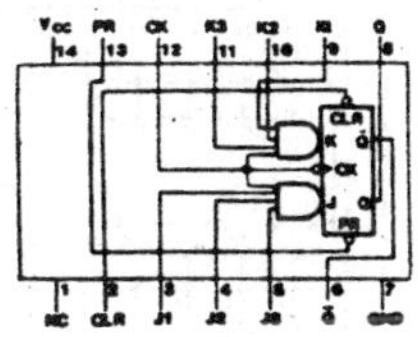

7472

73
Dual JK Flip Flop

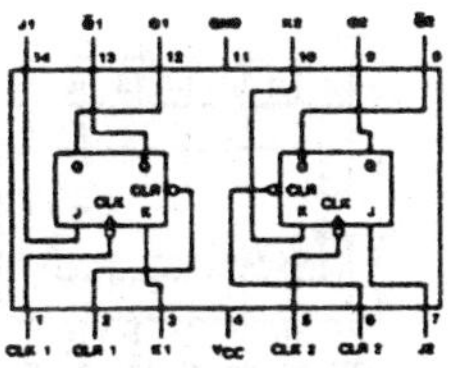

7473 74HC73
74LS73 74HCT73
74ALS73

FUNCTION TABLE

Inputs				Outputs	
CLR	CLK	J	K	Q	$\bar{Q}$
L	X	X	X	L	H
H	⎍	L	L	Q_0	$\bar{Q}_0$
H	⎍	H	L	H	L
H	⎍	L	H	L	H
H	⎍	H	H	TOGGLE	

7473

Inputs				Outputs	
CLR	CLK	J	K	Q	$\bar{Q}$
L	X	X	X	L	H
H	↓	L	L	Q_0	$\bar{Q}_0$
H	↓	H	L	H	L
H	↓	L	H	L	H
H	↓	H	H	TOGGLE	
H	H	X	X	Q_0	$\bar{Q}_0$

74LS73

74
Dual D Type Flip Flop

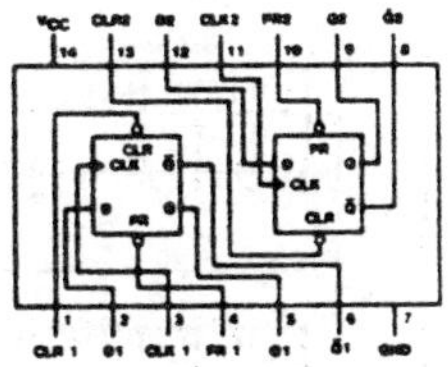

7474 74S74 74HC74
74LS74 74ALS74 74HCT74
74AS74 74F74 40H074

FUNCTION TABLE

Inputs				Outputs	
PR	CLR	CLK	D	Q	$\bar{Q}$
L	H	X	X	H	L
H	L	X	X	L	H
L	L	X	X	H*	H*
H	H	↑	H	H	L
H	H	↑	L	L	H
H	H	L	X	Q_0	$\bar{Q}_0$

75
4 Bit Latch

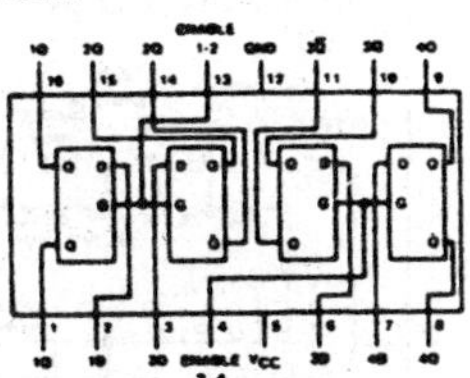

7475 74HC75
74LS75 74HCT75

FUNCTION TABLE
Each Latch

Inputs		Outputs	
D	G	Q	$\bar{Q}$
L	H	L	H
H	H	H	L
X	L	Q_0	$\bar{Q}_0$

76
Dual JK Flip Flop

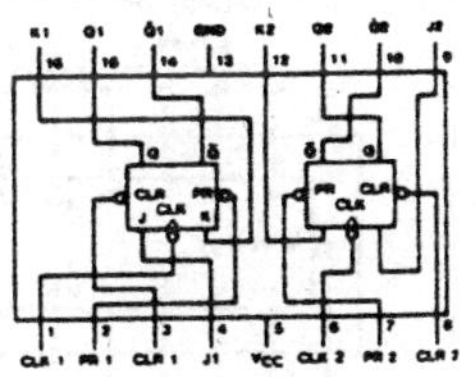

7476(1) 74HC76(1)
74LS76(2) 40H076(2)
74ALS76

FUNCTION TABLE

(1)

Inputs					Outputs	
PR	CLR	CLK	J	K	Q	$\bar{Q}$
L	H	X	X	X	H	L
H	L	X	X	X	L	H
L	L	X	X	X	H*	H*
H	H	⎍	L	L	Q_0	$\bar{Q}_0$
H	H	⎍	H	L	H	L
H	H	⎍	L	H	L	H
H	H	⎍	H	H	TOGGLE	

(2)

Inputs					Outputs	
PR	CLR	CLK	J	K	Q	$\bar{Q}$
L	H	X	X	X	H	L
H	L	X	X	X	L	H
L	L	X	X	X	H	H*
H	H	↓	L	L	Q_0	$\bar{Q}_0$
H	H	↓	H	L	H	L
H	H	↓	L	H	L	H
H	H	↓	H	H	TOGGLE	
H	H	H	X	X	Q_0	$\bar{Q}_0$

77
4 Bit Bistable Latch (Flat Pack Only)

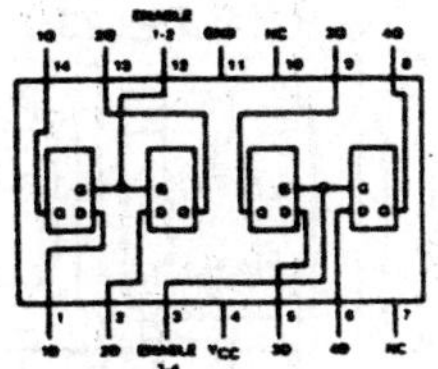

7477 74HC77
74LS77

FUNCTION TABLE
Each Latch

Inputs		Outputs	
D	G	Q	$\bar{Q}$
L	H	L	H
H	H	H	L
X	L	Q_0	$\bar{Q}_0$

78
Dual JK Flip Flop

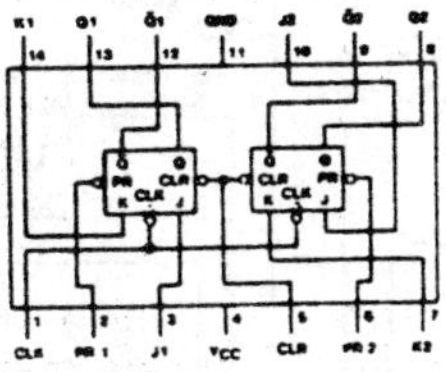

74LS78 74HC78
74ALS78

FUNCTION TABLE

Inputs					Outputs	
PR	CLR	CLK	J	K	Q	$\bar{Q}$
L	H	X	X	X	H	L
H	L	X	X	X	L	H
L	L	X	X	X	H*	H*
H	H	↓	L	L	Q_0	$\bar{Q}_0$
H	H	↓	H	L	H	L
H	H	↓	L	H	L	H
H	H	↓	H	H	TOGGLE	
H	H	H	X	X	Q_0	$\bar{Q}_0$

80
Gated Full Adder

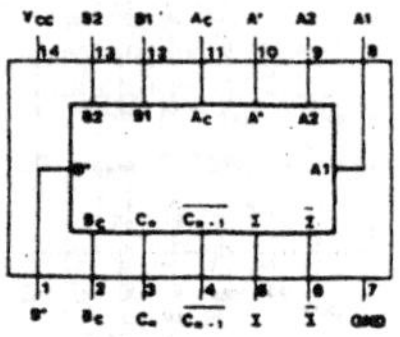

7480

81
16 Bit RAM (Open Collector)

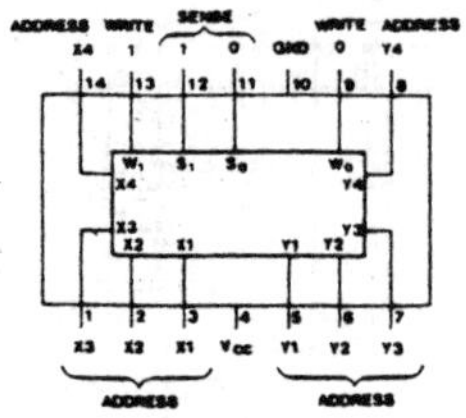

7481

82
2 Bit Full Adder

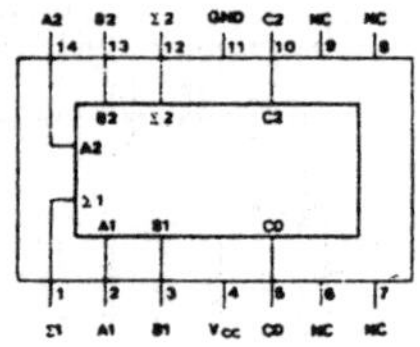

7482

83
4 Bit Binary Full Adder

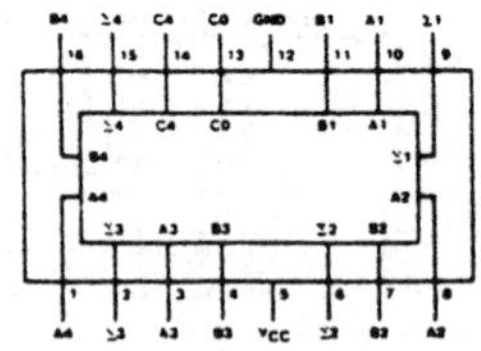

7483
74LS83

84
16 Bit RAM (Open Collector)

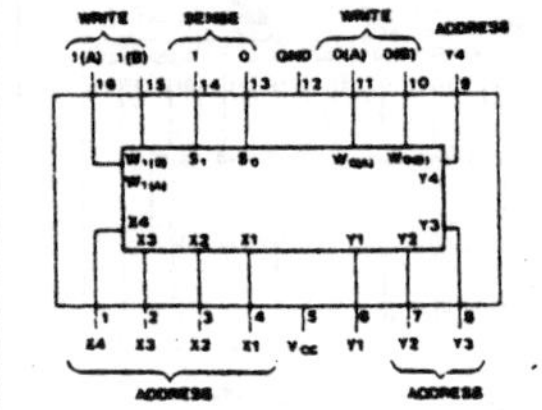

7484

85
4 Bit Comparator

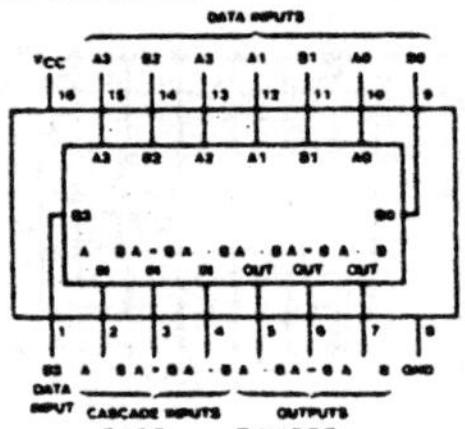

7485 74HC85
74LS85 74HCT85
74F85
74S85

86
Quad Exclusive OR

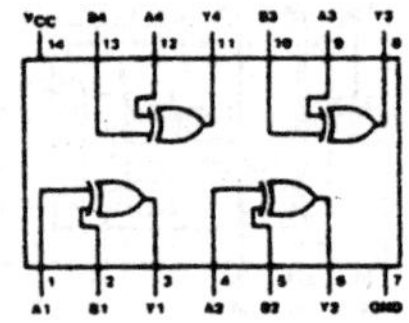

7486 74F86 74HC86
74LS86 74ALS86 74HCT86
74S86

89
64 Bit RAM (Open Collector)

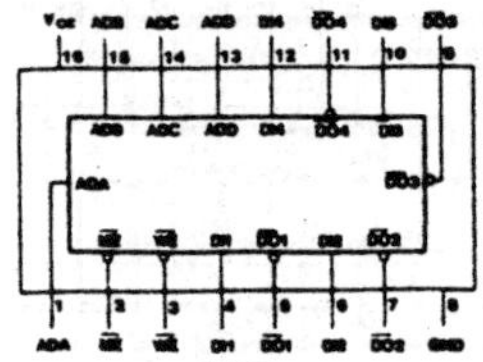

7489
74LS89
74S89

90
Decade Counter

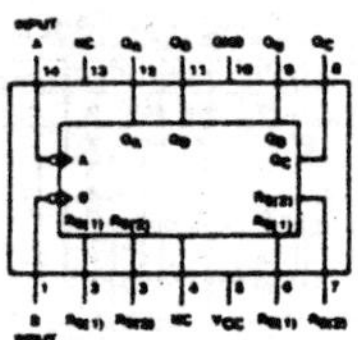

7490 74HC90
74LS90

91
8 Bit Shift Register SISO

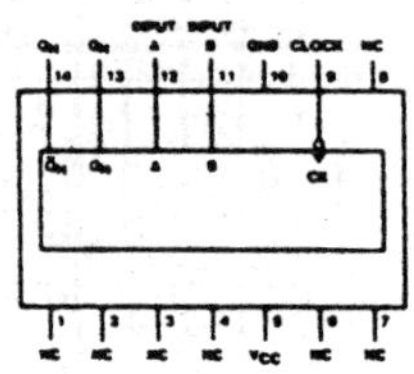

7491 74HC91
74LS91

92
Divide by 12 Counter

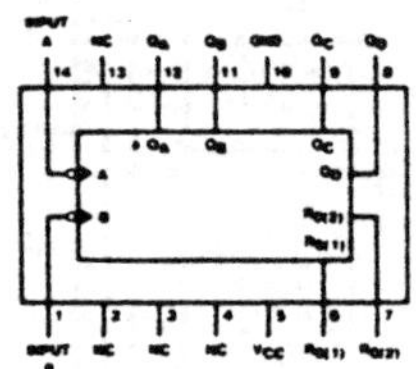

7492 74HC92
74LS92

93
4 Bit Binary Counter

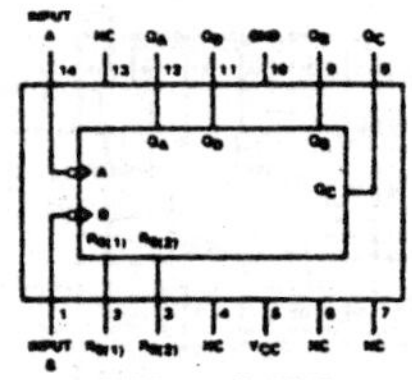

7493 74HC93
74LS93

94
4 Bit Shift Register

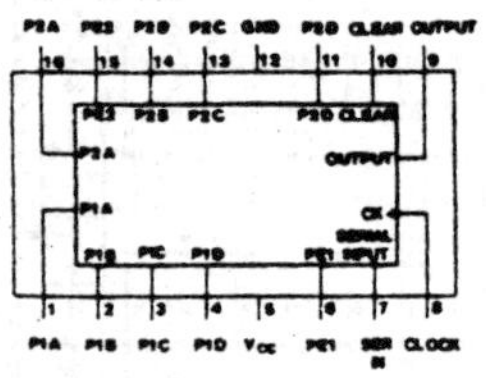

7494

95
4 Bit Shift Register PIPO

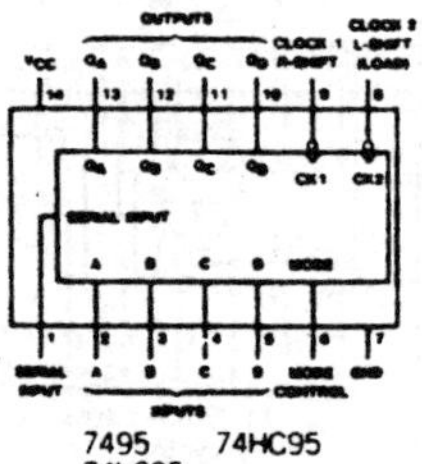

7495 74HC95
74LS95
74AS95

96
5 Bit Shift Register PIPO

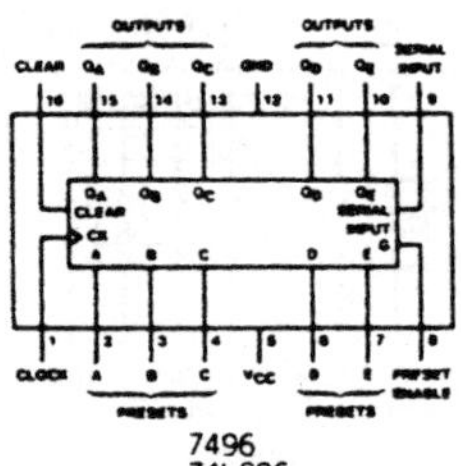

7496
74LS96
74S96

97
6 Bit Synchronous Binary Rate Multiplier

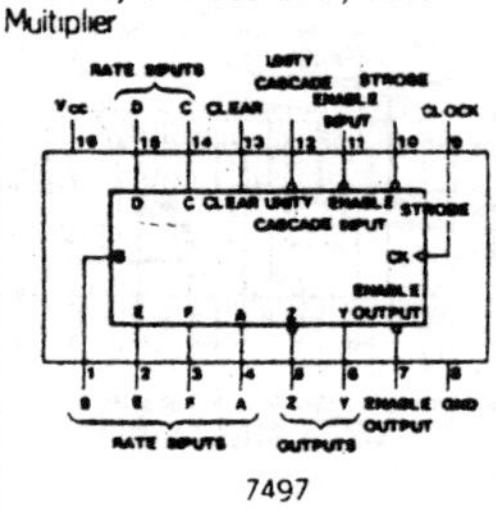

7497

100
8 Bit Latch

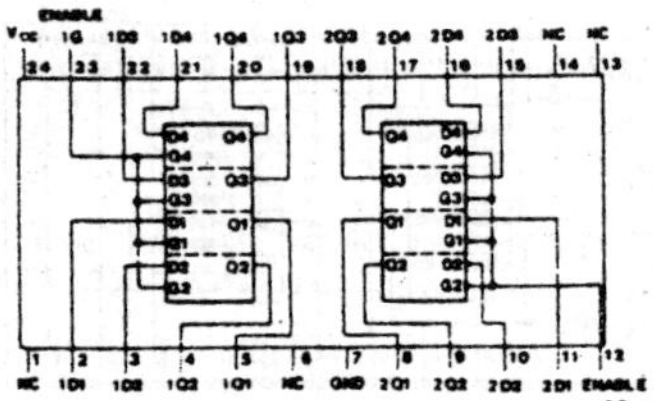

74100

104
AND-gated JK-FF with Preset and Clear

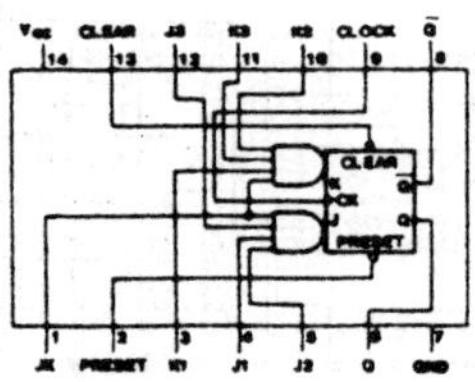

74104

105
AND-gated JK-FF with Preset and Clear

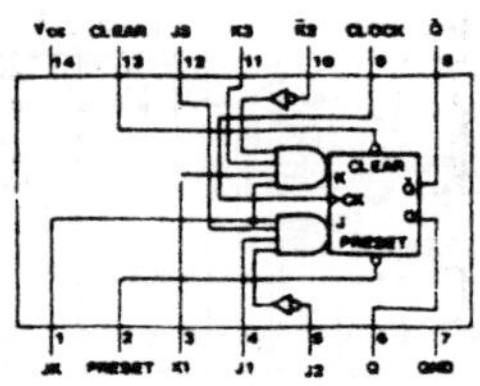

74105

107
Dual JK Flip Flop
(진리치표는 73과 같음)

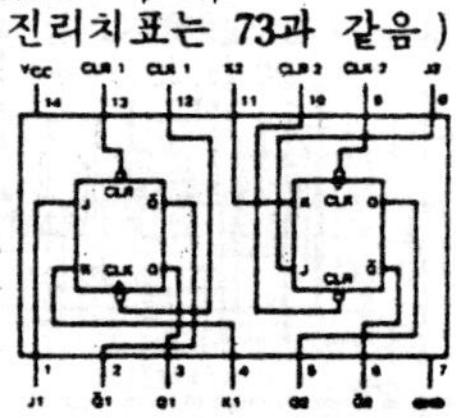

74107 74HC107
74LS107 74HCT107
74ALS107 40H107

109
Dual JK Flip Flop

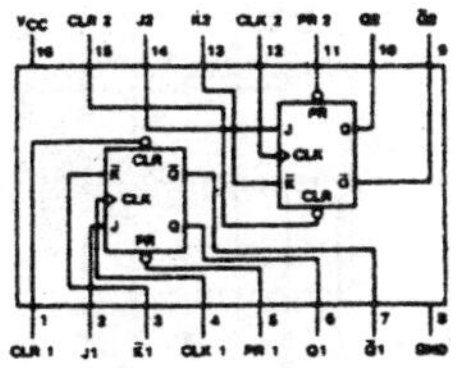

FUNCTION TABLE

Inputs					Outputs	
PR	CLR	CLK	J	$\overline{K}$	Q	$\overline{Q}$
L	H	X	X	X	H	L
H	L	X	X	X	L	H
L	L	X	X	X	H*	H*
H	H	↑	L	L	L	H
H	H	↑	H	L	TOGGLE	
H	H	↑	L	H	Q0	$\overline{Q}$0
H	H	↑	H	H	H	L
H	H	L	X	X	Q0	$\overline{Q}$0

74109　74F109
74LS109　74S109
74ALS109　74AS109

74HC109
74HCT109

110
AND-gated JK-FF with Preset and Clear

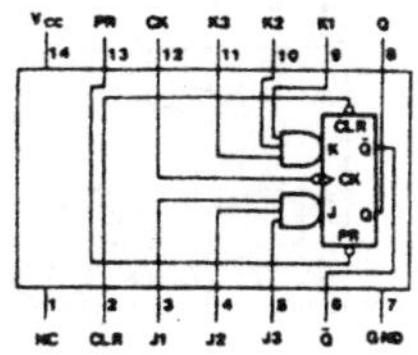

74110

111
Dual JK-FF with Preset and Clear

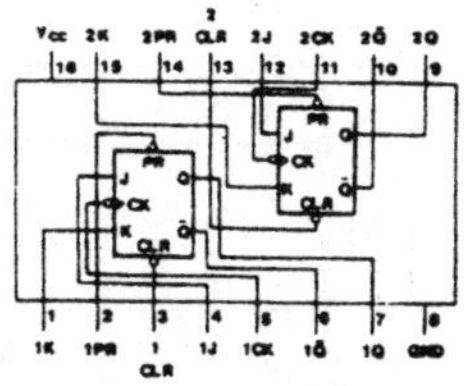

74111

112
Dual JK Flip Flop
(진리치표는 LS76과 같음)

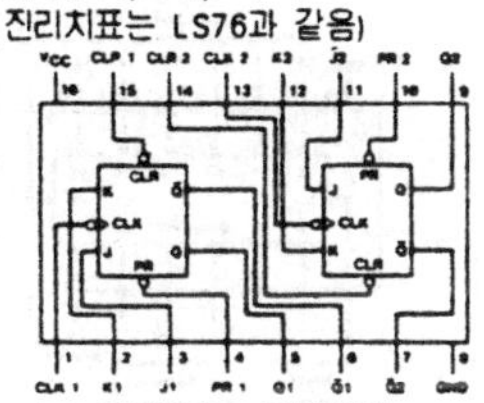

74LS112　74HC112
74ALS112　74HCT112
74S112
74F112
74AS112

113
Dual JK Flip Flop
(진리치표는 73과 같음)

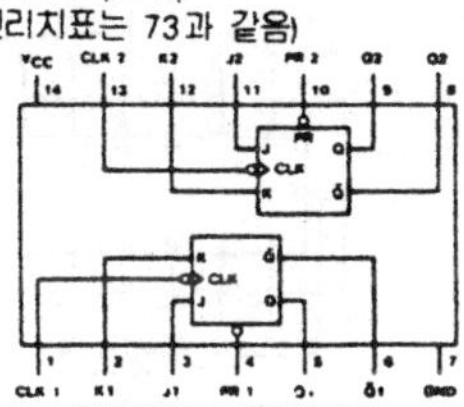

74LS113　74HC113
74ALS113
74S113
74F113
74AS113

114
Dual JK Flip Flop

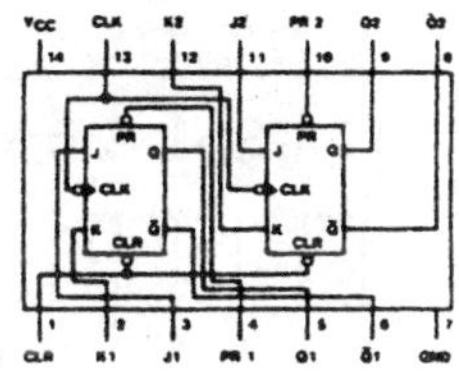

FUNCTION TABLE

Inputs					Outputs	
PR	CLR	CLK	J	K	Q	$\overline{Q}$
L	H	X	X	X	H	L
H	L	X	X	X	L	H
L	L	X	X	X	H*	H*
H	H	↓	L	L	Q0	$\overline{Q}$0
H	H	↓	H	L	H	L
H	H	↓	L	H	L	H
H	H	↓	H	H	TOGGLE	
H	H	H	X	X	Q0	$\overline{Q}$0

74LS114　74AS114　74HC114
74ALS114
74S114
74F114

116
Dual 4 Bit Latch with Clear

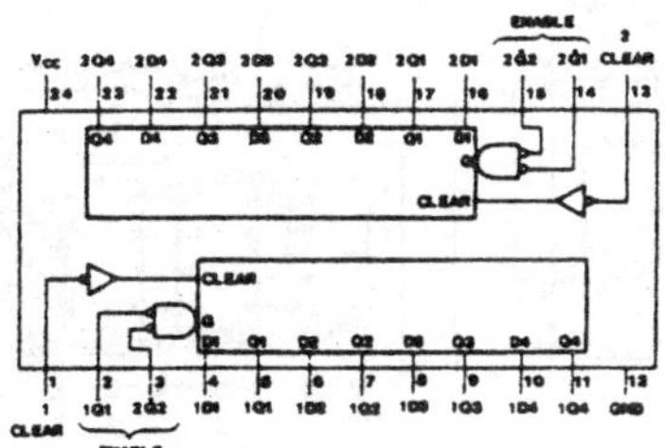

74116

120
Dual Pulse Synchronizer

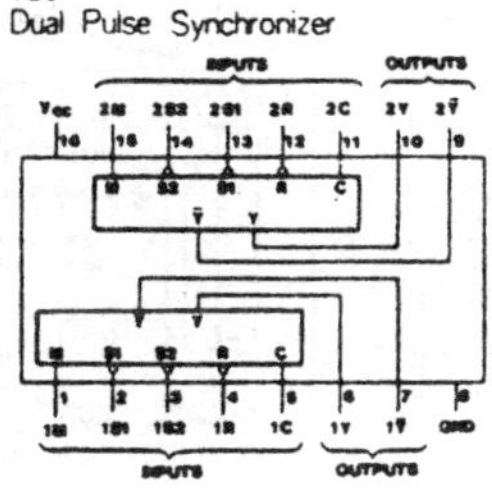

74120

121
Monostable Multivibrator

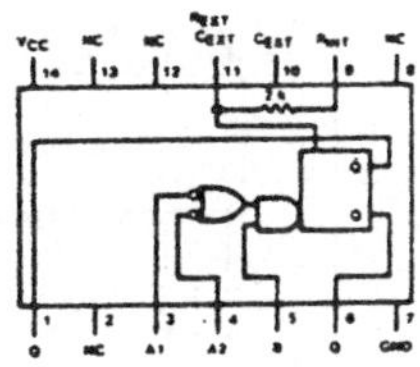

74121

FUNCTION TABLE

Inputs			Outputs	
A1	A2	B	Q	$\overline{Q}$
L	X	H	L	H
X	L	H	L	H
X	X	L	L	H
H	H	X	L	H
H	↓	H	⊓	⊔
↓	H	H	⊓	⊔
↓	↓	H	⊓	⊔
L	X	↑	⊓	⊔
X	L	↑	⊓	⊔

122
Retriggerable Monostable Multivibrator

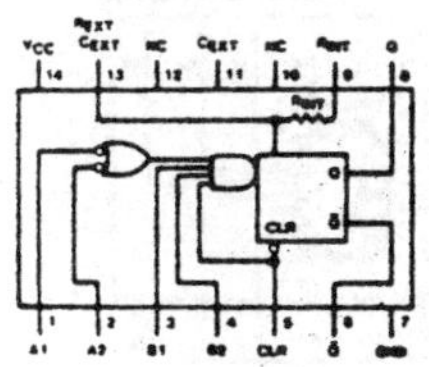

74122
74LS122

FUNCTION TABLE

Inputs					Outputs	
Clear	A1	A2	B1	B2	Q	$\overline{Q}$
L	X	X	X	X	L	H
X	H	H	X	X	L	H
X	X	X	L	X	L	H
X	X	X	X	L	L	H
X	L	X	H	H	L	H
H	L	X	↑	H	⊓	⊔
H	L	X	H	↑	⊓	⊔
H	X	L	H	H	L	H
H	X	L	↑	H	⊓	⊔
H	X	L	H	↑	⊓	⊔
H	H	↓	H	H	⊓	⊔
H	↓	↓	H	H	⊓	⊔
H	↓	H	H	H	⊓	⊔
↑	L	X	H	H	⊓	⊔
↑	X	L	H	H	⊓	⊔

123
Dual Retriggerable Monostable Multivibrator

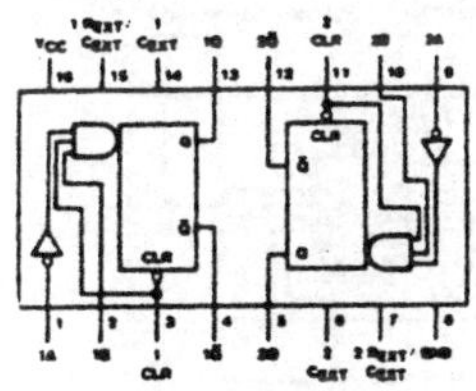

74123　74HC123
74LS123　74HCT123

FUNCTION TABLE

Inputs			Outputs	
Clear	A	B	Q	$\overline{Q}$
L	X	X	L	H
X	H	X	L	H
X	X	L	L	H
H	L	↑	⊓	⊔
H	↓	H	⊓	⊔
↑	L	H	⊓	⊔

124
Dual VCO

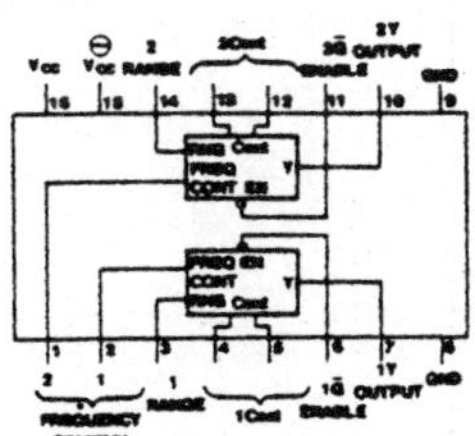

74LS124
74S124

125
Quad 3 State Buffer

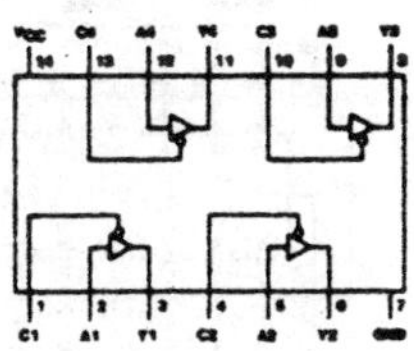

74125　74HC125
74LS125

126
Quad 3 State Buffer

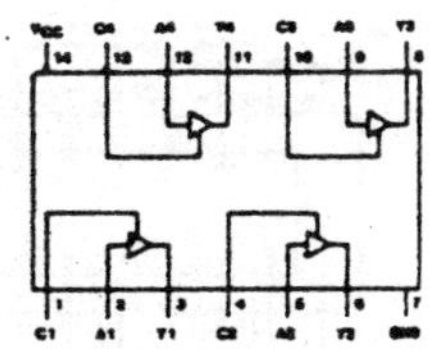

74126　74HC126
74LS126

128
Quad 2 Input NOR Line Driver (50Ω)

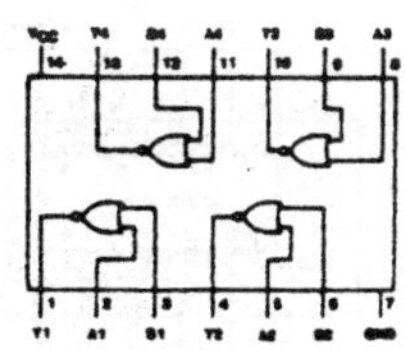

74128

131
3 to 8 Line Decoder with Address Latch

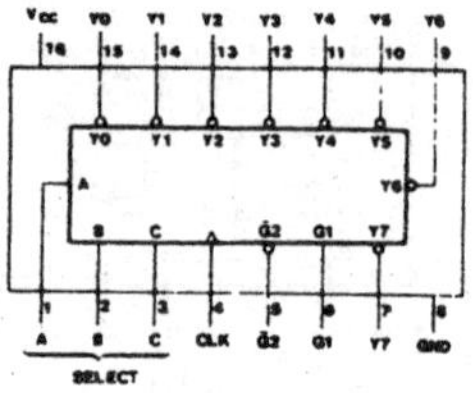

74ALS131 74HC131
74AS131

132
Quad 2 Input NAND Schmitt Trigger

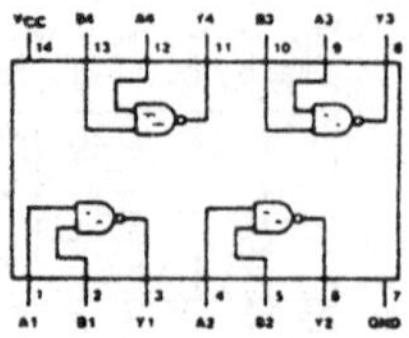

74132 74HC132
74LS132 74HCT132
74S132
74F132

133
13 Input NAND

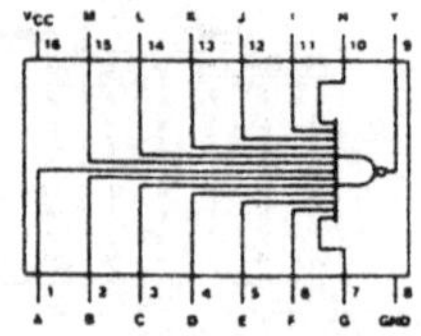

74LS133 74HC133
74ALS133
74S133

134
12 Input 3 State NAND

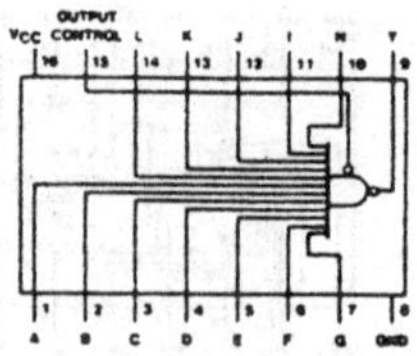

74S134

135
Quad Exclusive OR/NOR

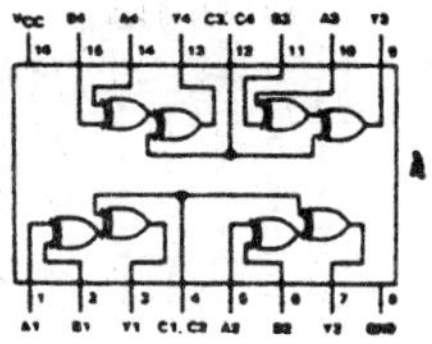

74S135

136
Quad Exclusive OR with OC

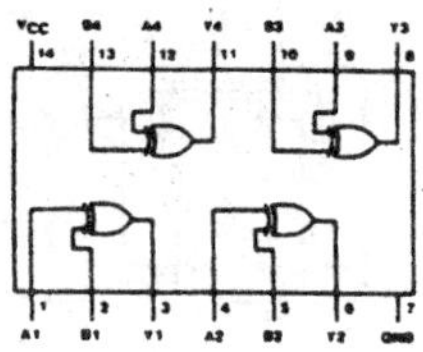

74136
74LS136
74ALS136
74S136

137
3 to 8 Line Decoder Latch

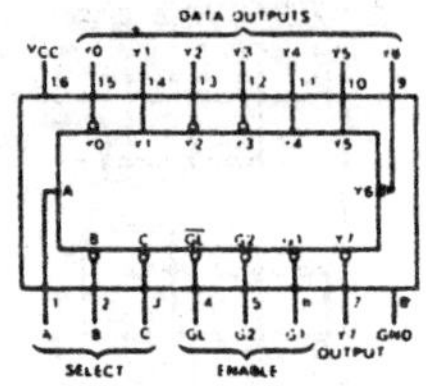

74LS137 74HC137
74S137 74HCT137
74ALS137
74S137
74AS137

138
3 to 8 Line Decoder

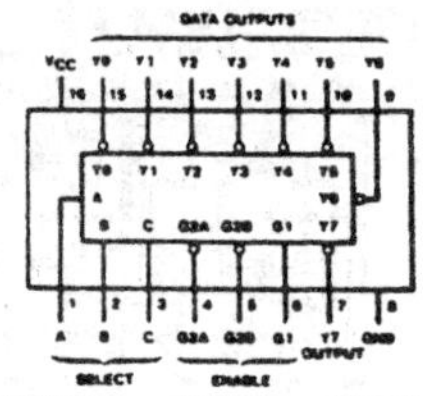

74LS138 74F138 74HC138
74S138 74AS138 74HCT138
74ALS138 40H138

139
Dual 2 to 4 Line Decoder

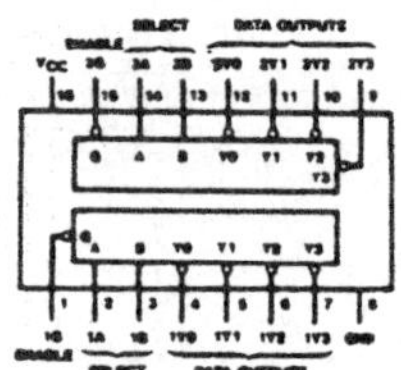

74LS139 74HC139
74S139 74HCT139
74ALS139 40H139
74AS139
74F139

140
Dual 4 Input NAND Line Driver (50Ω)

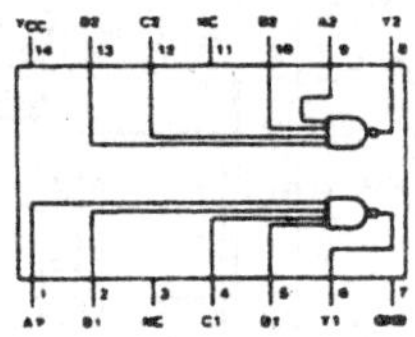

74S140

141
BCD to Decimal Decoder/Driver

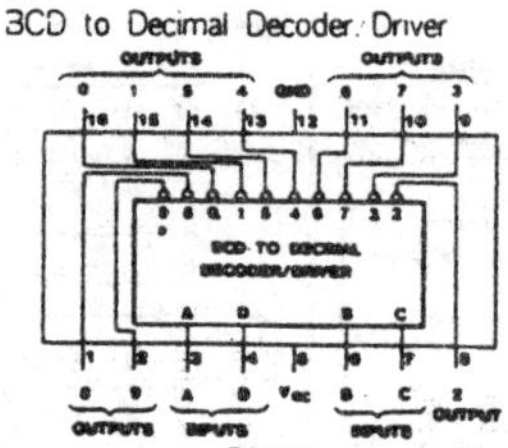

74141

142
BCD Counter/Latch/Decimal Decoder/Driver

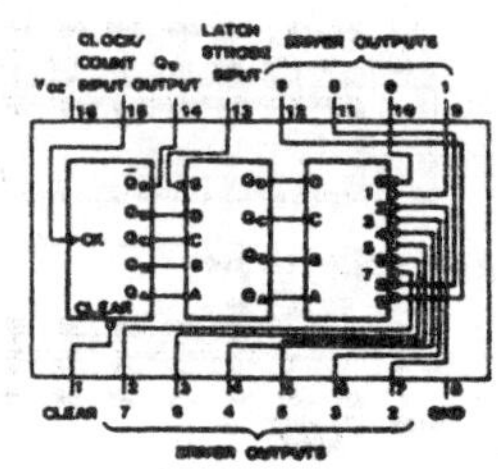

74142

143
BCD Counter/Latch/7 Segment Decoder/Driver

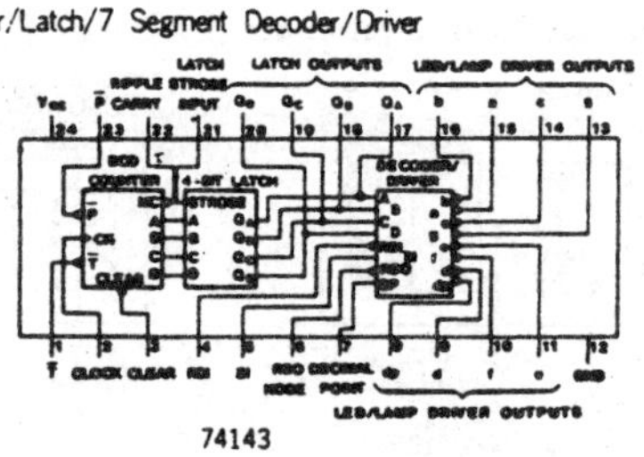

74143

144
BCD Counter/Latch/7 Segment Decoder/Driver

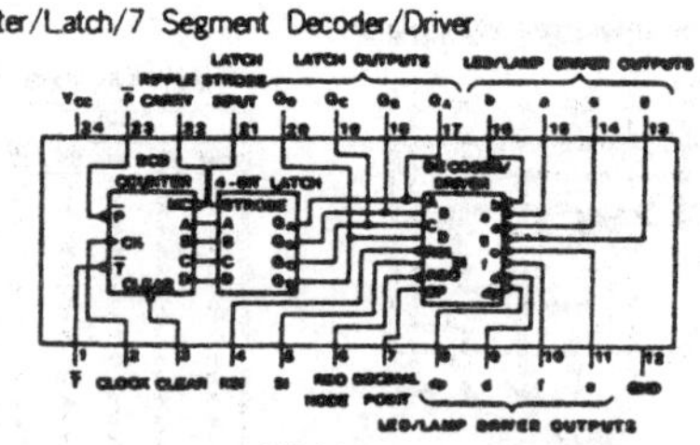

74144

145
BCD to Decimal Decoder 15V with OC

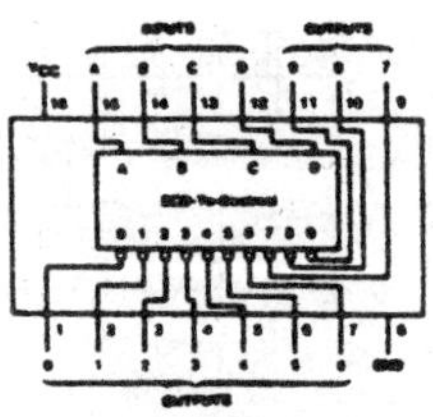

74145
74LS145

147
10 to 4 Line Priority Encoder

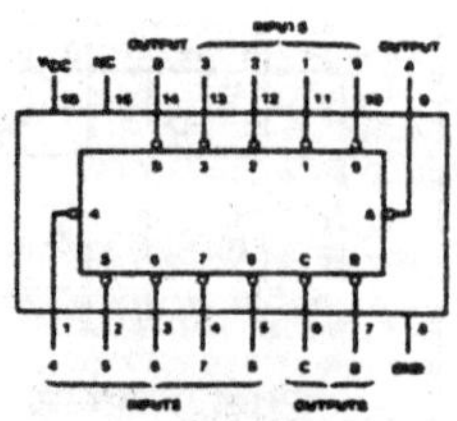

74147 74HC147
74LS147 74HCT147
40H147

148
8 to 3 Line Priority Encoder

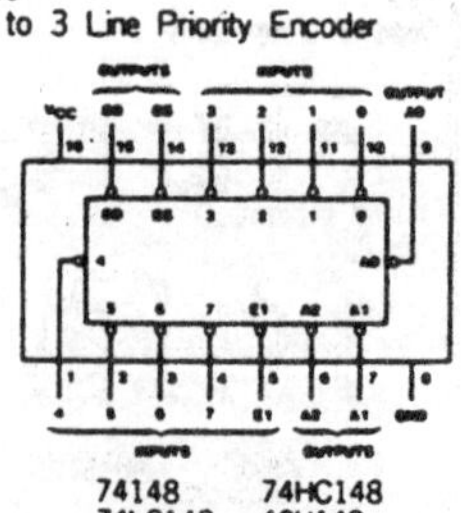

74148 74HC148
74LS148 40H148
74F148
TIM9907

150
16 to 1 Line Data Selector

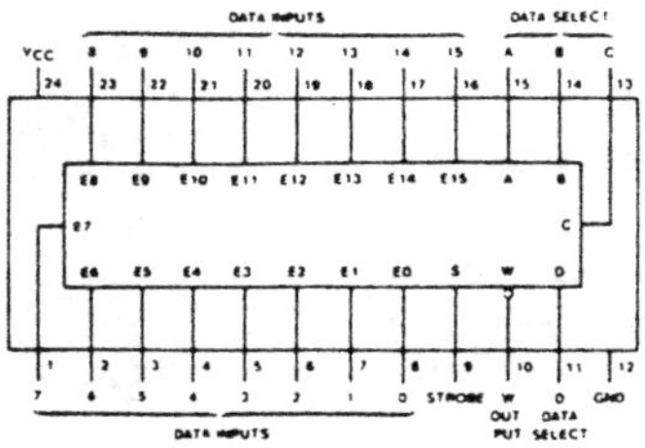

74150

151
8 to 1 Line Data Selector

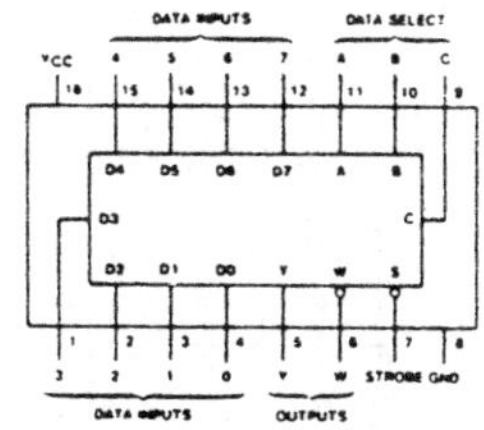

74151 74F151 74HC151
74LS151 74ALS151 74HCT151
74S151 74AS151 40H151

152
8 to 1 Line Data Selector

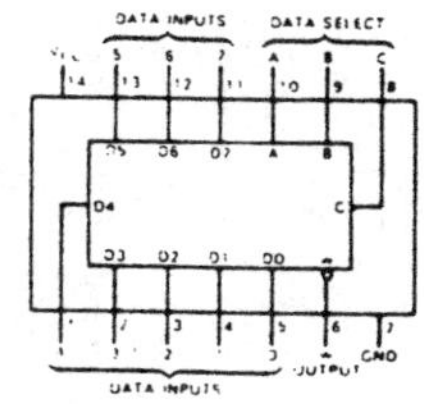

74152 74HC152
74LS152

153
Dual 4 to 1 Line Data Selector

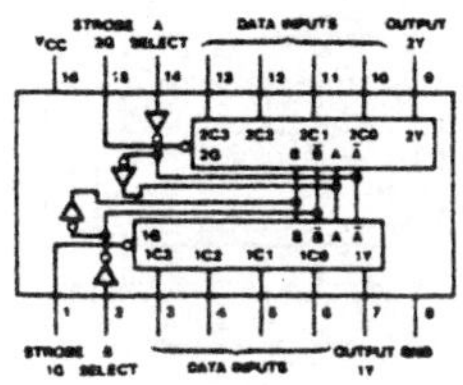

74153 74F153 74HC153
74LS153 74ALS153 74HCT153
74S153 74AS153 40H153

154
4 to 16 Line Decoder

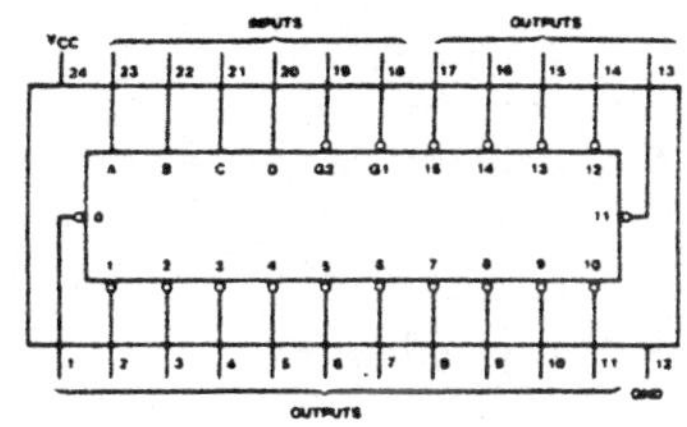

74154 74HC154
74LS154 74HCT154

155:Dual 2 to 4 Line Decoder
156:Dual 2 to 4 Line Decoder with OC

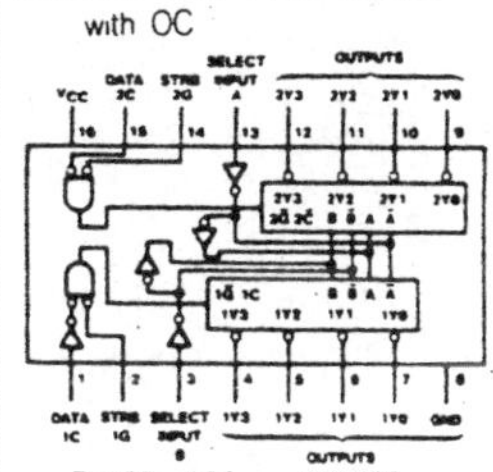

74155~156 40H155
74LS155~156 74HC155
74HCT155

157:Quad 2 to 1 Line Data Selector
158:Quad 2 to 1 Line Data Selector Inverting

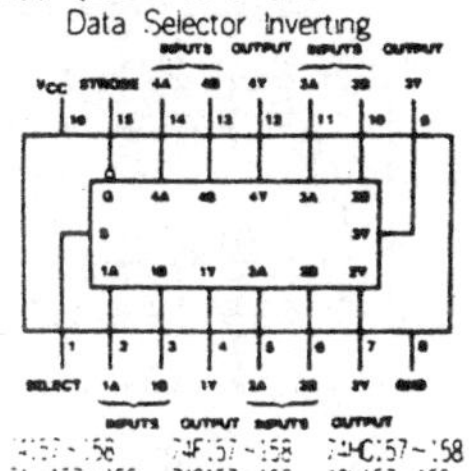

74157~158 74F157~158 74HC157~158
74LS157~156 74S157~158 40H157~158
74ALS157~158 74AS157~158 74HCT157~158

159
4 to 16 Line Decoder with OC

Open Collecter형
(Pin배치는 74154와 같음)

74159

160, 162:Synchronous Decoder Counter
161, 163:Synchronous Binary Counter

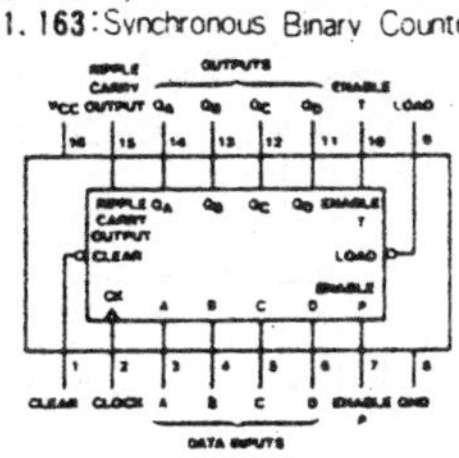

74160~163 74S162~163
74LS160~163 74HC160~163
74ALS160~163 40H160~163
74F160~163 74HCT160~163

164
8 Bit Shift Register

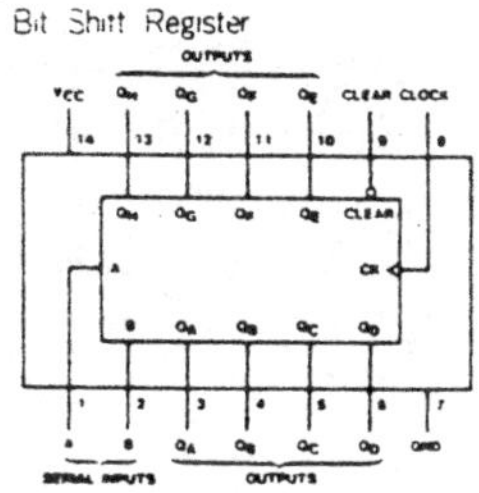

74164 74F164 74HC164
74LS164 74ALS164 74HCT164
40H164

165
8 Bit Shift Register PISO

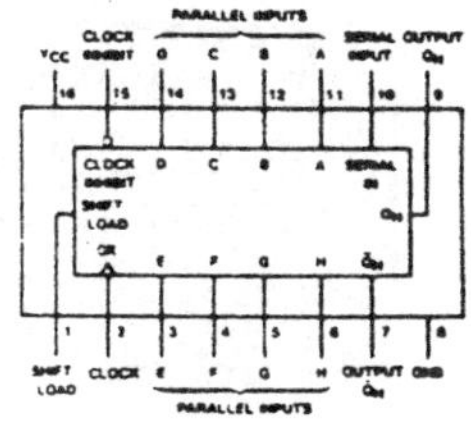

74165 74HC165
74LS165 74HCT165
74ALS165

166
8 Bit Shift Register PISO

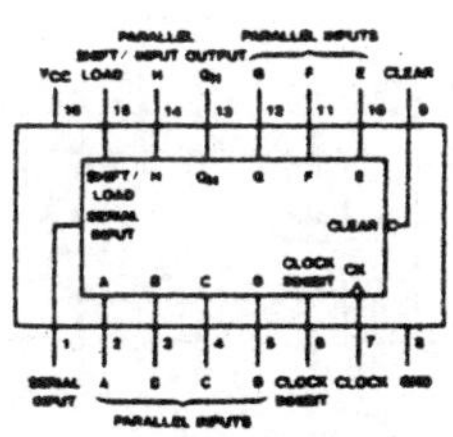

74166 40H166
74LS166 74HC166
74ALS166 74HCT166

167
BCD Synchronous Rate Multiplier

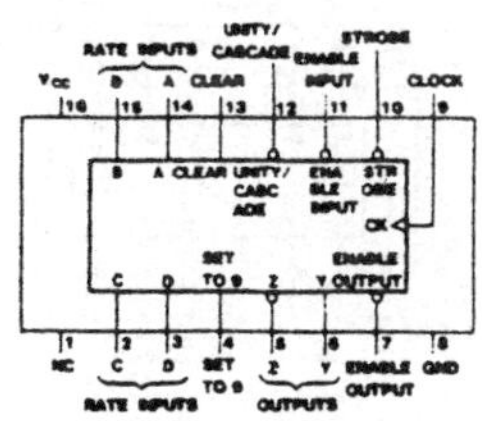

74167

168:Synchronous up down Decade Counter
169:Synchronous up down Binary Counter

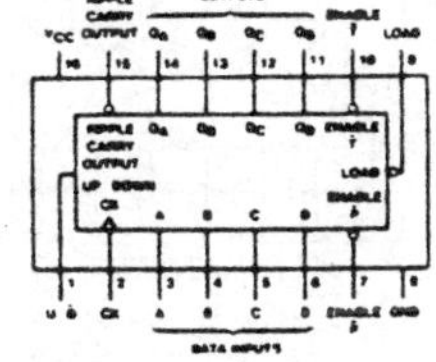

74LS168~169 74S168~169
74F168~169 74ALS168~169
74AS168~169

170
4 Word×4 Bit Register File with OC

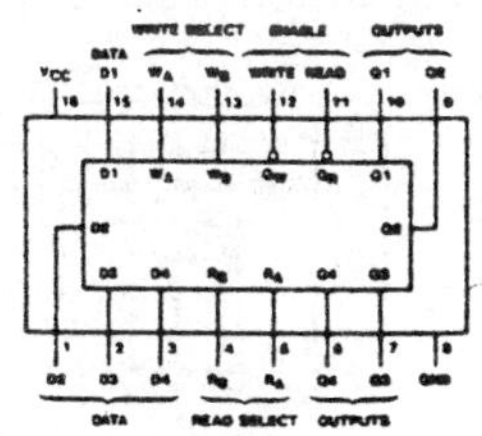

74170
74LS170

172
16 Bit Multiple-port Register File (3 state)

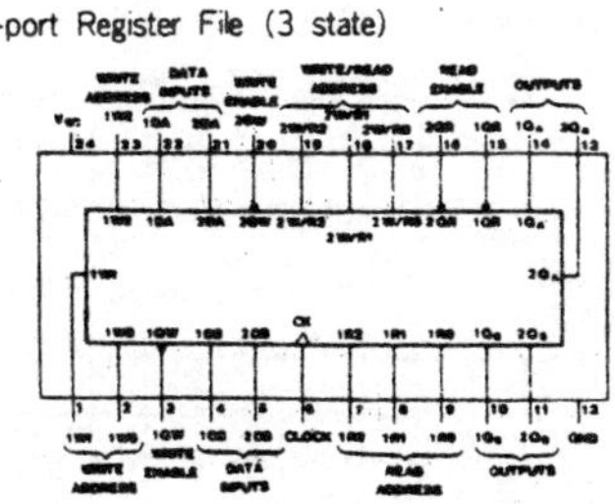

74172
74S172

173
Quad D Type Register (3 state)

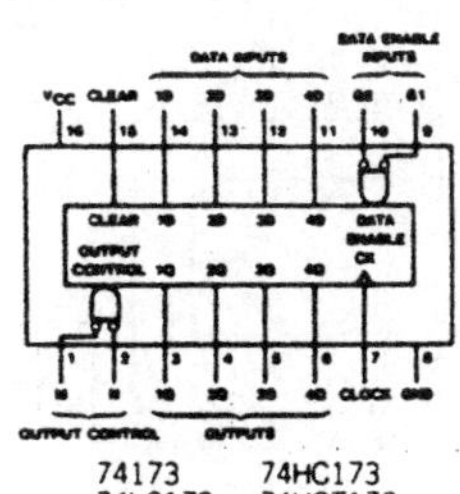

74173 74HC173
74LS173 74HCT173

174
Hex D Type Flip Flop

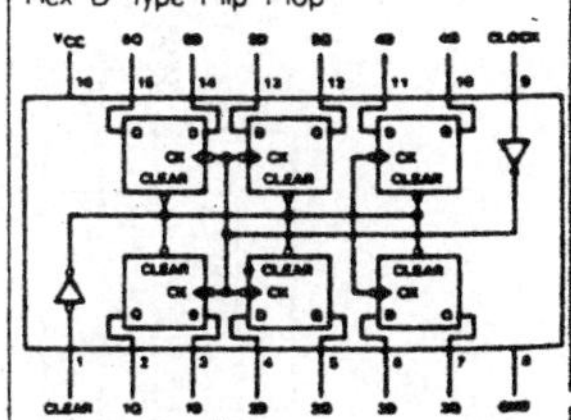

74174 74ALS174 74HC174
74LS174 74AS174 74HCT174
74S174 40H174
74F174

175
Quad D Type Flip Flop

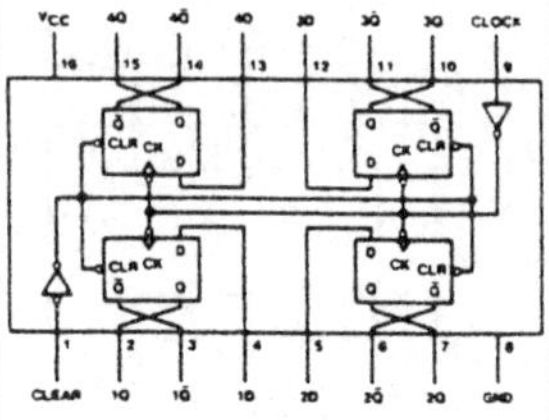

74175 74F175 74HC175
74LS175 74ALS175 74HCT175
74S175 74AS175 40H175

176: Presettable Decade Counter
177: Presettable Binary Counter

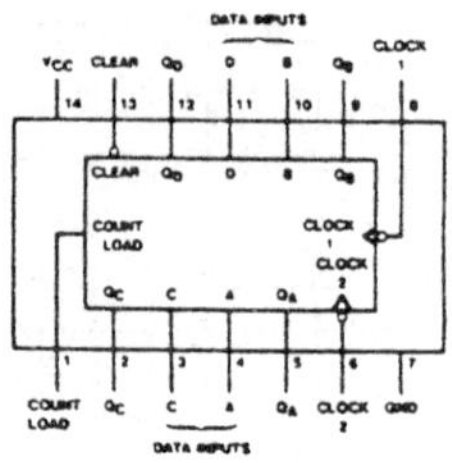

74176~177

178
4 Bit Shift Register PIPO

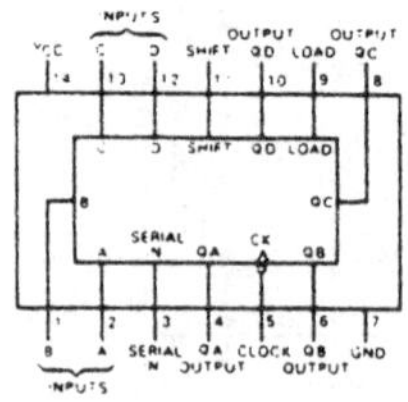

74178

179
4 Bit Shift Register PIPO

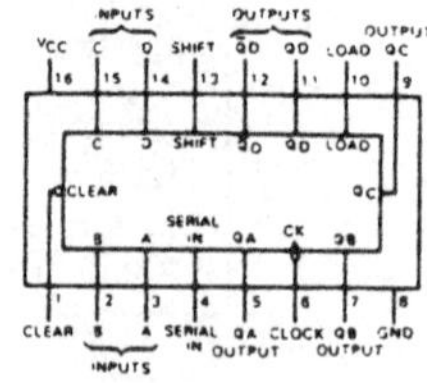

74179

180
9 Bit Parity Generator

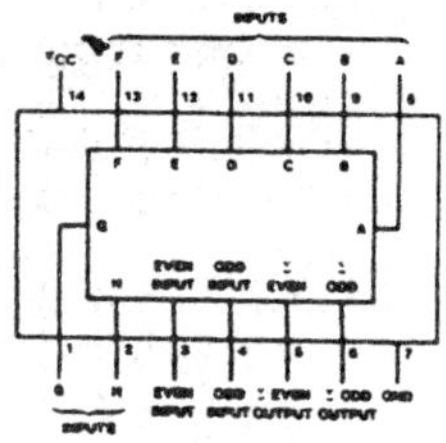

74180
74S180

181
4 Bit ALU/Function Generator

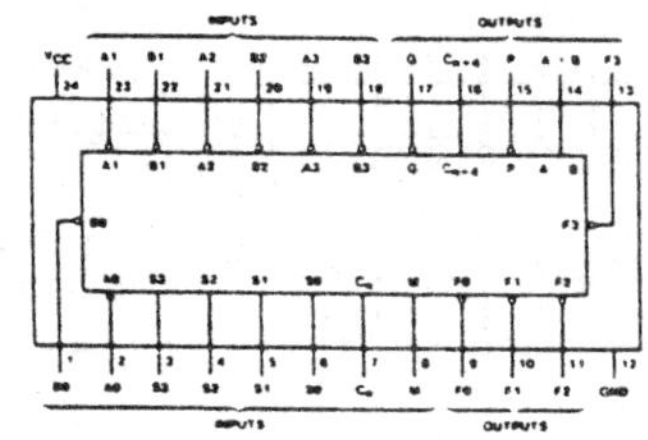

74181 74F181 74HC181
74LS181 74AS181
74S181

182
Look Ahead Carry Generator

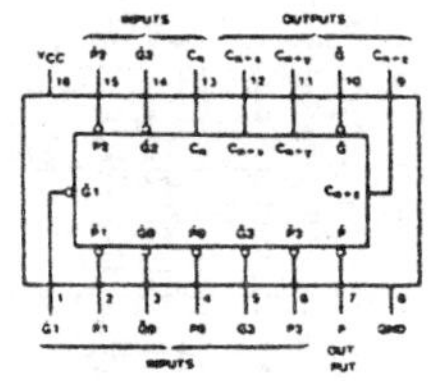

74182 74HC182
74LS182
74S182
74F182
74AS182

183
Dual Carry Save Full Adder

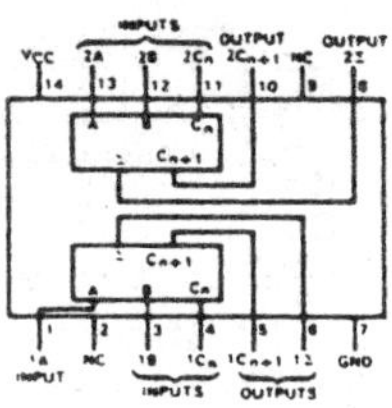

74183
74LS183

184
BCD to Binary Converter

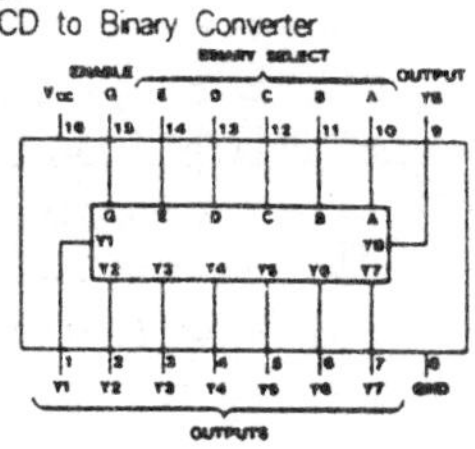

74184

185
Binary to BCD Converter

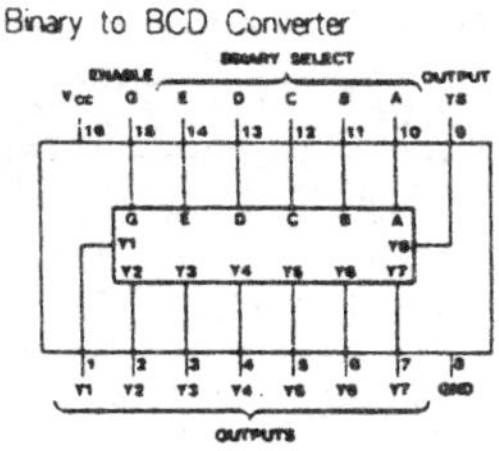

74185

190: Synchronous up down Decade Counter
191: Synchronous up down Binary Counter

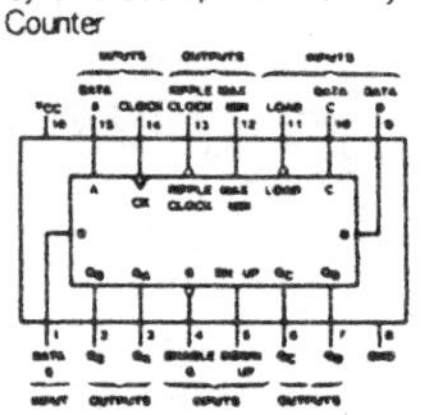

74190~191 74HC190~191
74LS190~191 74HCT190~191
74ALS190~191

192: Synchronous up down Decade Counter
193: Synchronous up down Binary Counter

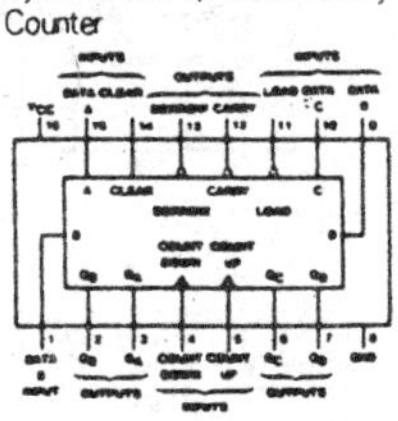

74192~193 74HC192~193
74LS192~193 74HCT192~193
74ALS192~193 40H192~193

194
4 Bit Bidirectional Shift Register PIPO

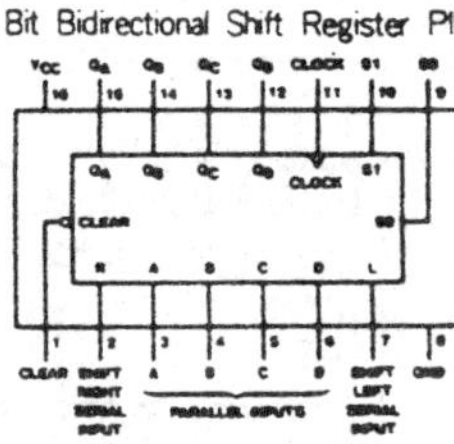

74194 74HC194
74LS194 74HCT194
74S194 40H194
74F194
74AS194

195
4 Bit Shift Register PIPO

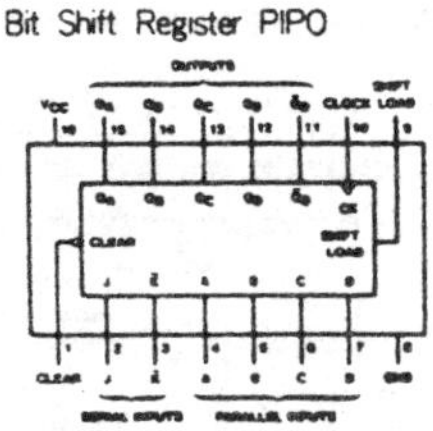

74195 74HC195
74LS195 74HCT195
74S195
74AS195
74F195

196: Presettable Decade Counter
197: Presettable Binary Counter

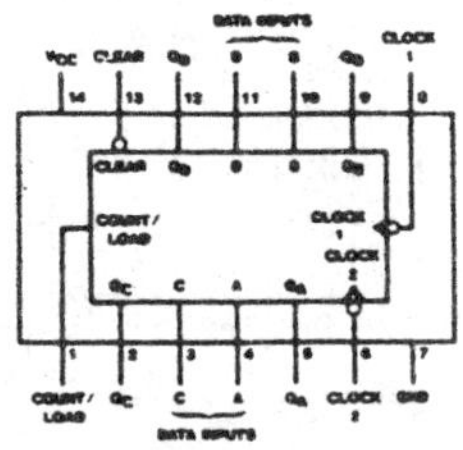

74196~197
74LS196~197
74S196~197

198
8 Bit Bidirectional Shift Register PIPO

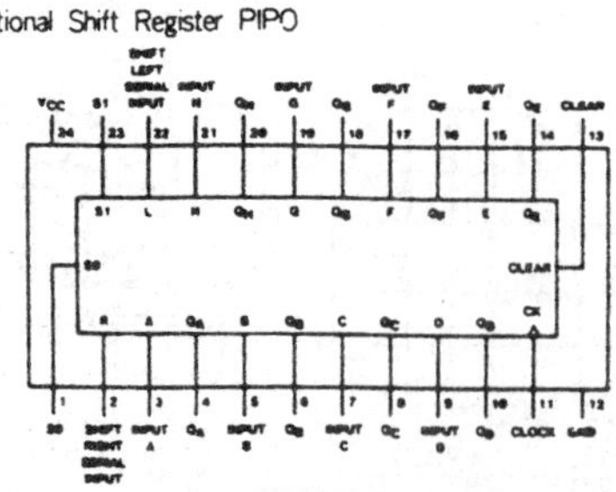

74198

199
8 Bit Shift Register PIPO

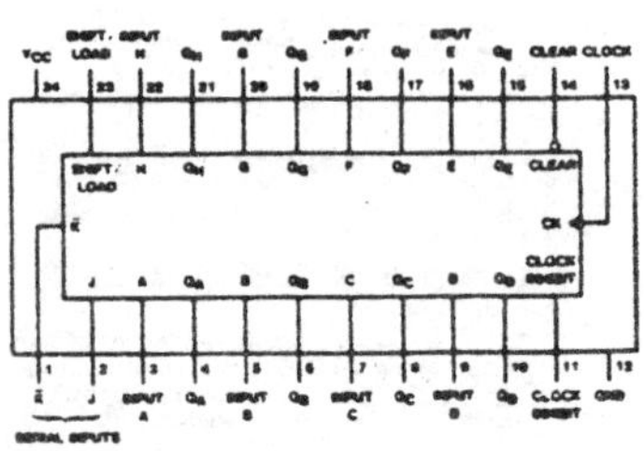

74199

221
Dual Monostable Multivibrator

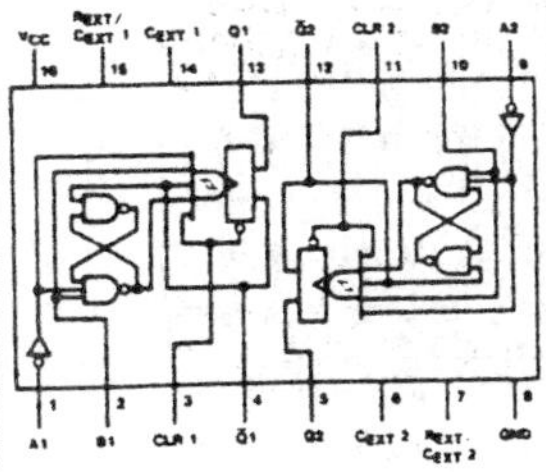

74221 74HC221
74LS221

230
Octal 3 state Bus Driver

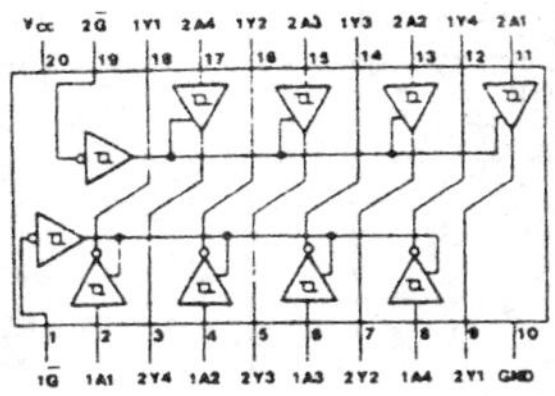

74AS230

231
Octal 3 state Bus Inverter

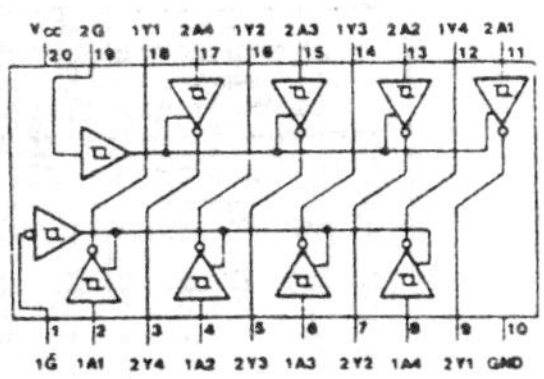

74AS231 67306

240
Octal 3 state Bus Inverter

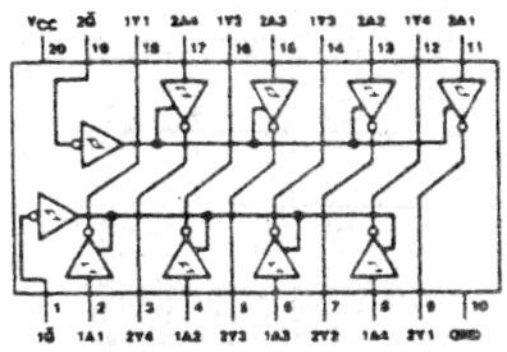

74LS240 74HC240
74ALS240 74HCT240
74S240 40H240
74F240
74ALS1240

241
Octal 3 state Bus Driver

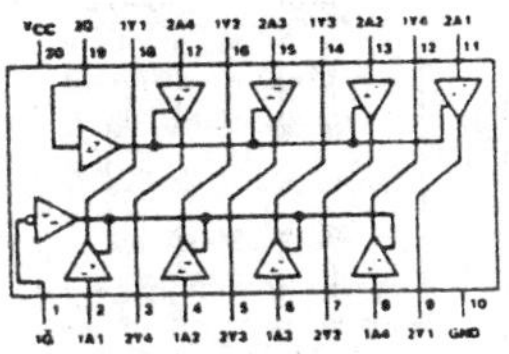

74LS241 74AS241
74ALS241 74HC241
74S241 74HCT241
74F241 40H241
74ALS1241

242
Quad 3 state Bus Transceiver

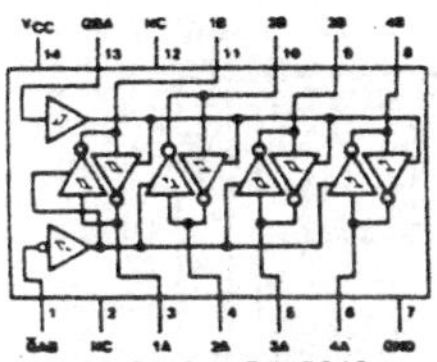

74LS242 74HC242
74ALS242 74HCT242
74F242 40H242
74S242
74AS242
74ALS1242

243
Quad 3 state Bus Transceiver

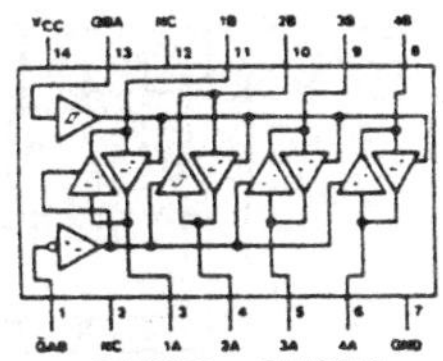

74LS243 74HC243
74ALS243 74HCT243
74F243 40H243
74S243
74AS243
74ALS1243

244
Octal 3 state Bus Driver

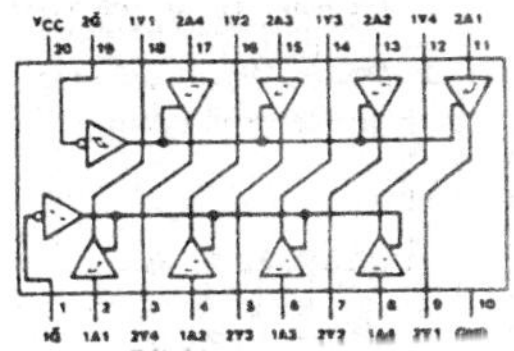

74LS244 74HC244
74ALS244 74HCT244
74S244 40H244
74F244
74AS244
74ALS1244

245
Octal 3 state Bus Transceiver

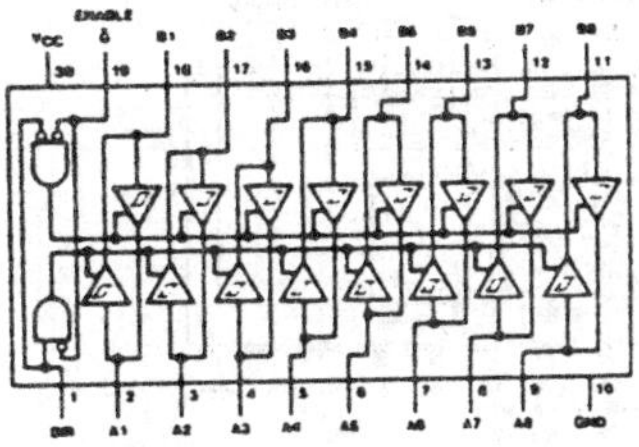

74LS245 74AS245 74HC245
74ALS245 74ALS1245 74HCT245
74F245 40H245

246: BCD to Seven Segment Decoder 30V with OC
247: BCD to Seven Segment Decoder 15V with OC

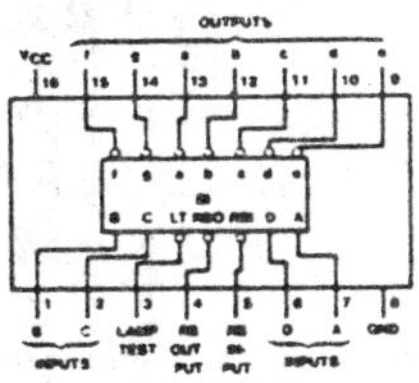

74246~247
74LS247

248: BCD to Seven Segment Decoder 2k Ω pullup with OC
249: BCD to Seven Segment Decoder 5.5V with OC

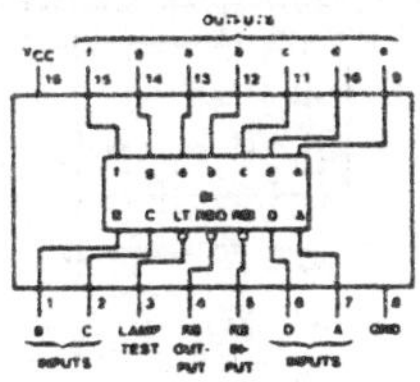

74248~249
74LS248~249

251
8 to 1 Line Data Selector 3 State

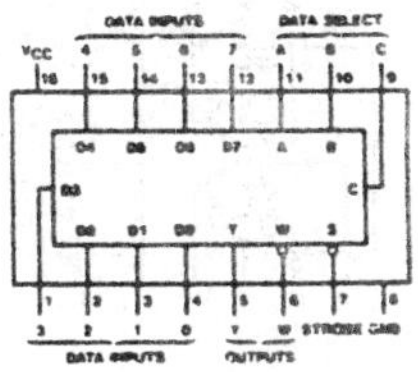

74241 74ALS251
74LS251 74AS251
74S251 74HC251
74F251 74HCT251

253
Dual 4 to 1 Line Data Selector 3 State

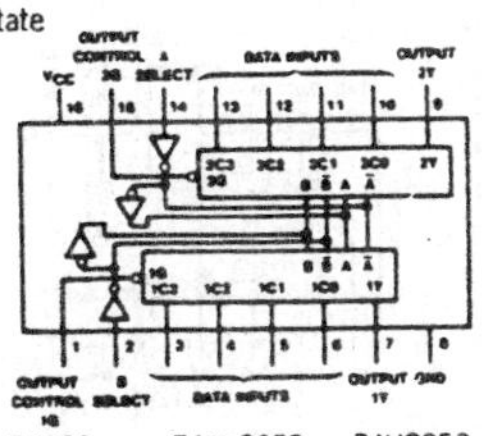

74253 74ALS253 74HC253
74LS253 74AS253 74HCT253
74S253
74F253

256
Dual 4 Bit Addressable Latch

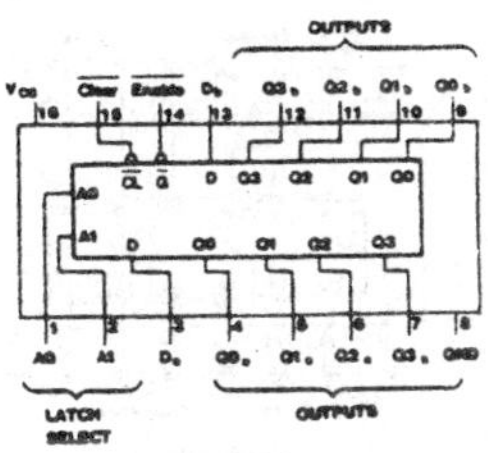

74LS256
74F256

257
Quad 2 to 1 Data Selector 3 State

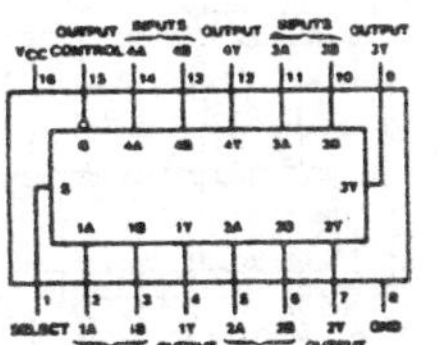

74257 74ALS257 74HC257
74LS257 74AS257 74HCT257
74S257
74F257

258
Quad 2 to 1 Data Selector 3 State

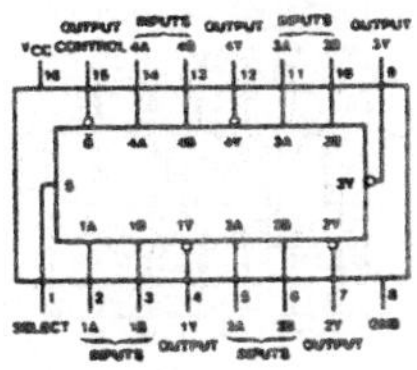

74LS258 74HC258
74S258
74F258
74ALS258
74AS258

259
8 Bit Addressable Latch

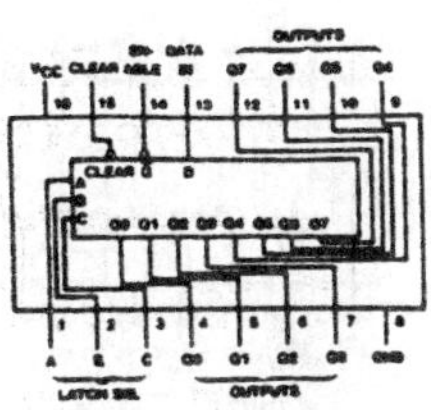

74259 74HC259
74LS259 74HCT259
74ALS259 40H259
74F259

260
Dual 5 Input NOR

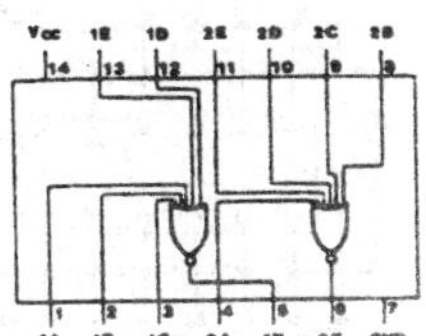

74LS260
74S260

261
2×4 Binary Multiplier

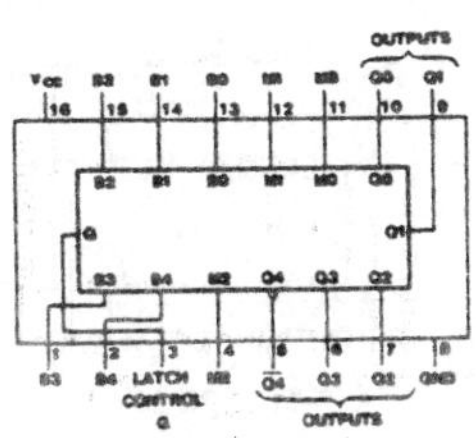

74LS261

265
Quad Complementary Output

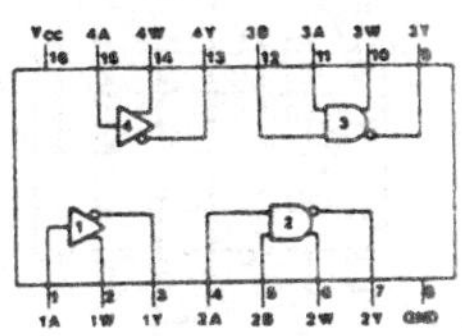

74265

266
Quad 2 Input Exclusive NOR with OC

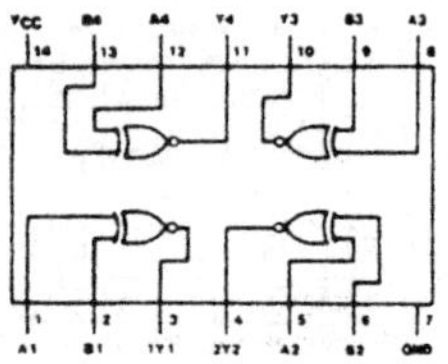

74LS266 74HC266

273
Octal D Type Flip Flop with Clear

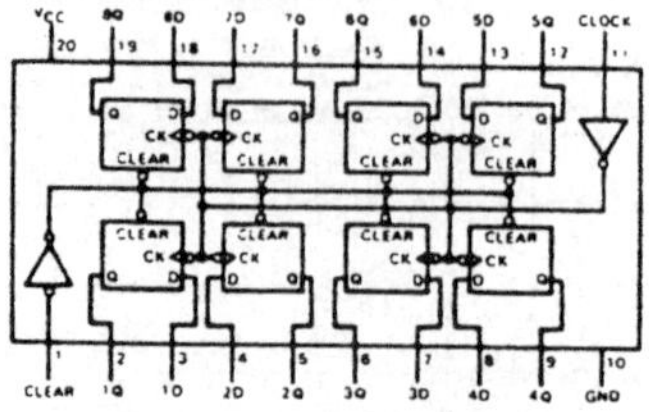

74273 74ALS273 74HC273
74LS273 74HCT273
74F273 40H273
74S273

274
4 × 4 Binary Multiplier

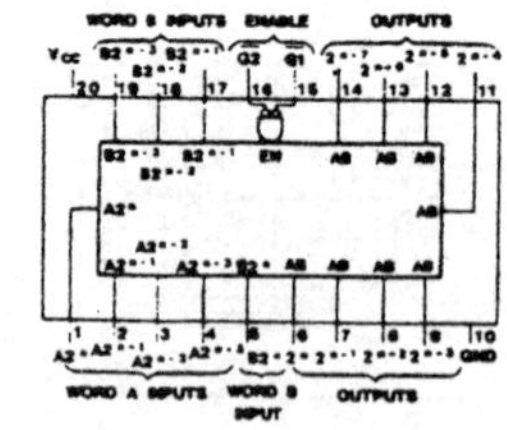

74S274

275
7 Bit Wallace Tree

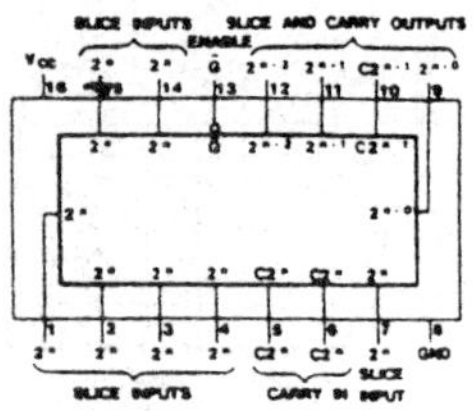

74LS275
74S275

276
Quad JK Flip Flop

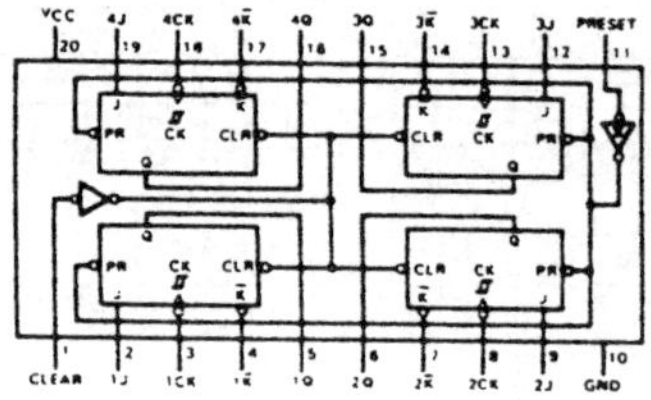

74276

278
4 Bit Cascadable Priority Register

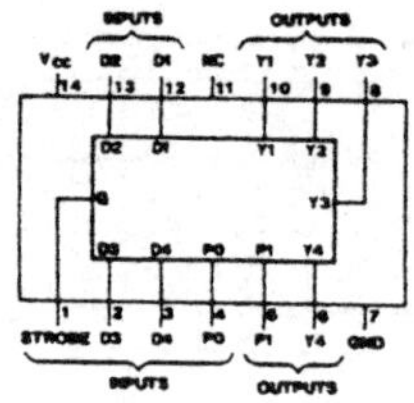

74278

279
Quad RS Latch

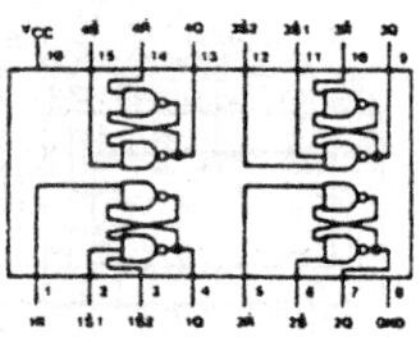

74279 74HC279
74LS279

280
9 Bit Parity Generator/Checker

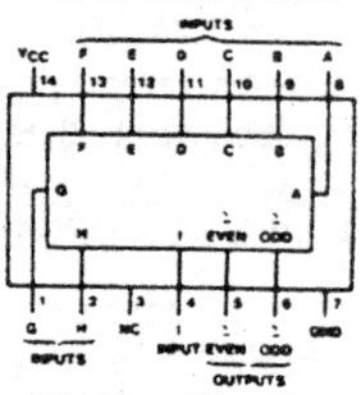

74LS280 74HC280
74S280 74HCT280
74F280
74ALS280
74AS280

281
4 Bit Binary Accumulator

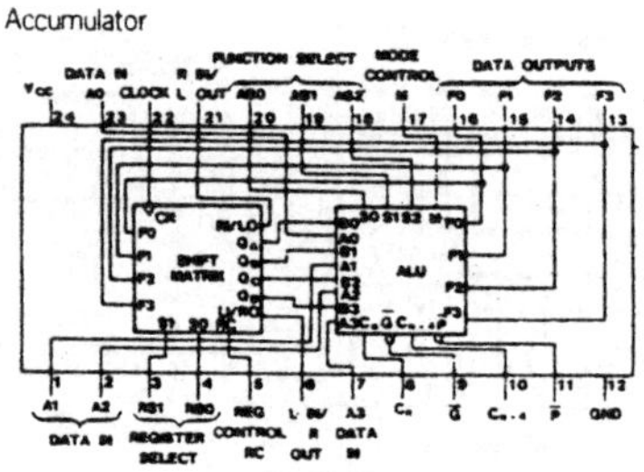

74LS281
74S281

283
4 Bit Binary Full Adder

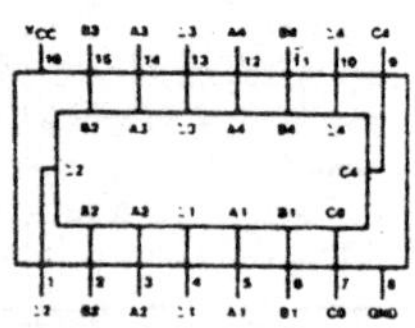

74283 74F283 74HC283
74LS283
74S283

284
4 × 4 Binary Multiplier

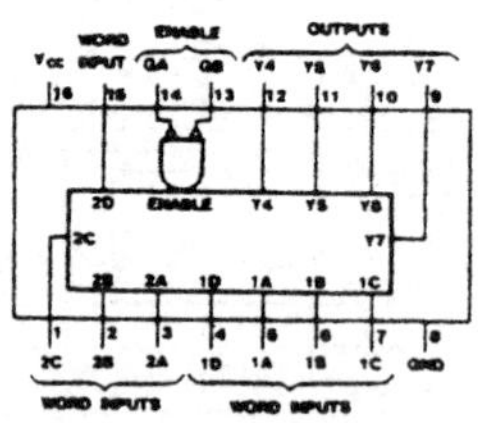

74284

285
4 × 4 Binary Multiplier

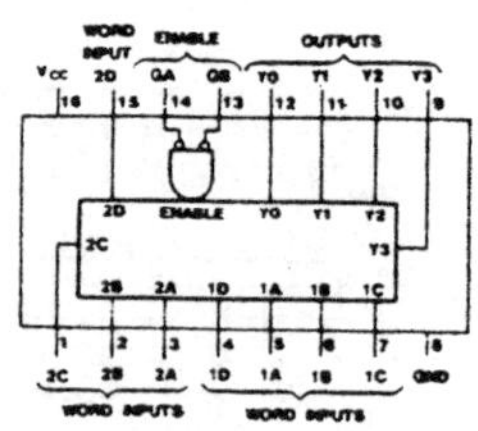

74285

290
Decade Counter

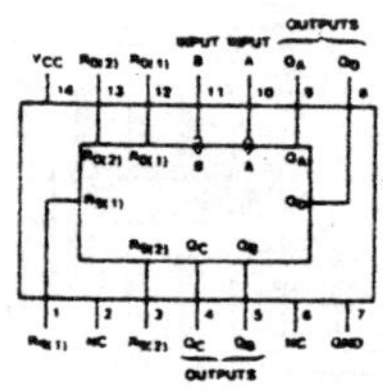

74290
74LS290

293
4 Bit Binary Counter

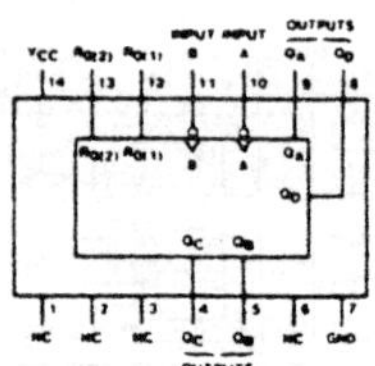

74293
74LS293

295
4 Bit Shift Register PIPO 3 State

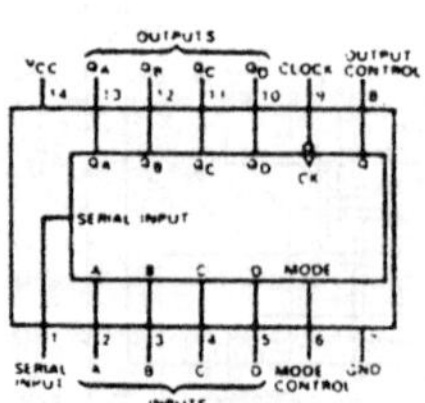

74LS295

298
Quad 2 Input Multiplexer with Storage

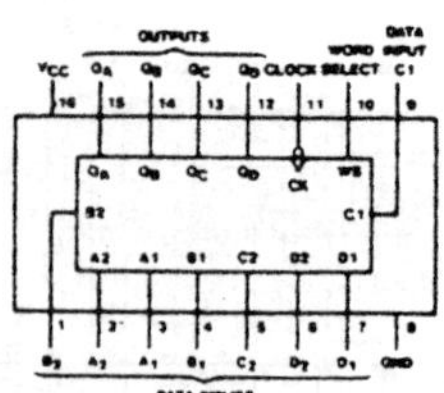

74298 74F298 74HC298
74LS298 74AS298

299
8 Bit Universal Shift Storage Register

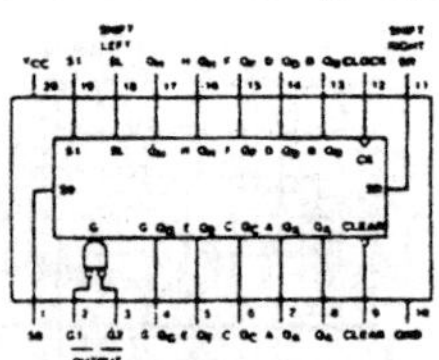

74LS299 74HC299
74S299 74HCT299
74ALS299
74F299
74S299

320
Crystal-Controlled Oscillator

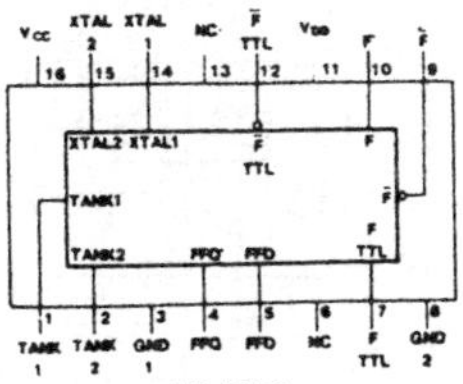

74LS320

321
Crystal-Controlled Oscillator (with F/2, F/4 Output)

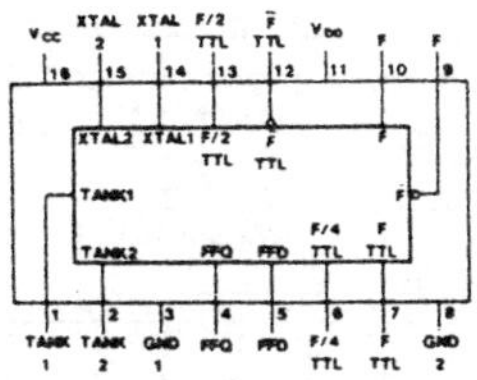

74LS321

322
8 Bit Shift Register with Sign Extend

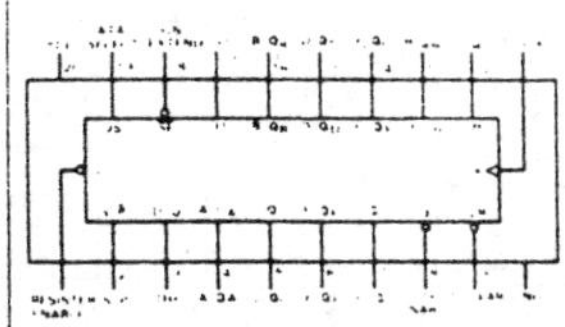

74LS322
74F322

323
8 Bit Shift Register 3 state

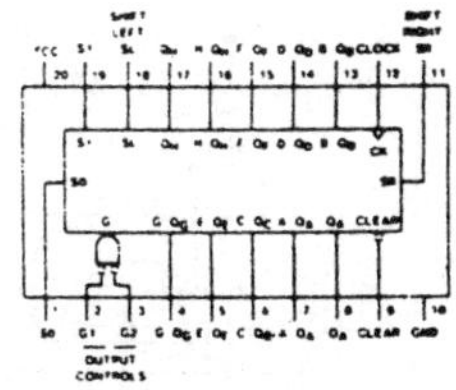

74LS323 74HC323
74ALS323
74S323
74AS323
74F323

347
BCD to 7 Segment Decoder/Driver

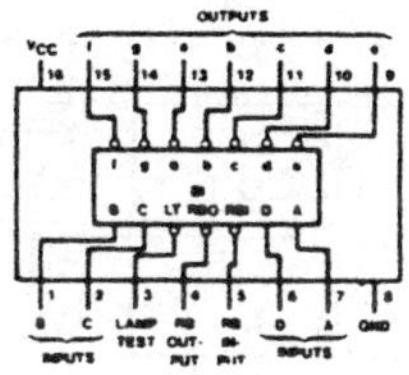

74LS347

348
8 to 3 Line Priority Encoder 3 state

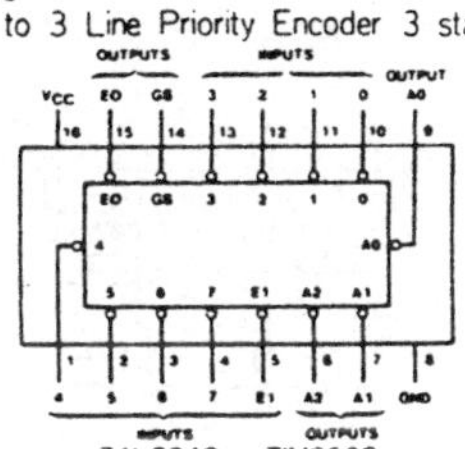

74LS348 TIM9908

350
4 Bit Shifter 3 state

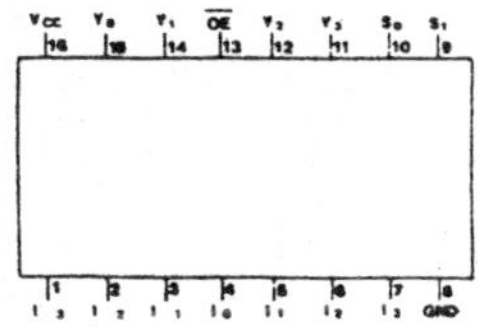

74S350
74F350

351
Dual 8 to 1 Line Data Selector 3 state

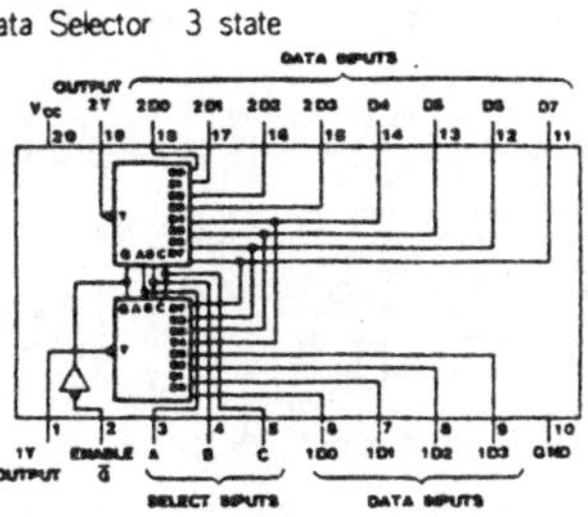

74351

352
Dual 4 to 1 Line Data Selector

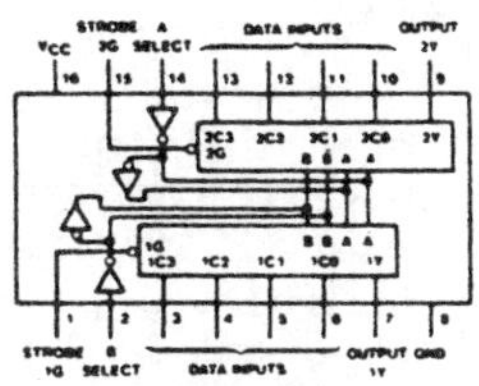

74LS352
74F352
74ALS352
74F352
74AS352

353
Dual 4 to 1 Line Data Selector
3 state

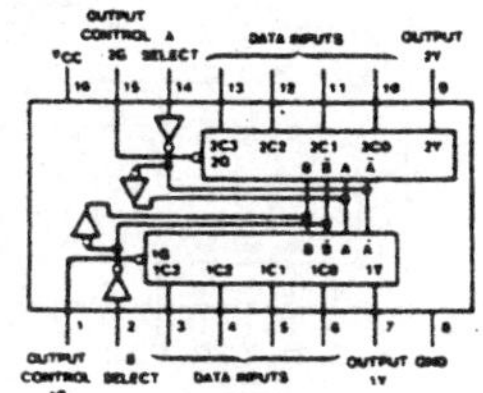

74LS353
74F353
74ALS353
74AS353

363
Octal Transparent Latch 3 state

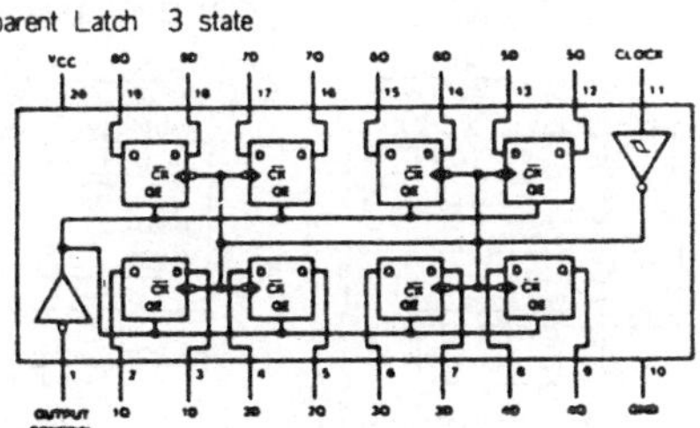

74LS363

364
Octal D Type Flip Flop 3 state

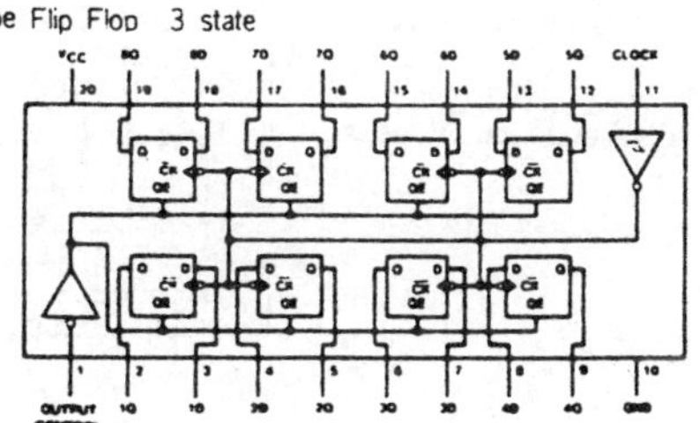

74LS364

365
Hex Bus Driver 3 State

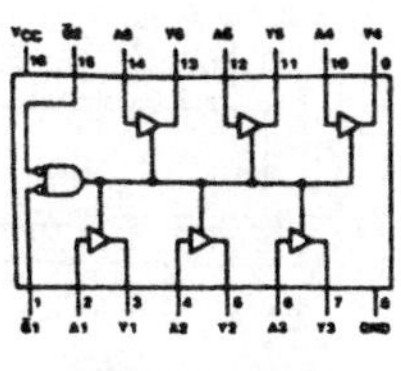

74365 74HC365
74LS365 74HCT365
74F365 40H365
74S365
74ALS365

366
Hex Bus Driver 3 State

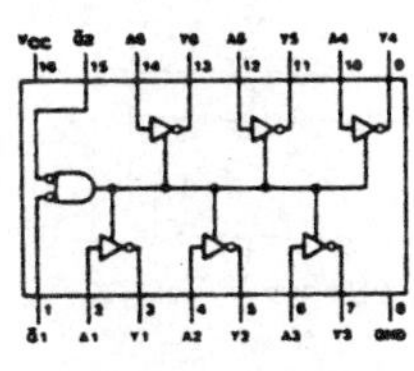

74366 74HC366
74LS366 74HCT366
74ALS366 40H366
74F366
74S366

367
Hex Bus Driver 3 State

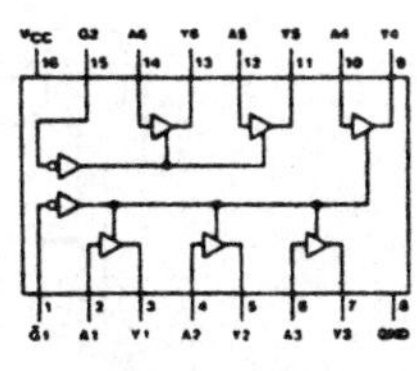

74367 74HC367
74LS367 74HCT367
74ALS367 40H367
74F367
74S367

368
Hex Bus Driver 3 State

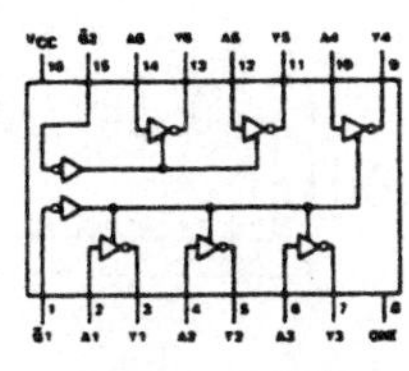

74368 74HC368
74LS368 74HCT368
74ALS368 40H368
74F368
74S368

373
Octal Transparent Latch 3 state

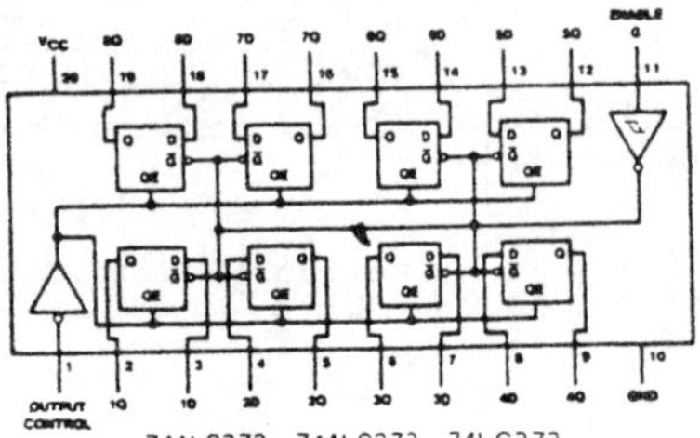

74ALS373 74ALS373 74HC373
74S373 74AS373 74HCT373
74F373 40H373

374
Octal D Type Flip Flop 3 state

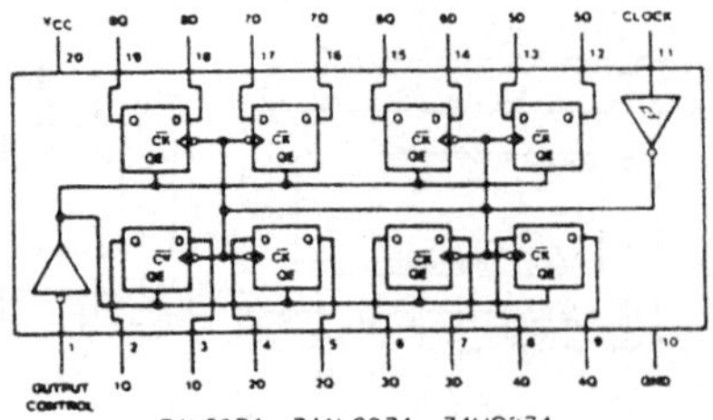

74LS374 74ALS374 74HC374
74S374 74AS374 74HCT374
74F374 40H374

375
4 Bit Latch

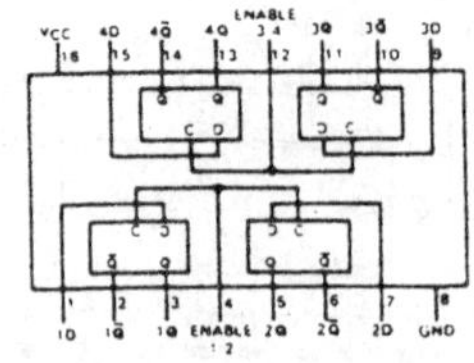

74LS375 74HC375
40H375

376
Quad JK Flip Flop

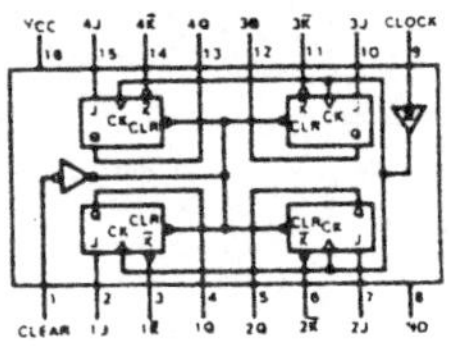

74376

377
Octal D Type Flip Flop with Enable

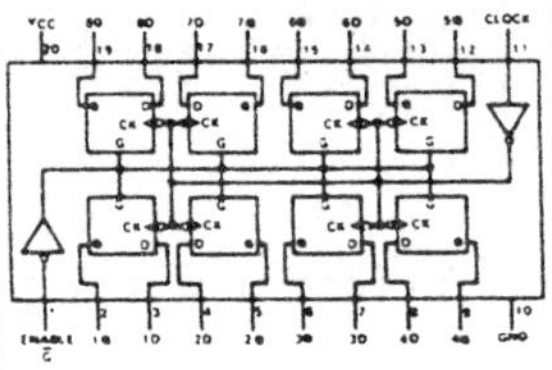

74LS377 74HC377
74ALS377 74HCT377
74F377

378
Hex D Type Flip Flop with Enable

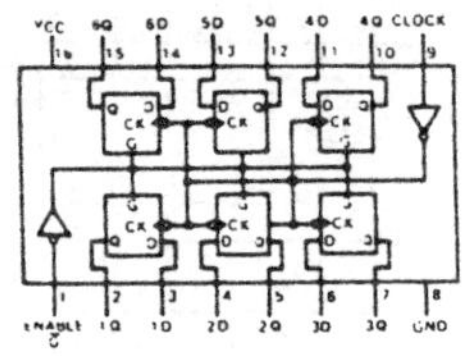

74LS378
74F378
74S378

379
4 Bit D Type Flip Flop with Enable

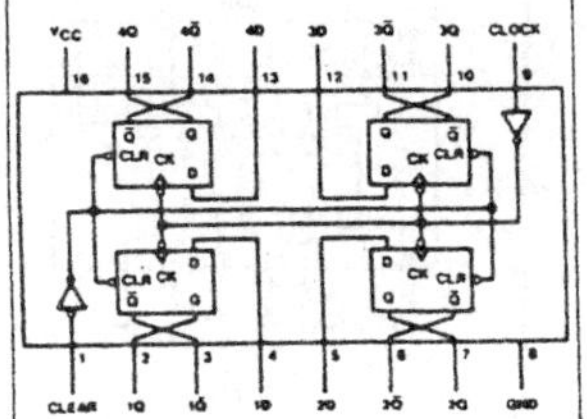

74LS379
74F379
74S379

381, 382
ALU/Function Generator

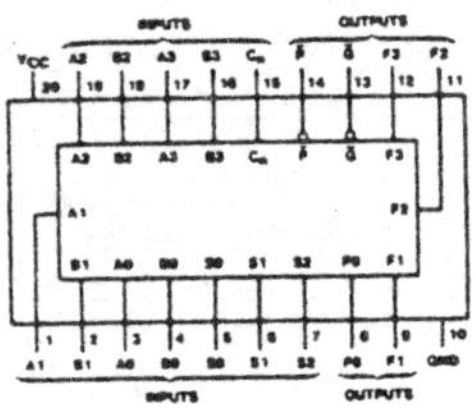

74LS381~382 74F381~382
74S381

384
8 Bit by 1 Bit 2's Complement Multiplier

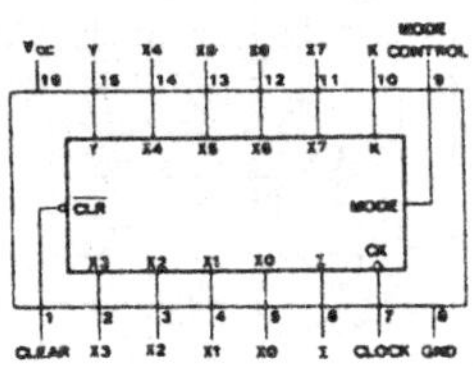

74LS384 74HC384
74F384 74HCT384

385
Quad Serial Adder/Subtractor

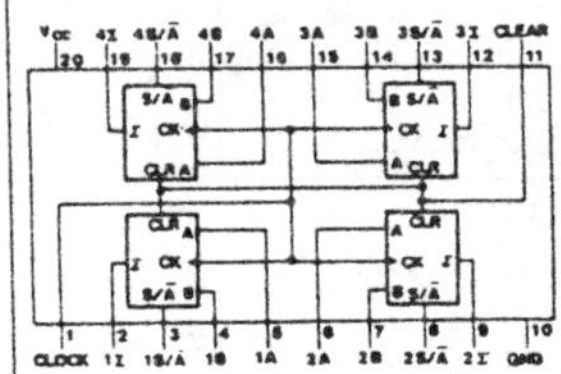

74LS385
74F385

386
Quad Exclusive OR

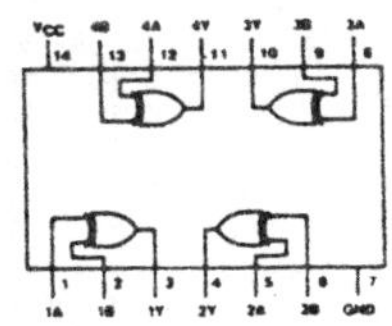

74LS386 74HC386
40H386

388
Quad D Type Flip Flop 3 state

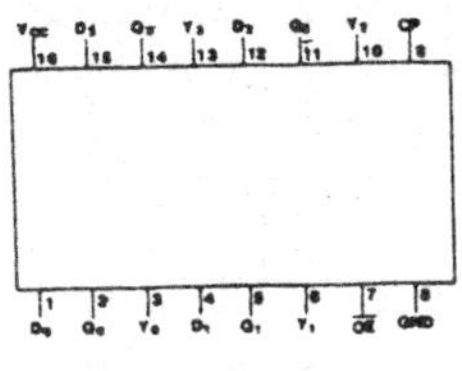

74LS388
74S388

390
Dual Decade Counter

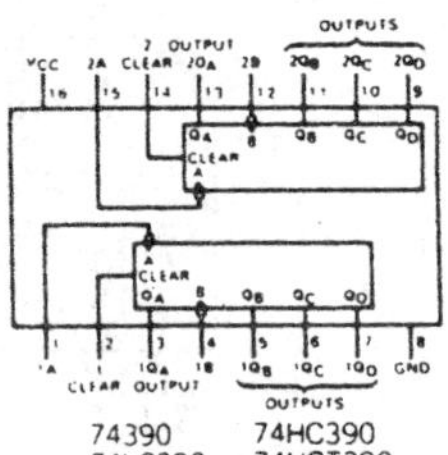

74390 74HC390
74LS390 74HCT390
40H390

393
Dual 4 Bit Binary Counter

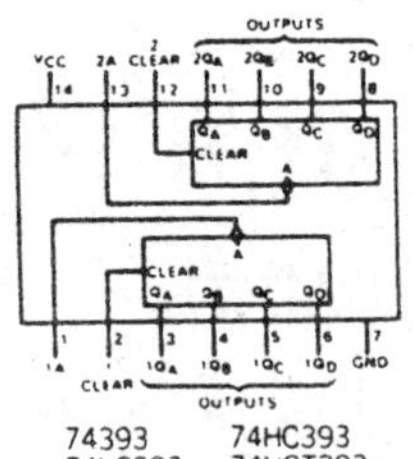

74393 74HC393
74LS393 74HCT393
40H393

395
4 Bit Shift Register PIPO

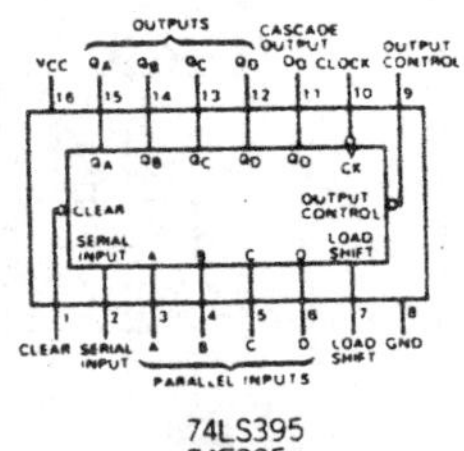

74LS395
74F395
74AS395

396
Octal Storage Register

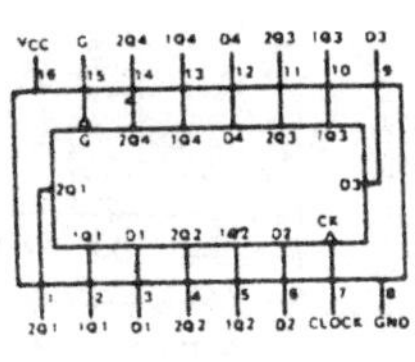

74LS396

398
4 Bit 2 Input Multiplexer with Storage

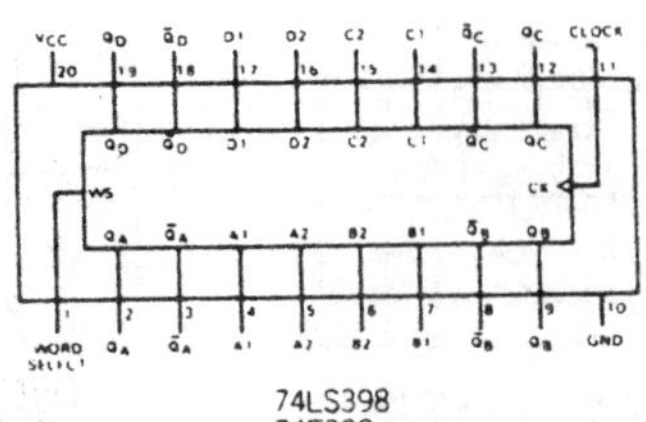

74LS398
74F398

399
4 Bit 2 Input Multiplexer with Storage

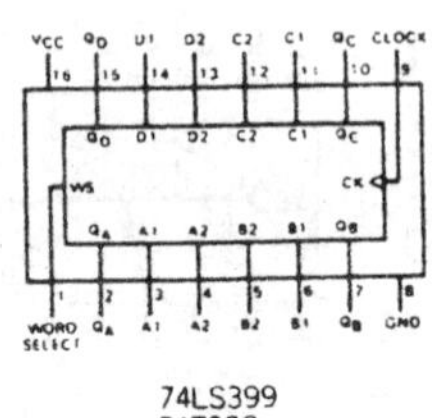

74LS399
74F399
74S399

422
Monostable Multivibrator

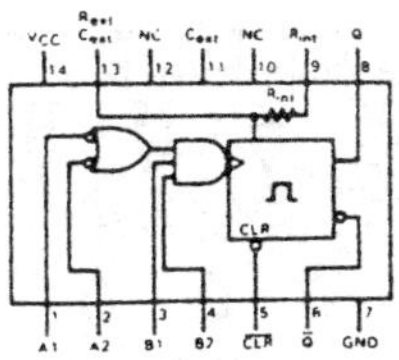

INPUTS					OUTPUTS	
CLEAR	A1	A2	B1	B2	Q	$\bar{Q}$
L	X	X	X	X	L	H
X	H	H	X	X	L	H
X	X	X	L	X	L	H
X	X	X	X	L	L	H
H	L	X	↑	H	⊓	⊔
H	L	X	H	↑	⊓	⊔
H	X	L	↑	H	⊓	⊔
H	X	L	H	↑	⊓	⊔
H	H	↓	H	H	⊓	⊔
H	↓	↓	H	H	⊓	⊔
H	↓	H	H	H	⊓	⊔

74LS422

423
Dual Monostable Multivibrator

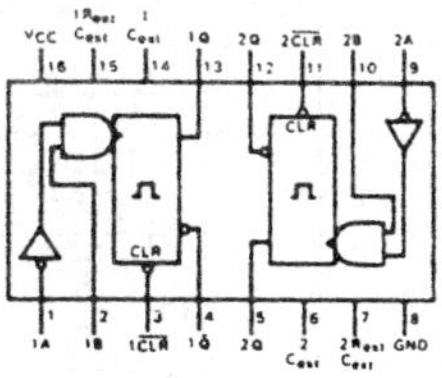

74LS423 74HC423

425
Quad 3 state Bus Buffer

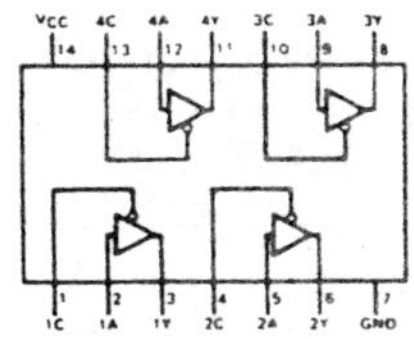

74425

426
Quad 3 State Bus Buffer

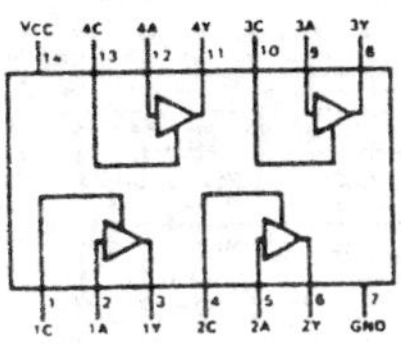

74426

440～444
Quad Tridirectional Bus Transceiver

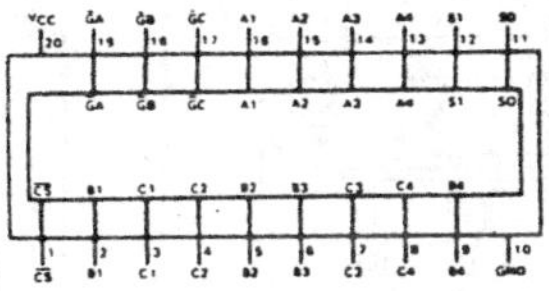

74LS440～444

445
BCD to Decimal Decoder/Driver with OC

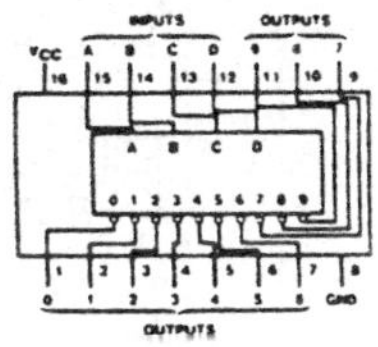

74LS445

447
BCD to 7 segment Decoder/Driver

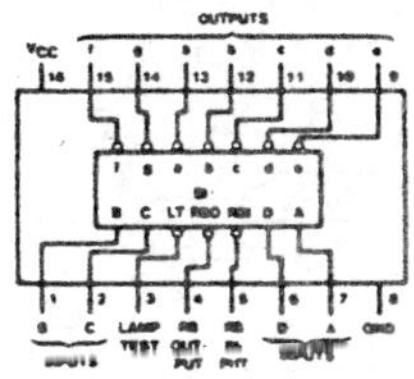

74LS447

448
Quad Tridirectional Bus Transceiver with OC

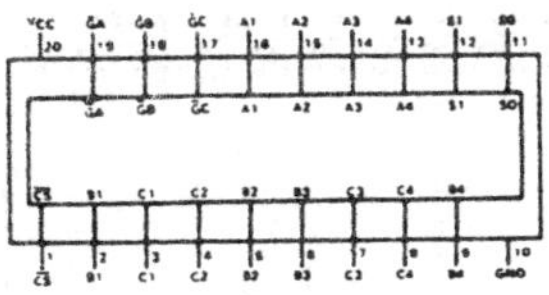

74LS448

465
Octal 3 state Bus Buffer

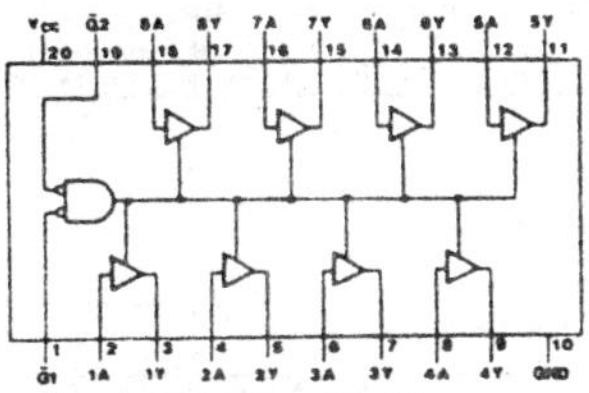

74LS465 81LS95
74ALS465

466
Octal 3 state Bus Buffer Inverter

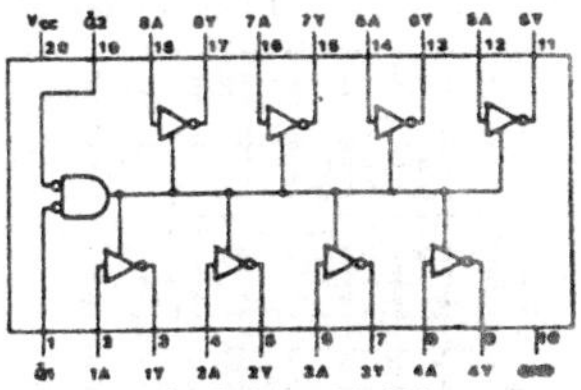

74LS466 81LS96
74ALS466

467
Octal 3 state Bus Buffer

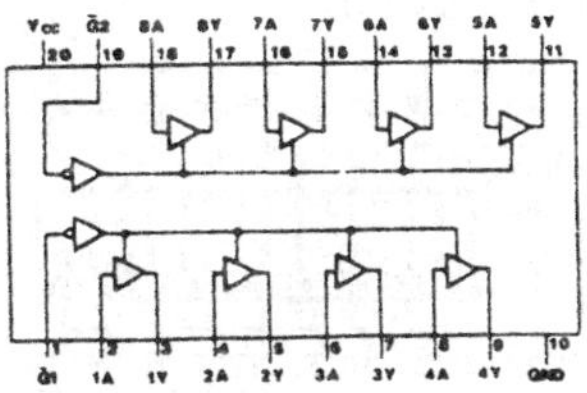

74LS467 81LS97
74ALS467

468
Octal 3 state Bus Buffer Inverter

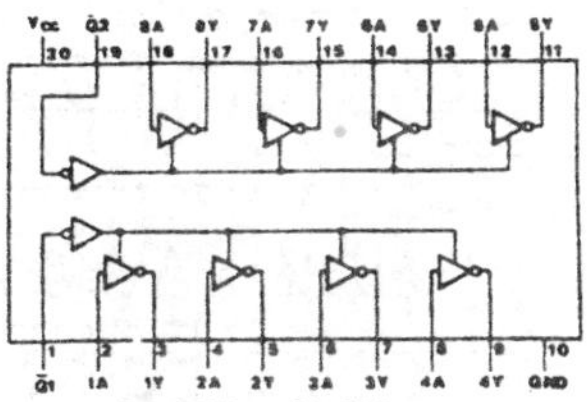

74LS468 81LS98
74ALS468

490
Dual Decade Counter

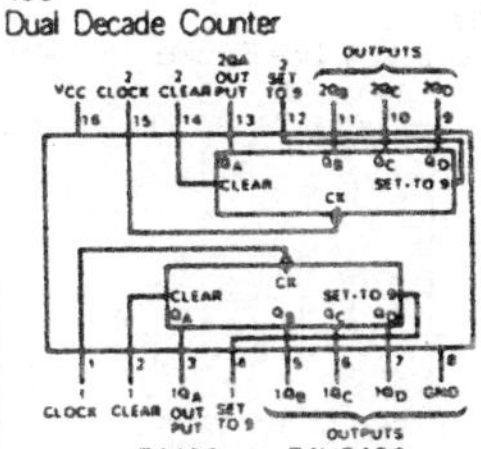

74490 74HC490
74LS490

502
8 Bit Successive Approximation Register

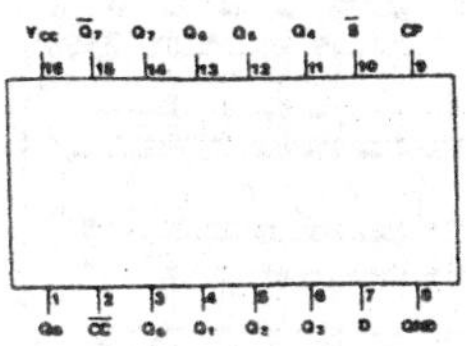

74502
74LS502

503
8 Bit Successive Approximation Register

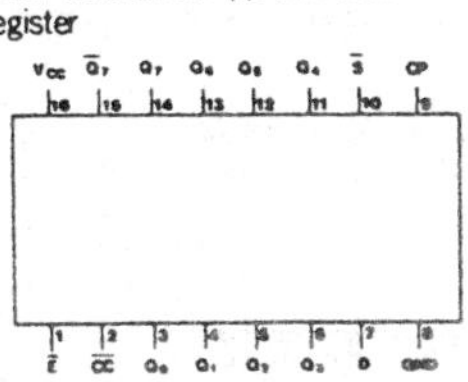

74503
74LS503

504
12 Bit Successive Approximation Register

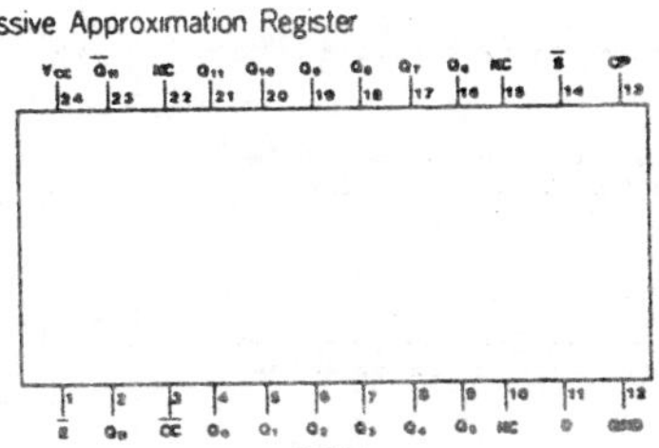

74504
74LS504

518
8 Bit Equal to Comparator with OC

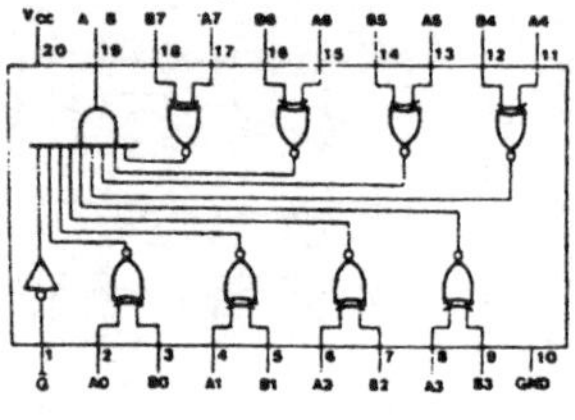

74ALS518

519
8 Bit Equal to Comparator with OC

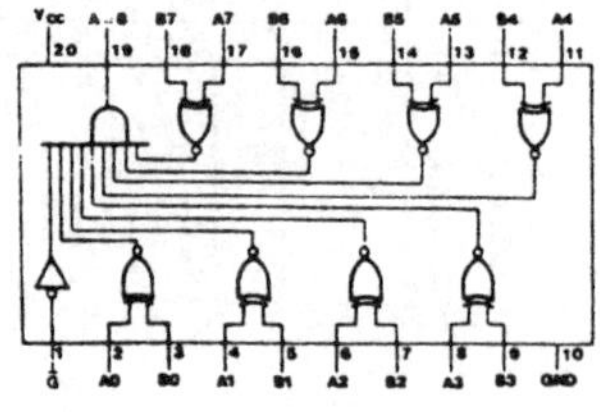

74ALS519

520
8 Bit Equal to Comparator

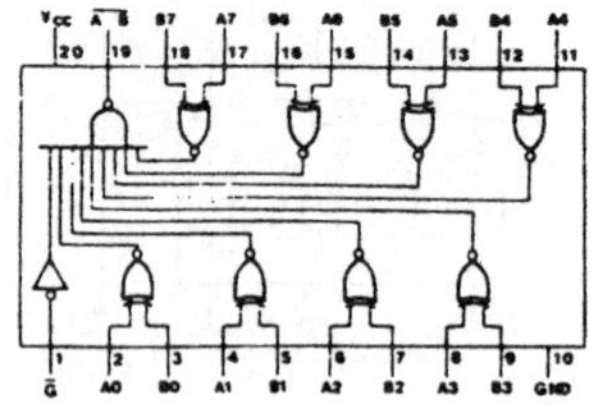

74ALS520

521
8 Bit Equal to Comparator

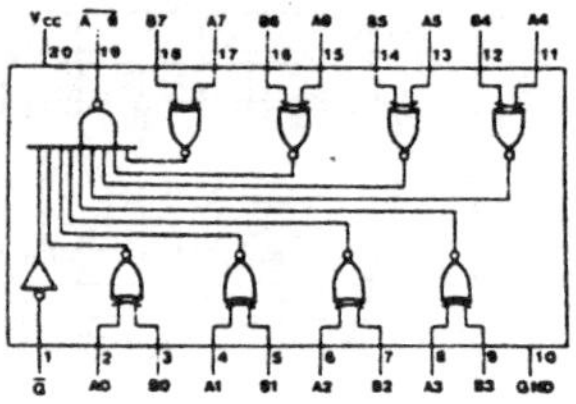

74LS521 25LS2521
74ALS521
74F521

522
8 Bit Equal to Comparator with OC

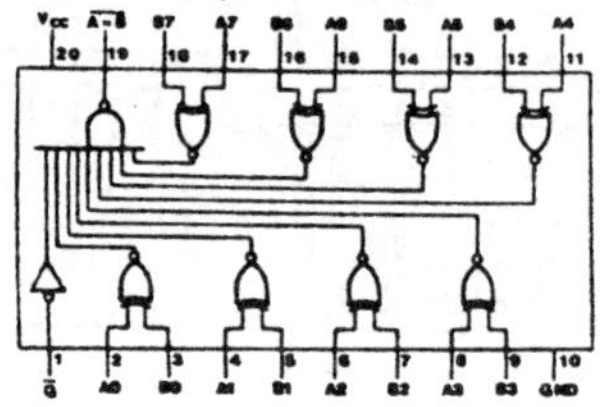

74ALS522

533
Octal 3 state Transparent Latch (Inverted)

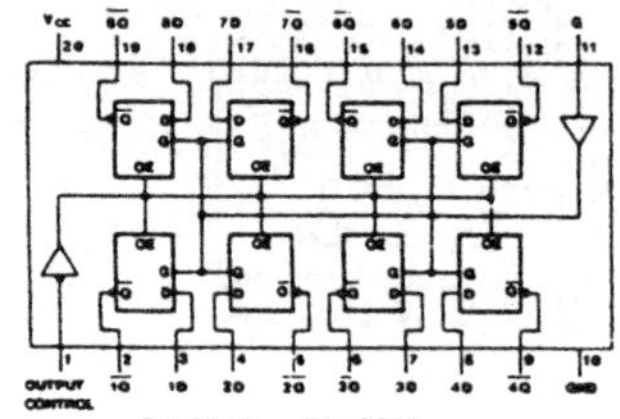

74LS533 74HC533
74ALS533 74HCT533
74S533
74F533

534
Octal 3 state D Type Flip Flop (Inverted)

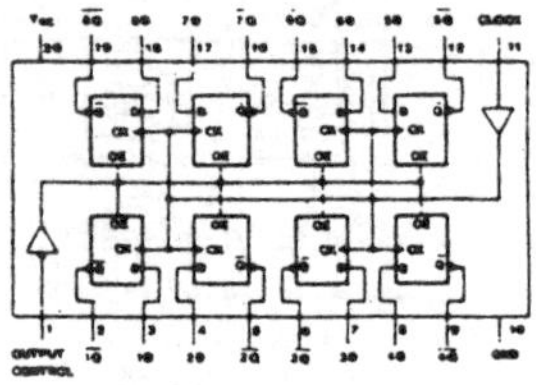

74LS534 74HC534
74ALS534 74HCT534
74S534
74AS534
74F534

537
BCD to Decimal Decoder (3 state)

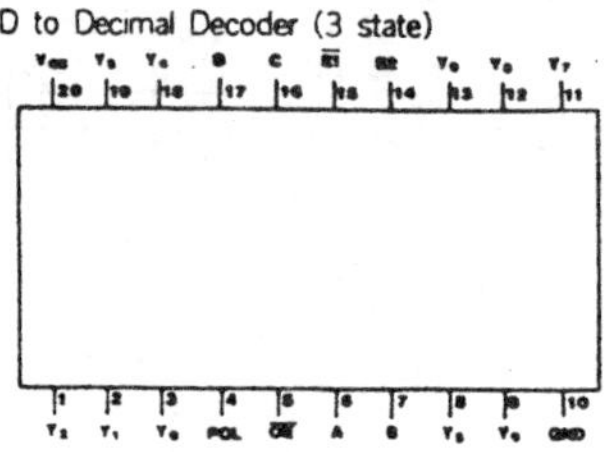

74LS537 25LS2537
74ALS537
74F537

538
3 to 8 Line Decoder (3 state)

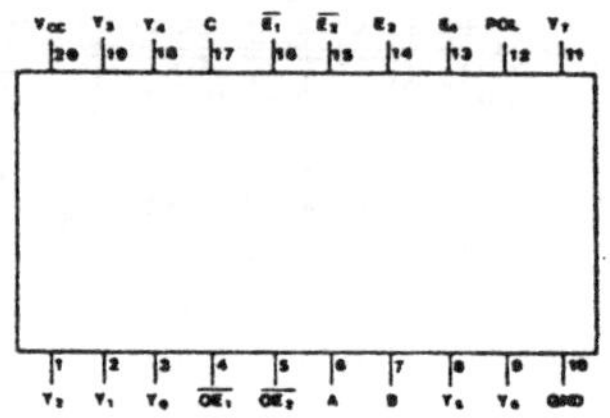

74LS538 25LS2538
74ALS538
74F538

539
Dual 2 to 4 Line Decoder (3 state)

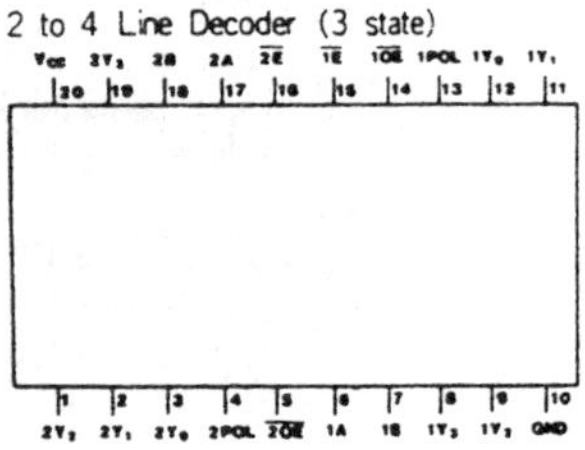

74LS539 25LS2539
74ALS539
74F539

540
Octal 3 state Bus Buffer (Inverted)

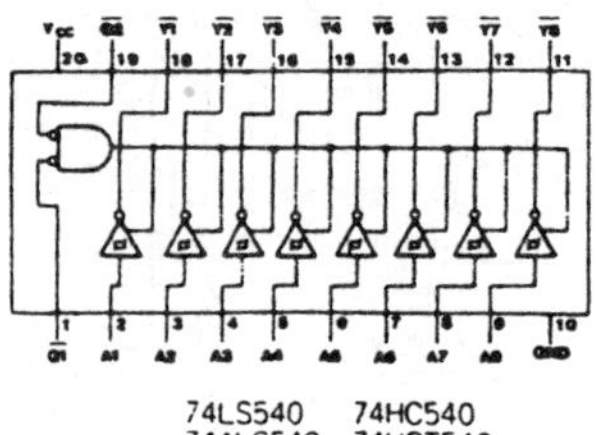

74LS540 74HC540
74ALS540 74HCT540

541
Octal 3 state Bus Buffer

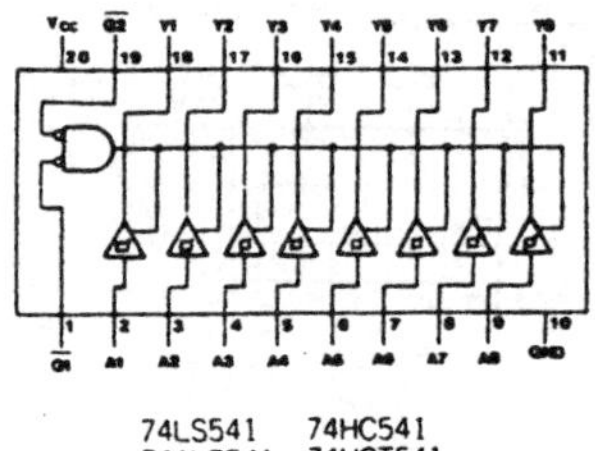

74LS541 74HC541
74ALS541 74HCT541

560
Synchronous Presettable Decade Counter (3 state)

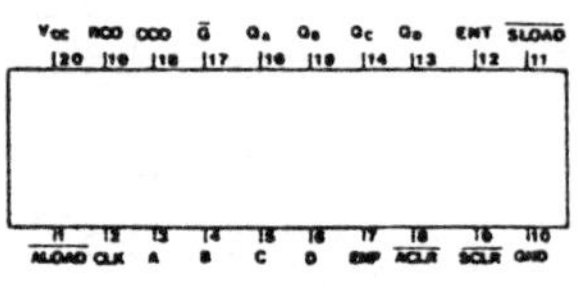

74ALS560

561
Synchronous Presettable Decade Counter (3 state)

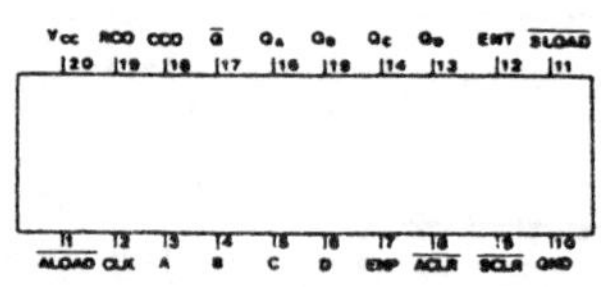

74ALS561

563
Octal 3 state Transparent Latch (Inverted)

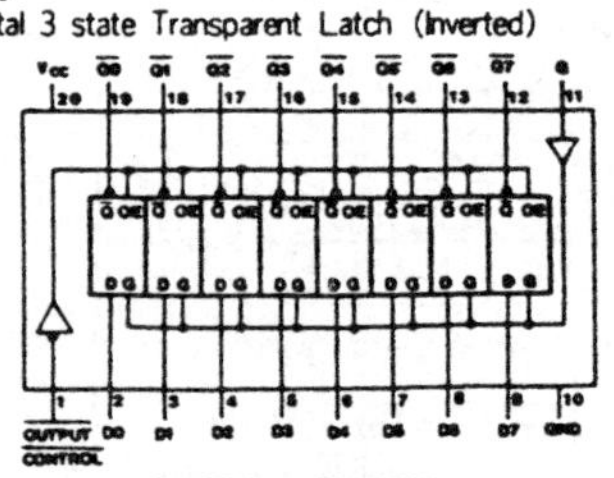

74LS563 74HC563
74ALS563 74HCT563
74S563

564
Octal 3 state D Type Flip Flop (Inverted)

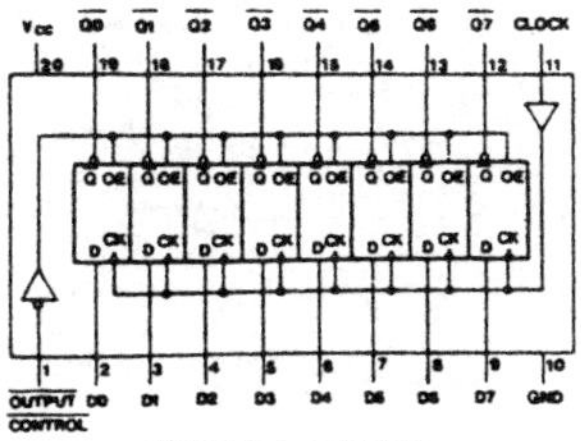

74LS564 74HC564
74ALS564 74HCT564

568
Synchronous Presettable Up/Down Counter (3 state)

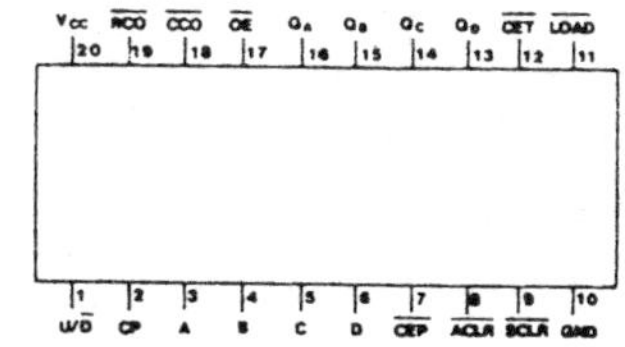

74LS568 74F568
74ALS568

569
Synchronous Presettable Up Down Binary Counter (3 state)

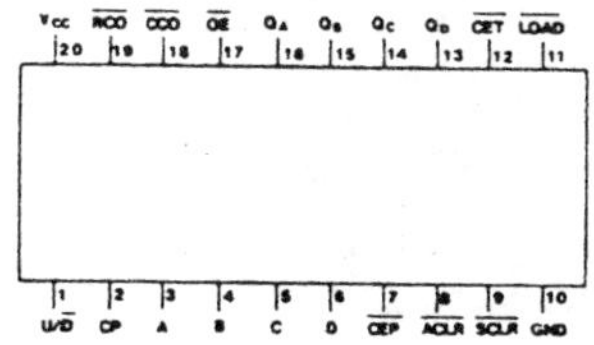

74LS569
74ALS569
74F569

573
Octal 3 state Transparent Latch

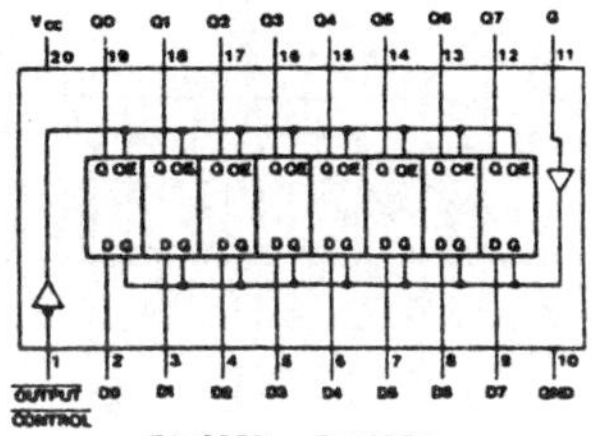

74LS573 74HC573
74ALS573 74HCT573
74S573
74AS573

574
Octal 3 state D Type Flip Flop

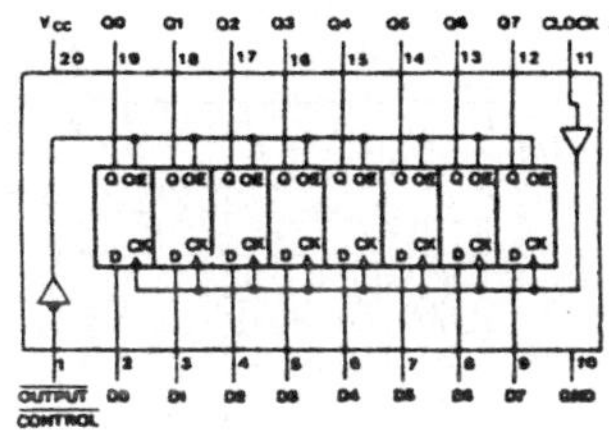

74LS574 74HC574
74ALS574 74HCT574
74AS574

575
Octal 3 state D Type Flip Flop with Clear

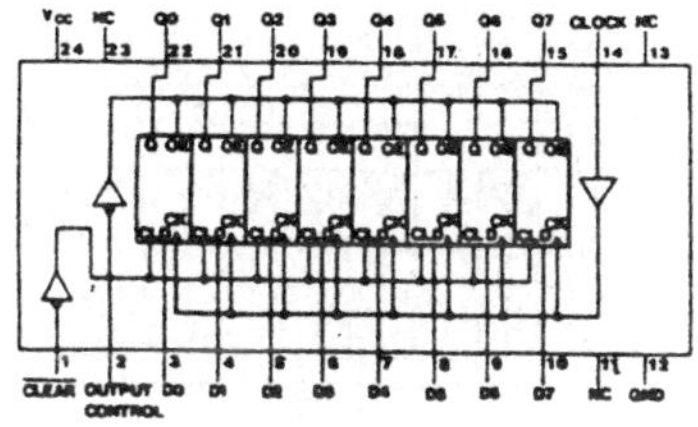

74ALS575
74AS575

576
Octal 3 state D Type Flip Flop (Inverted)

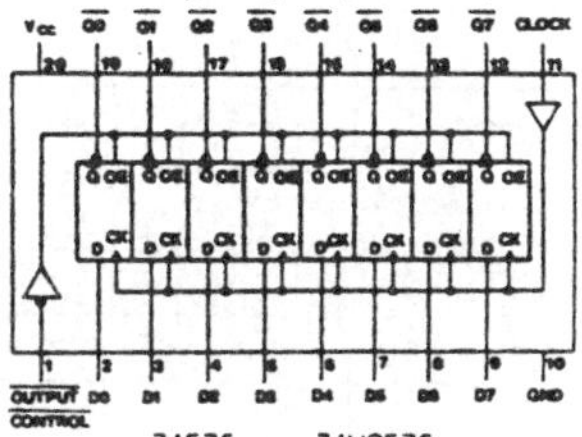

74576 74HC576
74ALS576 74HCT576
74AS576

577
Octal 3 state D Type Flip Flop with Clear (Inverted)

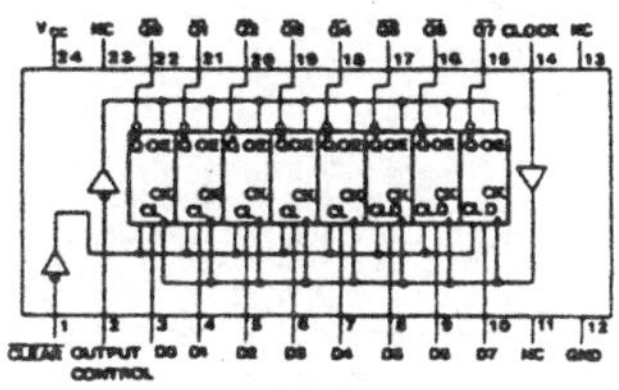

74ALS577
74AS577

580
Octal 3 state Transparent Latch (Inverted)

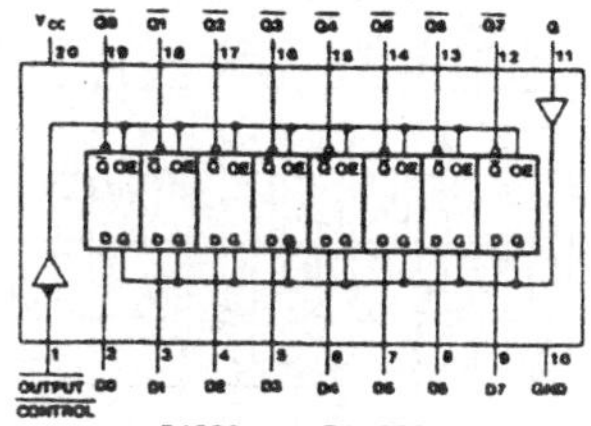

74580 74HC580
74ALS580 74HCT580
74S580
74AS580

620
Octal 3 state Bus Transceiver (Inverted)

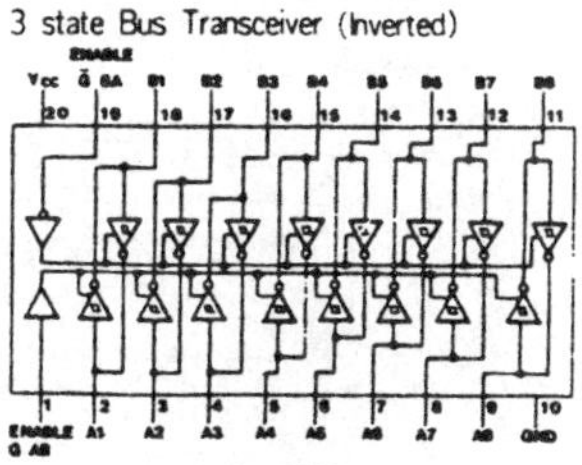

74LS620
74ALS620
74F620
74AS620

621
Octal Bus Transceiver with OC

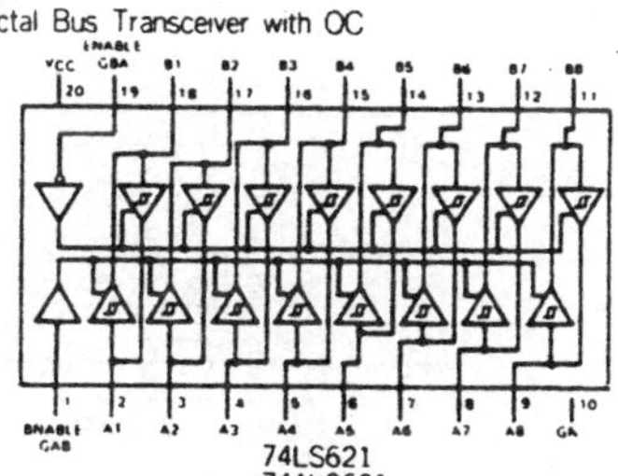

74LS621
74ALS621
74F621
74AS621

622
Octal Bus Transceiver with OC (Inverted)

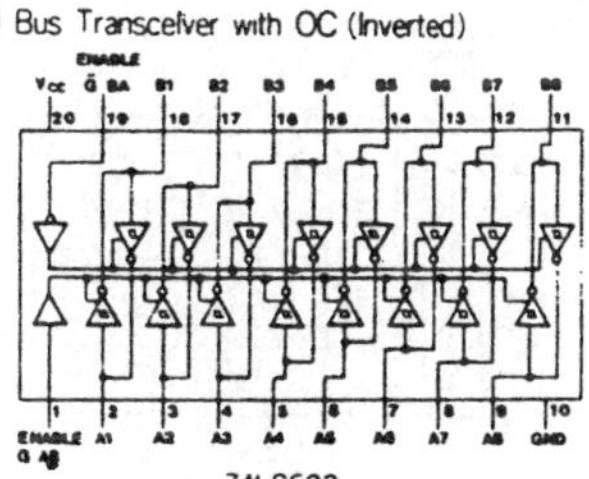

74LS622
74ALS622
74F622
74AS622

623
Octal 3 state Bus Transceiver

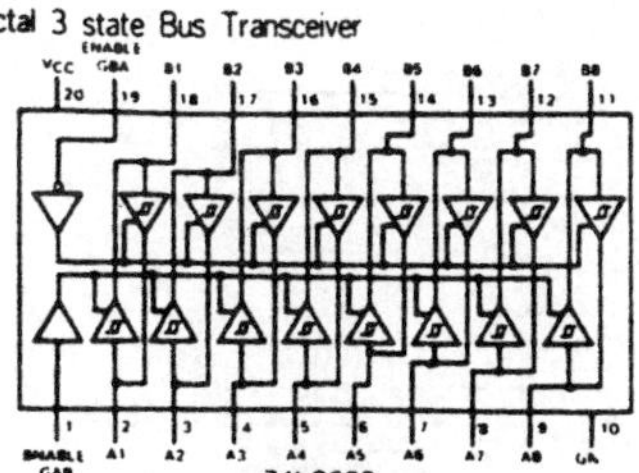

74LS623
74ALS623
74F623
74AS623

624
VCO

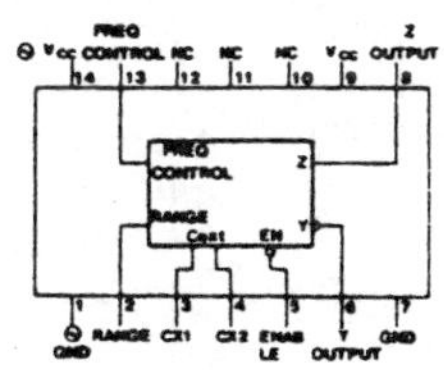

74LS624

625
Dual VCO

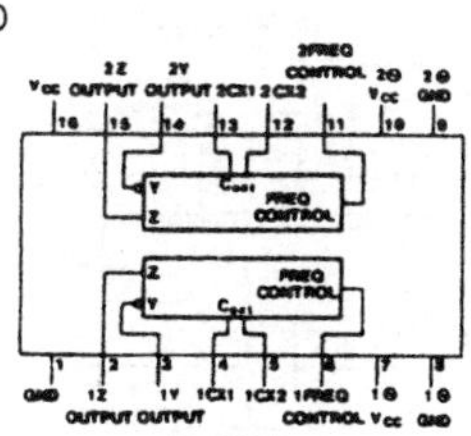

74LS625

626
Dual VCO

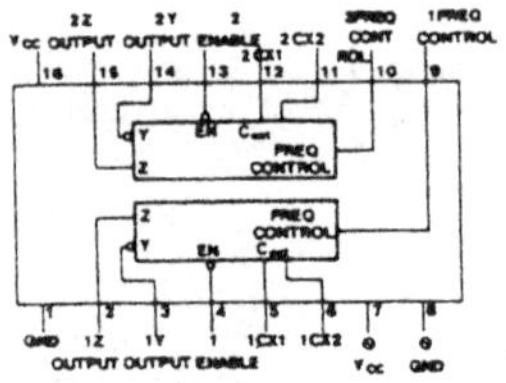

74LS626

627
Dual VCO

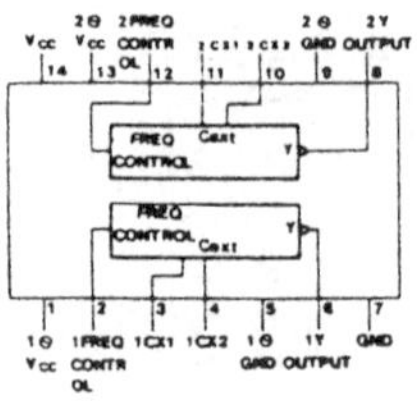

74LS627

628
VCO

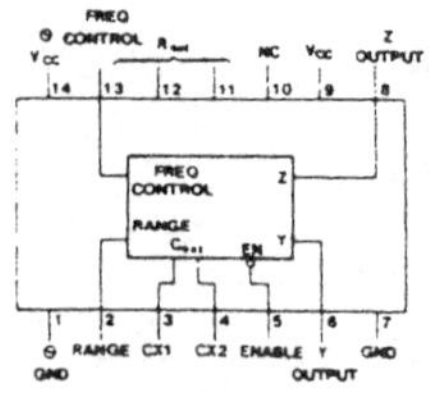

74LS628

629
Dual VCO

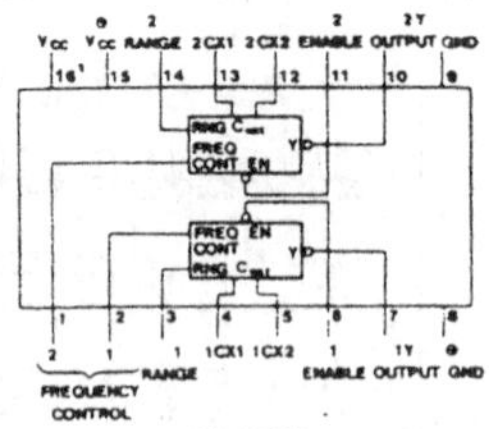

74LS629

638
Octal Bus Transceiver with OC (3 state)

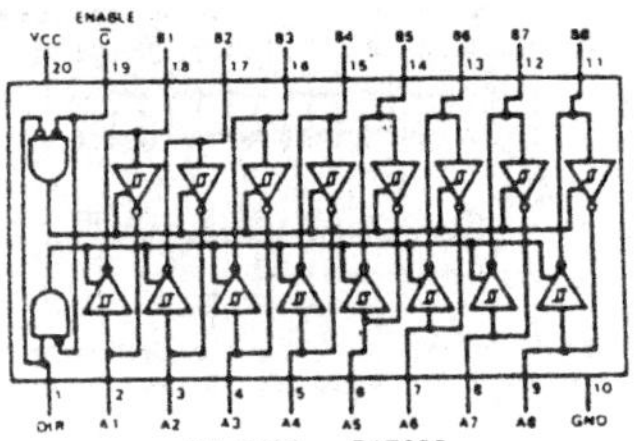

74LS638 74F638
74ALS638 74AS638
74ALS1638

639
Octal Bus Transceiver with OC (3 state)

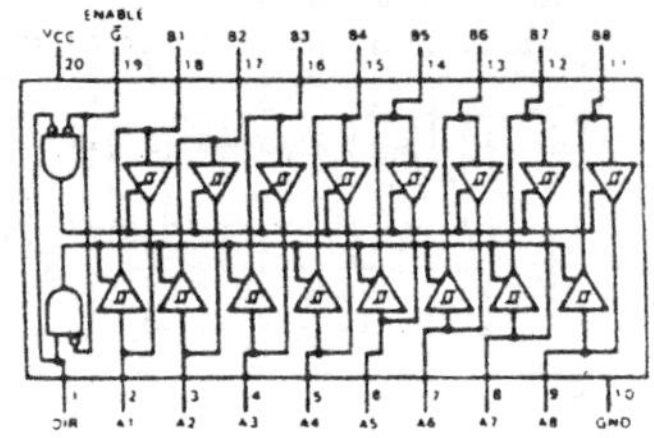

74LS639 74F639 74ALS1639
74ALS639 74AS639

640
Octal Bus Transceiver (3 state)

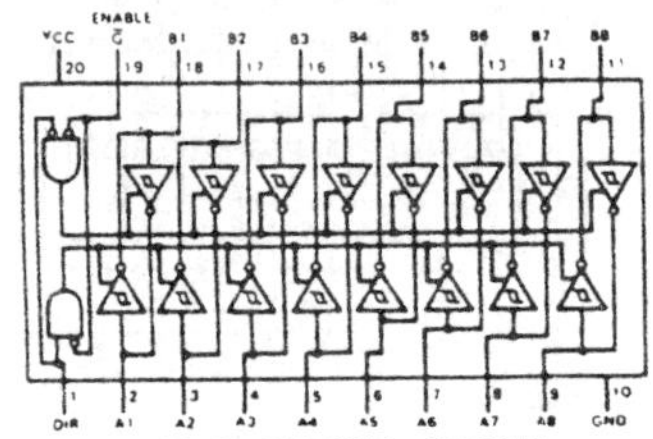

74LS640 74ALS640 74HC640
74AS640 74S640 74HCT640
74F640

641
Octal Bus Transceiver with OC

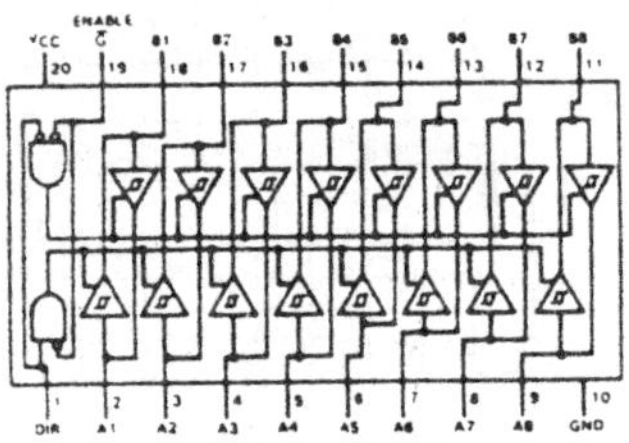

74LS641 74AS641
74ALS641 74ALS1641

642
Octal Bus Transceiver with OC

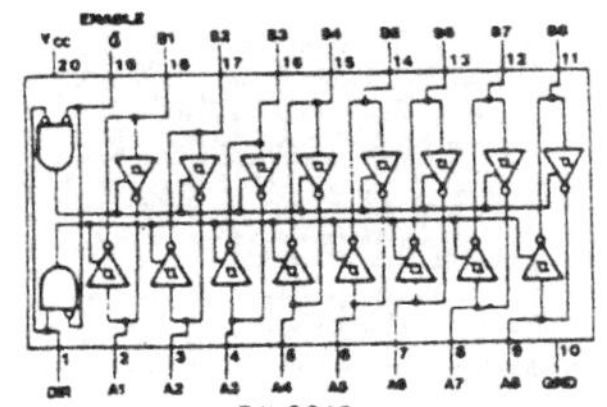

74LS642
74ALS642
74ALS1642
74AS642

643
Octal Bus Transceiver (3 state)

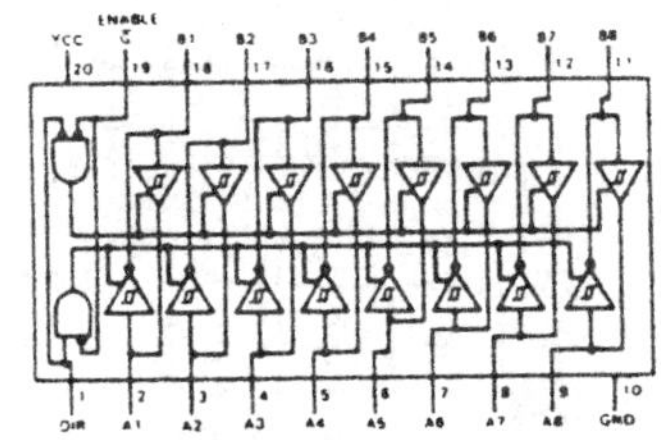

74LS643 74S643 74HC643
74ALS643 74F643 74HCT643
74ALS1643

644
Octal Bus Transceiver with OC

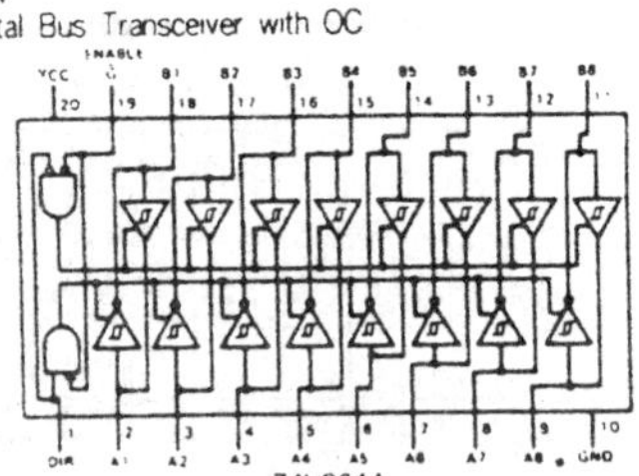

74LS644
74ALS644
74ALS1644
74AS644

645
Octal 3 state Bus Transceiver

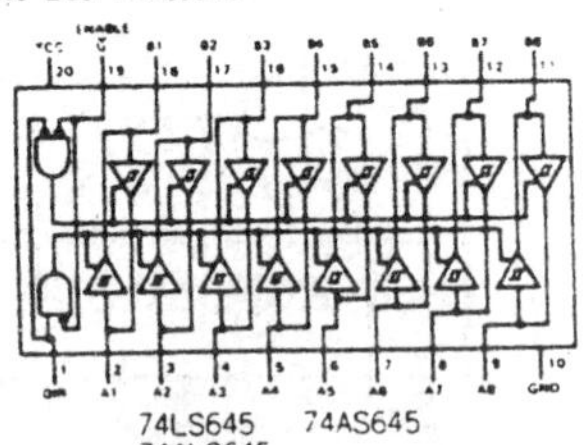

74LS645 74AS645
74ALS645
74ALS1645
74F645
74S645

668
Synchronous Presettable up down Decade Counter

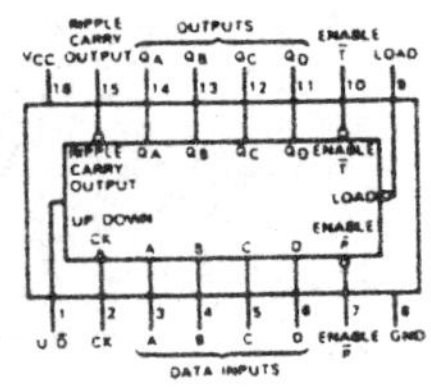

74LS668

669
Synchronous Presettable up down Binary Counter

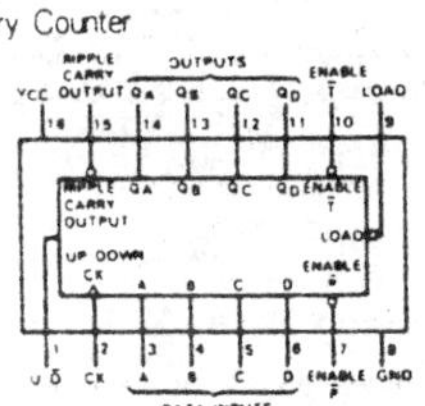

74LS669

670
4Word × 4Bit Register File 3 state

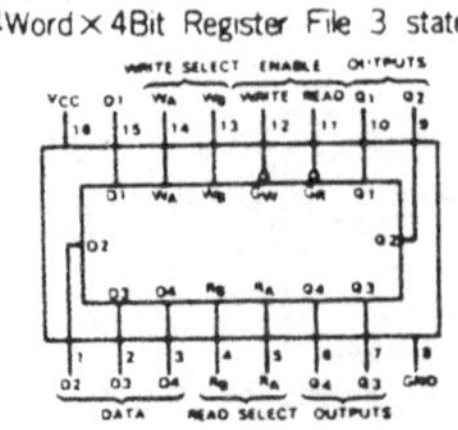

74LS670 74HC670
74HCT670

673
16 Bit Shift Register

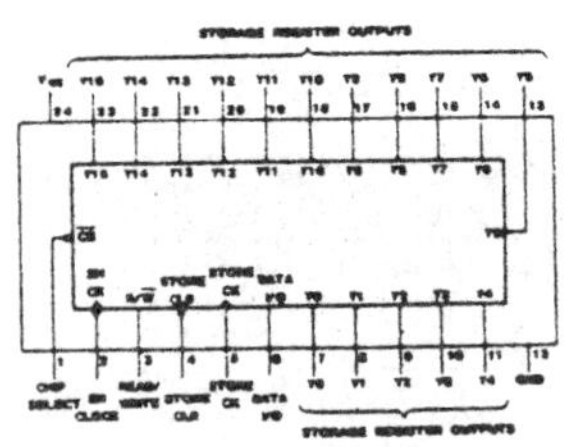

74LS673
74F673

674
16 Bit Shift Register

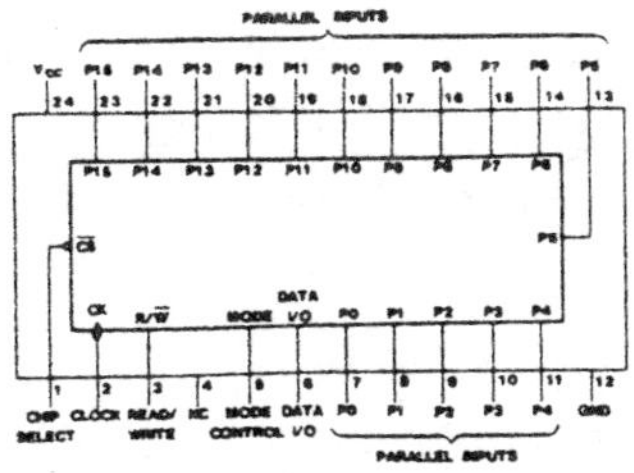

74LS674
74F674

681
4 Bit Parallel Binary Accumulator

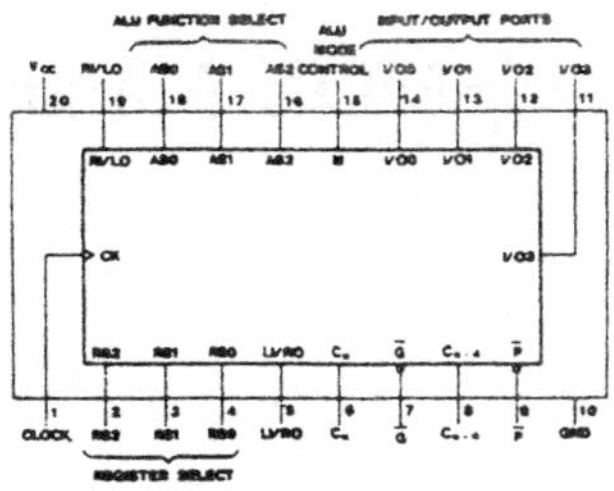

74LS681

688
8 Bit Equal to Comparator with OC

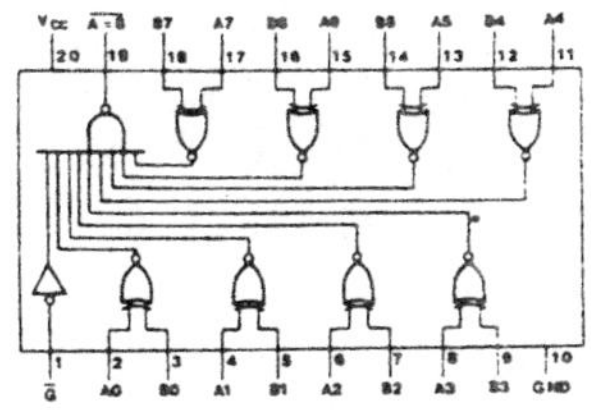

74LS688 74HC688
74ALS688 74HCT688

689
8 Bit Equal to Comparator with OC

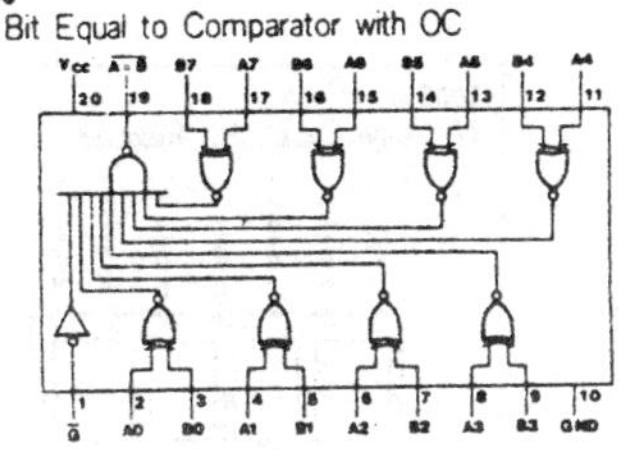

74LS689
74ALS689

690
BCD Synchronous Counter

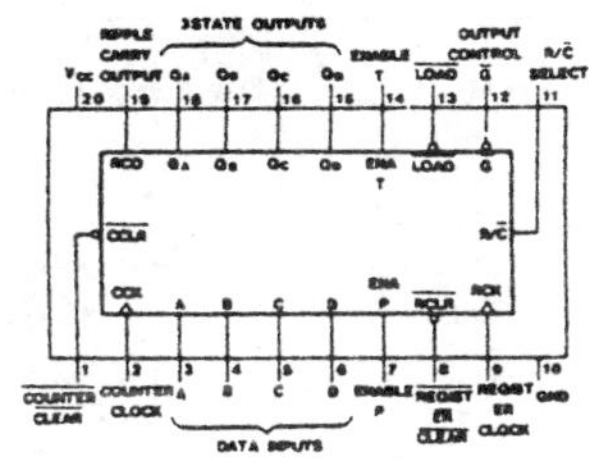

74LS690 74HC690
74ALS690

691
Binary Synchronous Counter

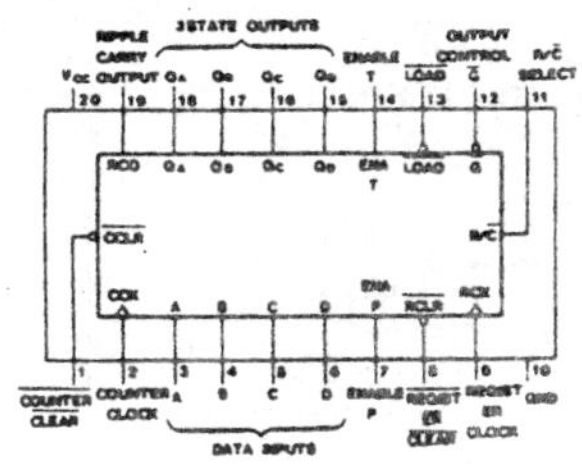

74LS691 74HC691
74ALS691

692
BCD Synchronous Counter

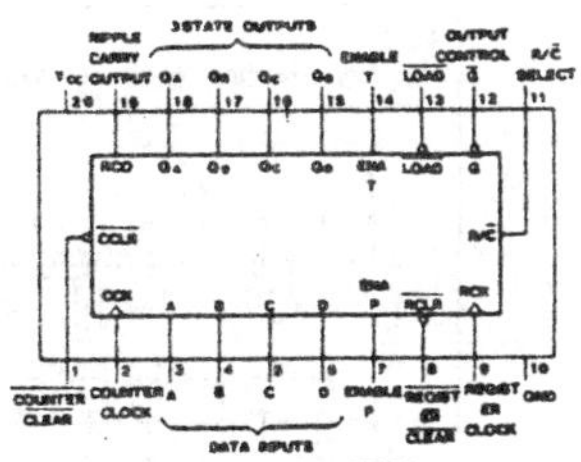

74LS692 74HC692
74ALS692

693
Binary Synchronous Counter

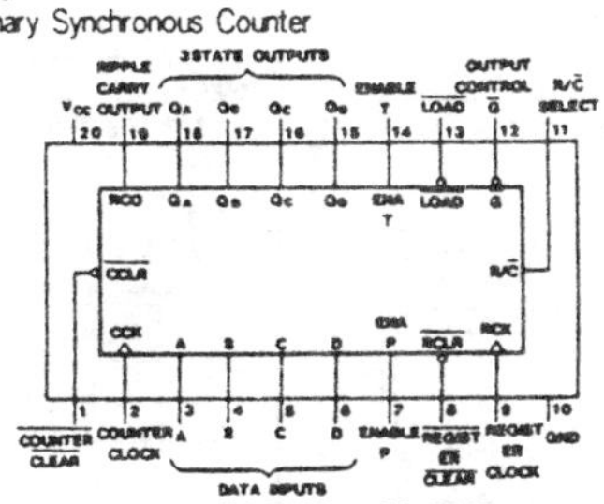

74LS693 74HC693
74ALS693

696
BCD Synchronous up down Counter

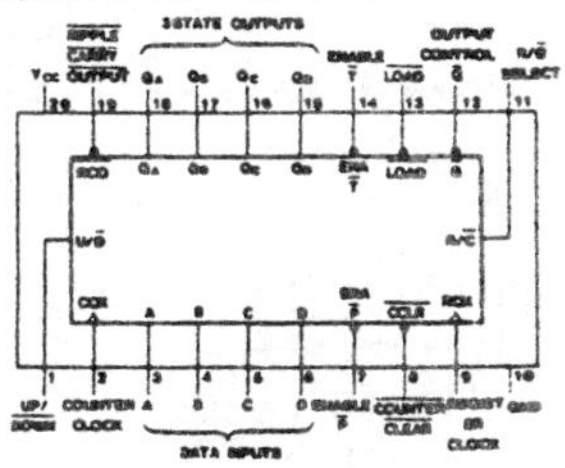

74LS696 74HC696
74ALS696

697
Binary Synchronous up down Counter

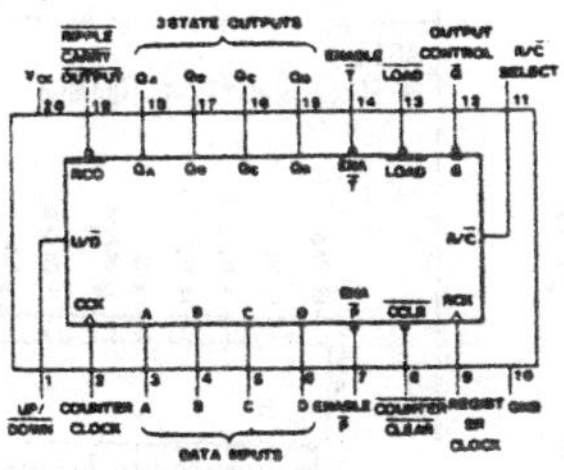

74LS697 74HC697
74ALS697

698
BCD Synchronous up down Counter

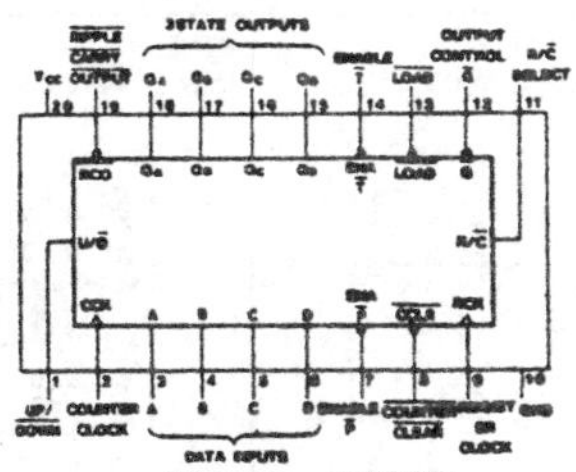

74LS698 74HC698
74ALS698

699
Binary Synchronous up down Counter

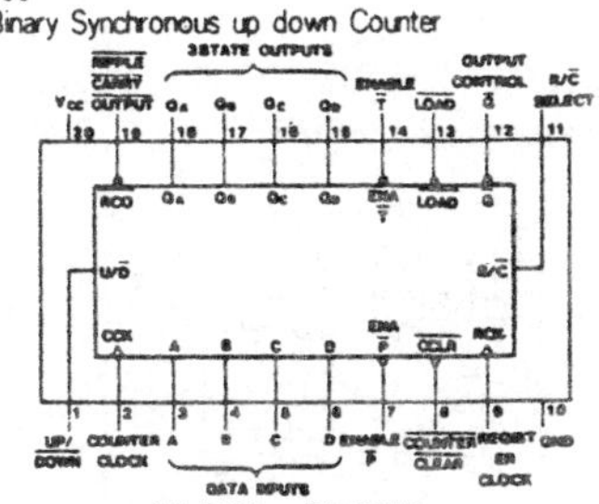

74LS699 74HC699
74ALS699

795
Octal 3 state Bus Buffer

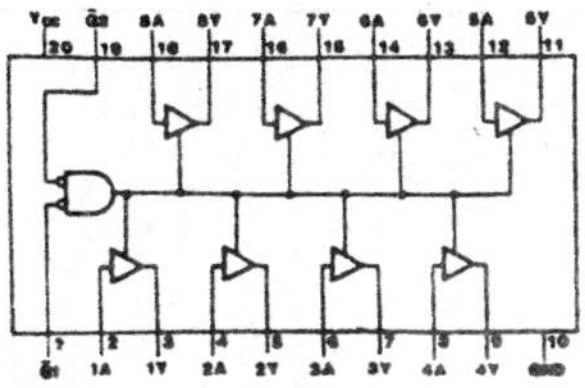

74LS795 81LS95

796
Octal 3 state Bus Buffer

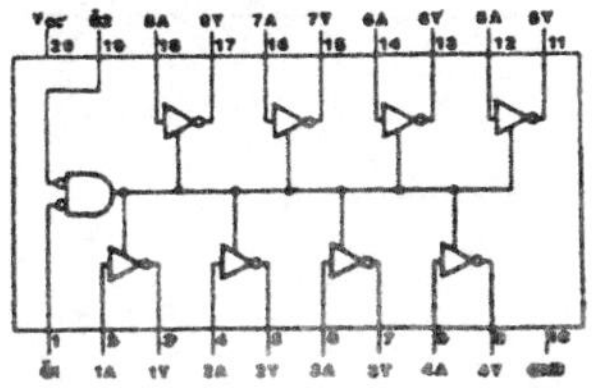

74LS796 81LS96

797
Octal 3 state Bus Buffer

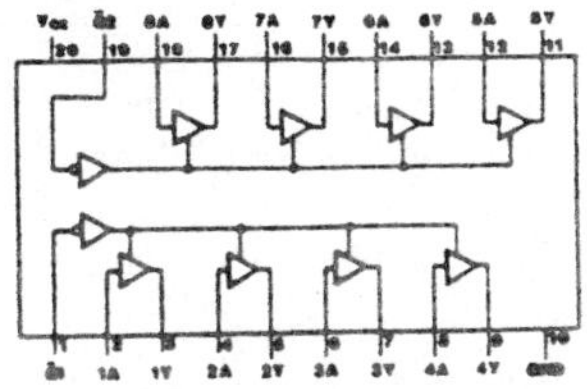

74LS797 81LS97

C-MOS Manual

4000
Dual 3 Input Positive NOR Gate+Inverter

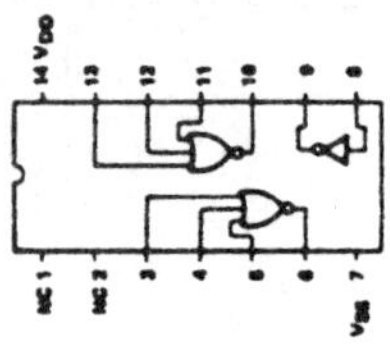

4001
Quad 2 Input Positive NOR

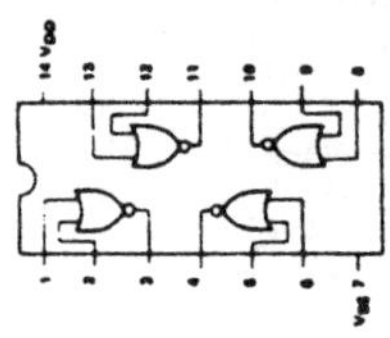

4002
Dual 4 Input Positive NOR

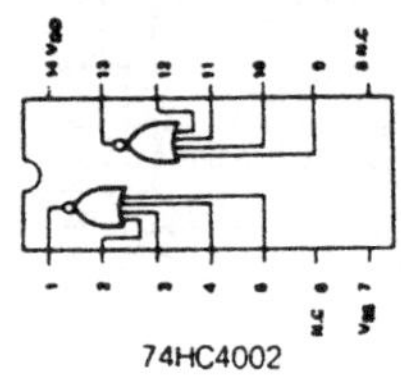

4006
18 Stage Static Shift Register

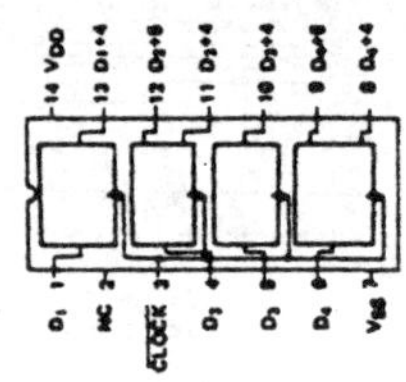

4007
Dual Complementary Pair+Inverter

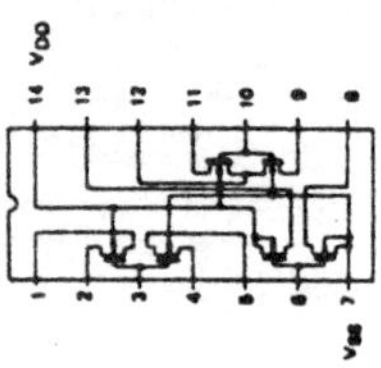

4008
4 Bit Full Adder

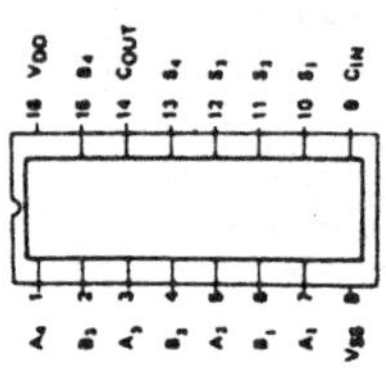

4009
Hex Inverting Buffer/Converter

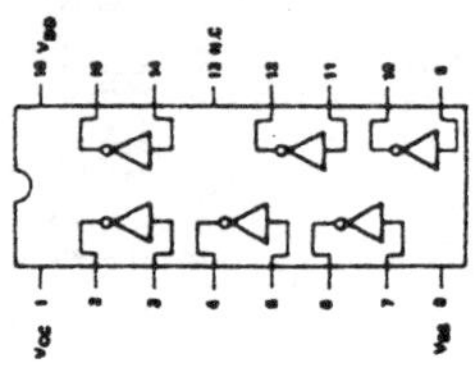

4010
Hex Non-Inverting Buffer/Converter

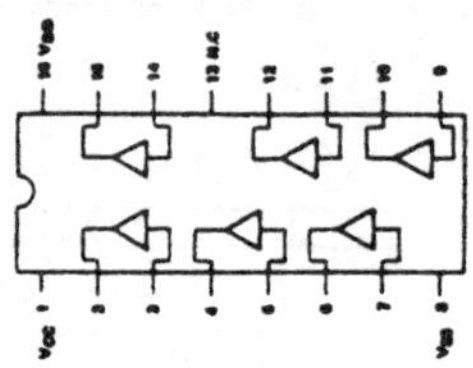

4011
Quad 2 Input Positive NAND

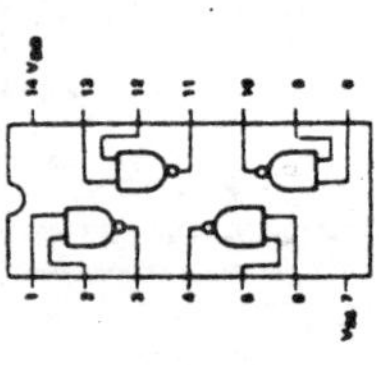

4012
Dual 4 Input Positive NAND

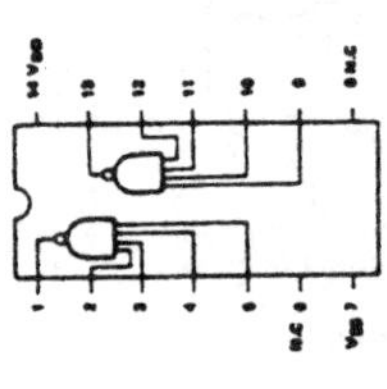

4013
Dual D Type Flip Flop

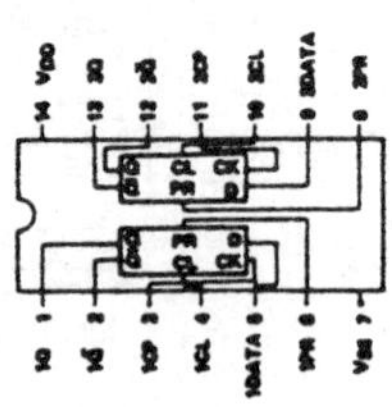

4014
8 Stage Static Shift Register

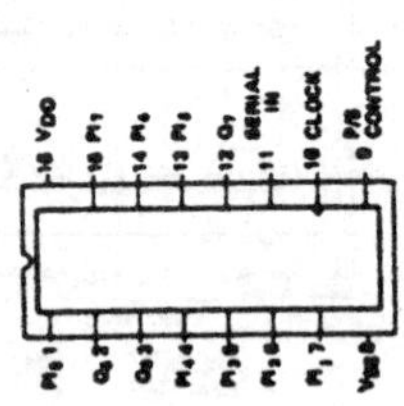

4015
Dual 4 Stage Static Shift Register

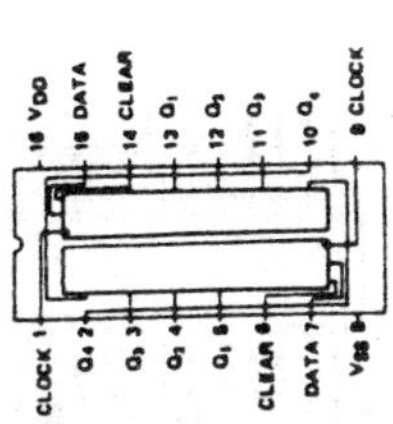

74HC4015

4016
Quad Bilateral Switch

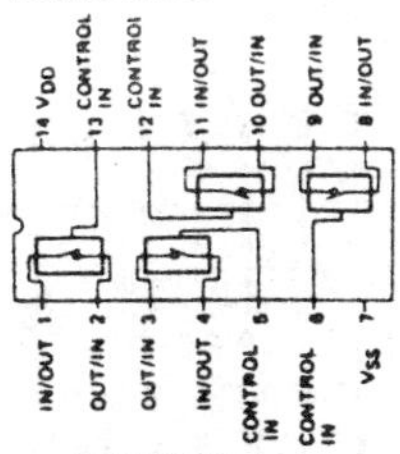

74HC4016

4017
Decade Counter/Divider

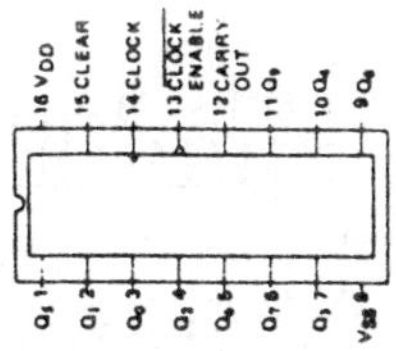

74HC4017

4018
Presettable Divide by N Counter

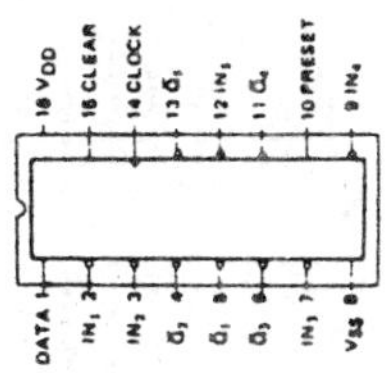

4019
Quad AND OR Select Gate

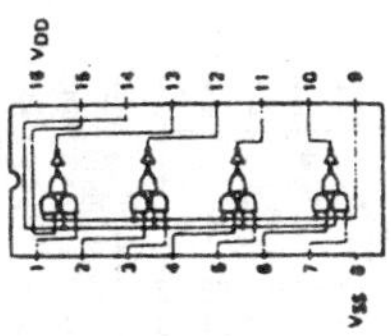

4020
14 Stage Binary Counter

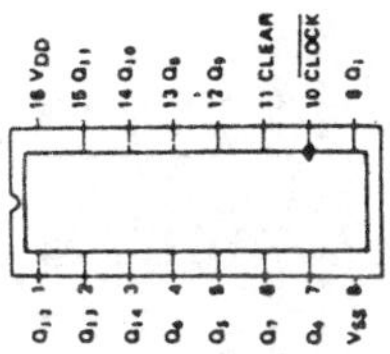

74HC4020

4021
8 Bit Parallel In/Serial Out Shift Register

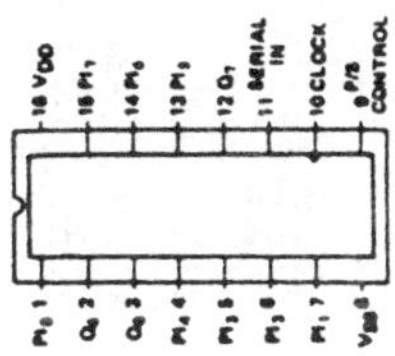

4022
Divide by 8 Counter/Divider

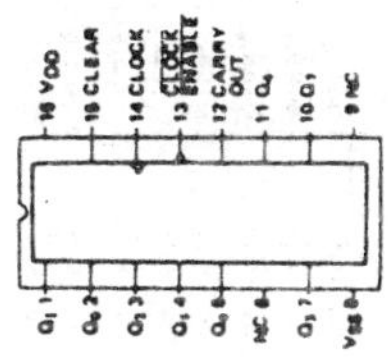

74HC4022

4023
Triple 3 Input Positive NAND

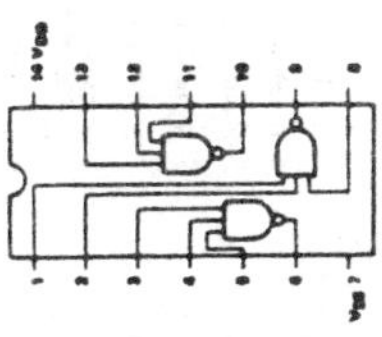

4024
7 Stage Binary Counter

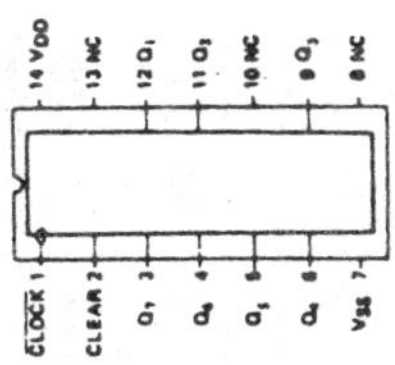

74HC4024

4025
Triple 3 Input Positive NOR

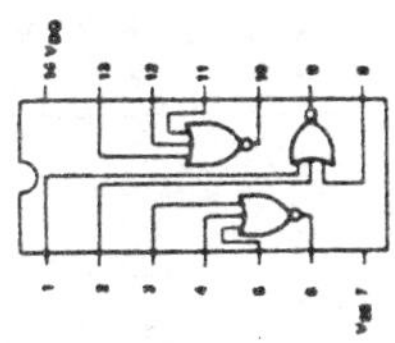

4026
Decade Counter/Driver with 7 Segment Display

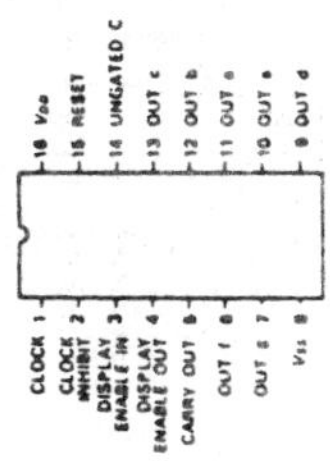

4027
Dual JK Master Flip Flop

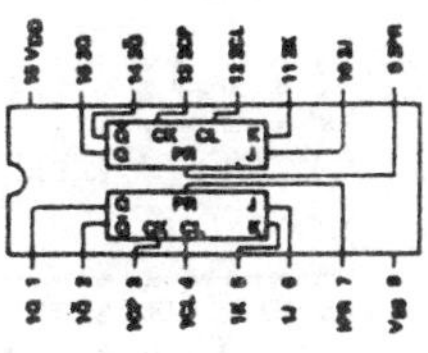

4028
BCD to Decimal Decoder

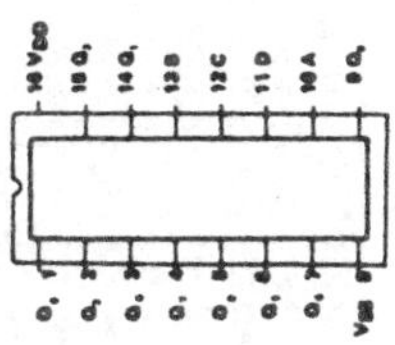

74HC4028

4029
Presettable Up/Down Counter

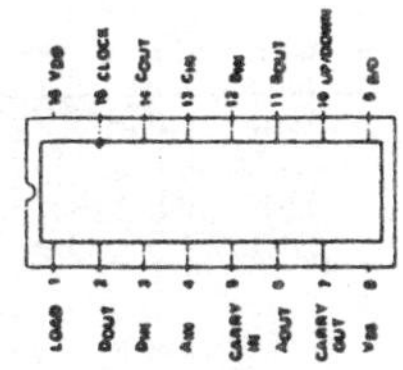

74HC4029

4030
Quad Exclusive OR

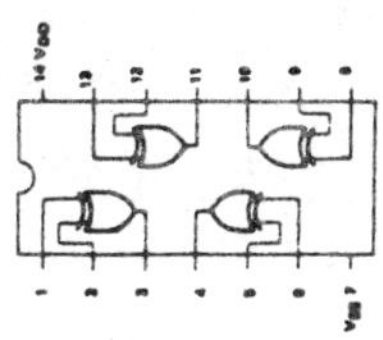

4031
64 Stage Shift Register

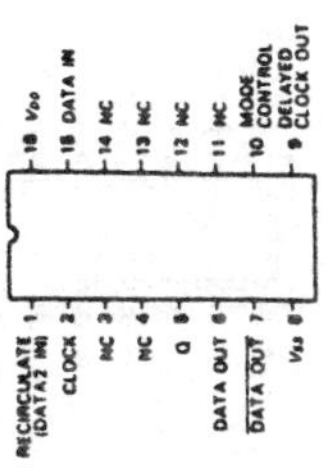

4032
Triple Positive Serial Adder

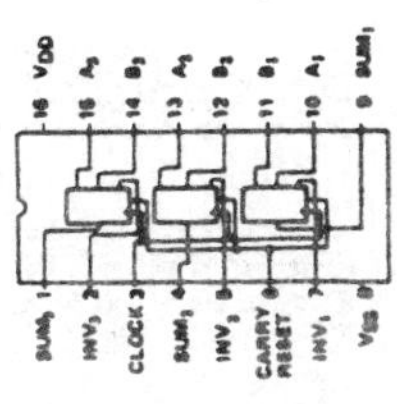

4033
Decade Counter/Driver with 7 Segment Display

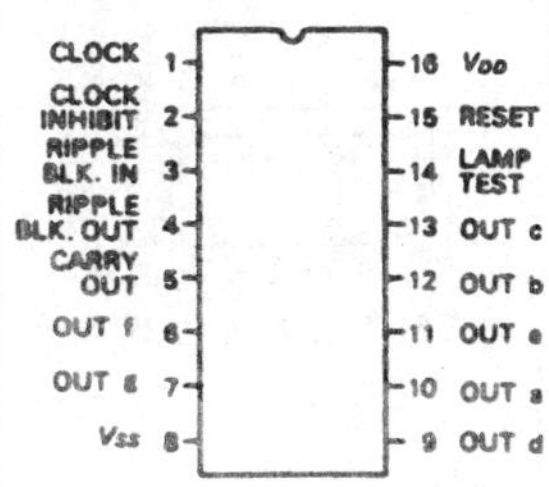

4034
8 Bit Bidirectional Shift Register

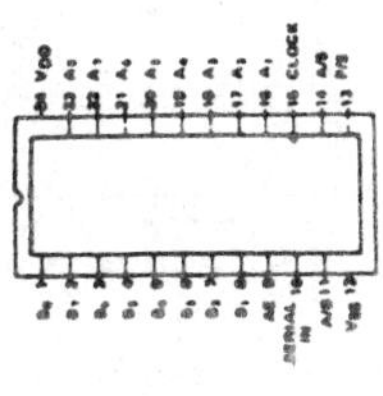

4035
4 Bit Parallel In/Parallel Out Shift Register

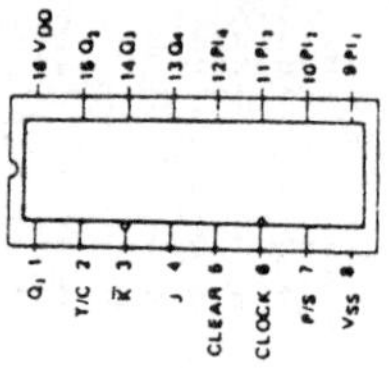

4036
4 Word by 8 Bit Static RAM

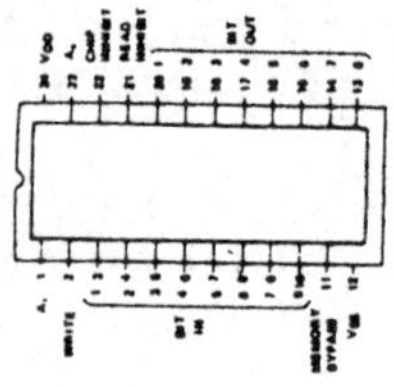

4038
Triple Serial Adder

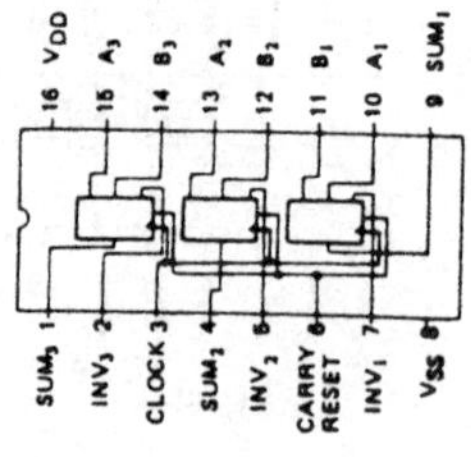

4039
4 Word by 8 Bit Static RAM

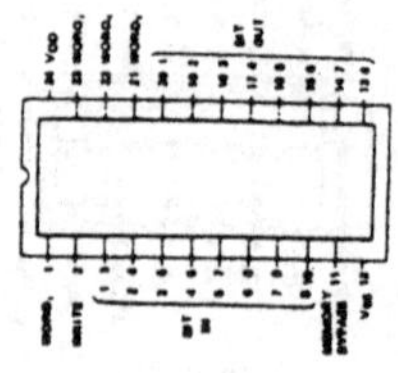

4040
12 Stage Binary Counter

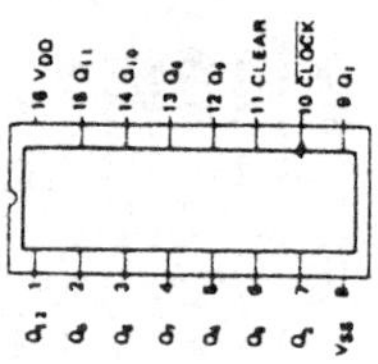

74HC4040

4041
Quad True/Complement Buffer

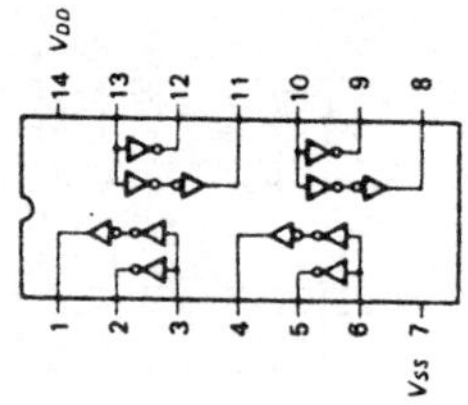

4042
Quad D Latch

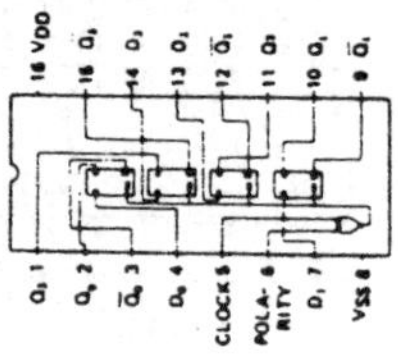

4043
Quad Positive NOR R/S Latch

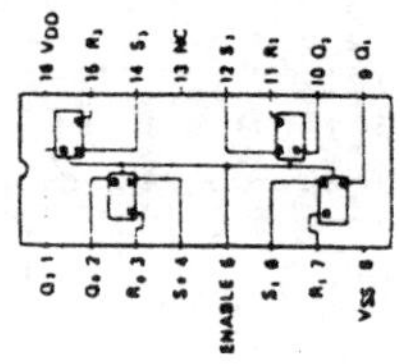

4044
Quad Positive NAND R/S Latch

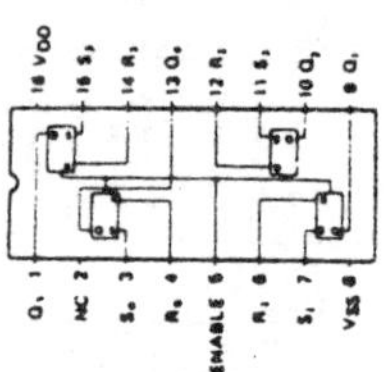

4045
21 Stage Counter

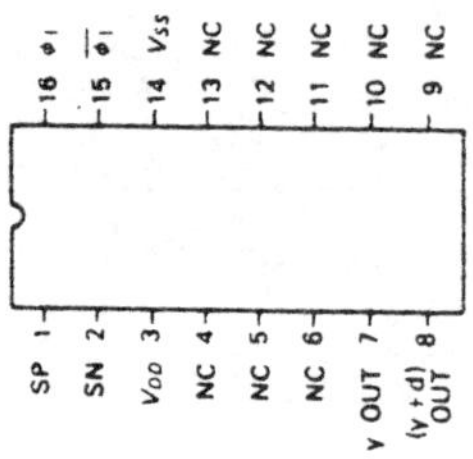

4047
Astable/Monostable Multivibrator

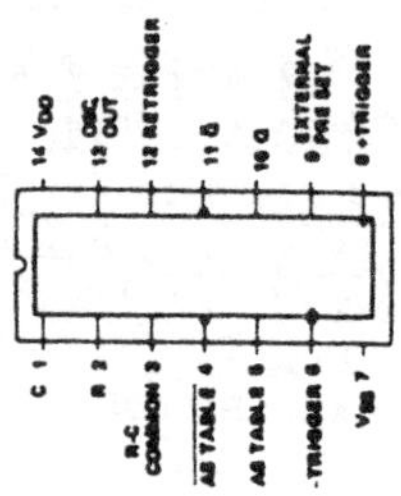

4048
Multi-Function Expandable 8 Input Gate

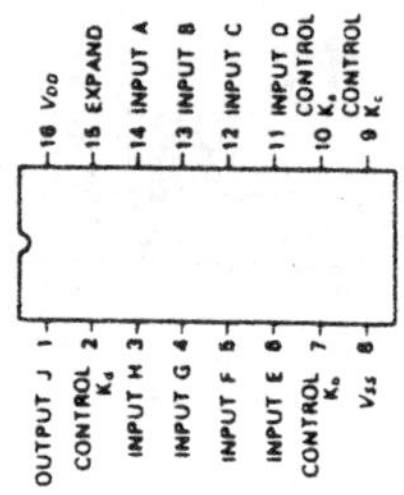

4049
Hex Inverting Buffer/Converter

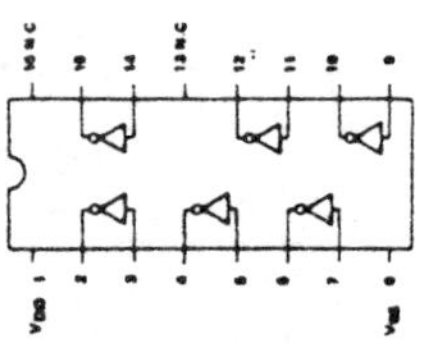

74HC4049
50H000

4050
Hex Non-Inverting Buffer/Converter

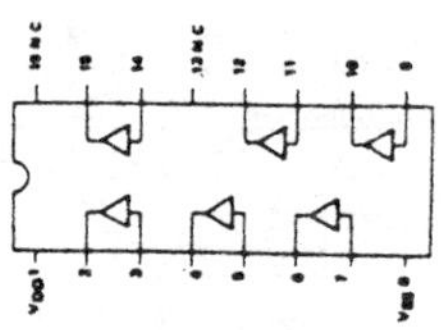

74HC4050
50H001

4051
Single 8 Channel Analog Multiplexer/Demultiplexer

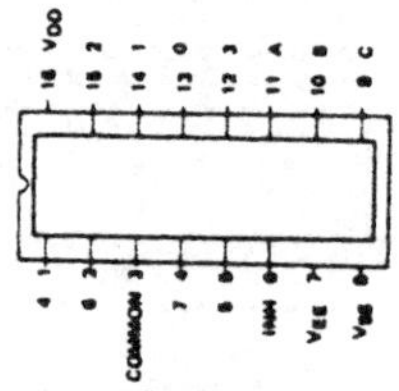

74HC4051

4052
Differential 4 Channel Analog Multiplexer/Demultiplexer

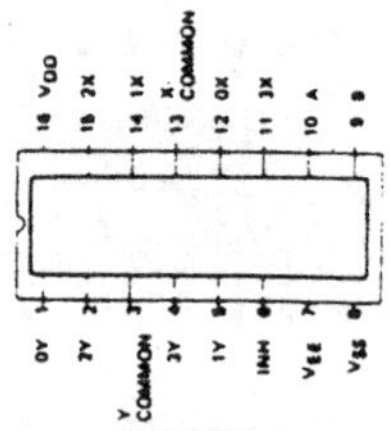

74HC4052

4053
Triple 2 Channel Analog Multiplexer

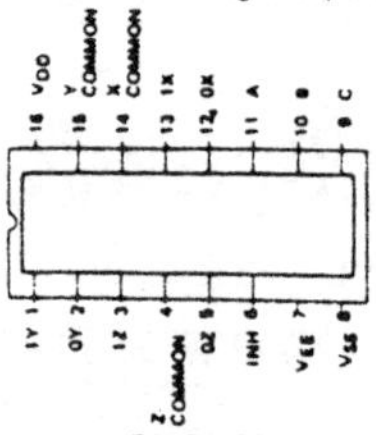

74HC4053

4054
4 Line LCD Driver

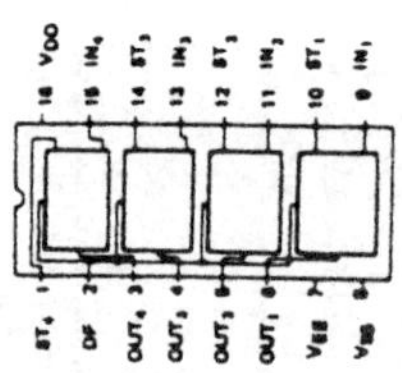

4055
BCD to 7 Segment LCD Driver

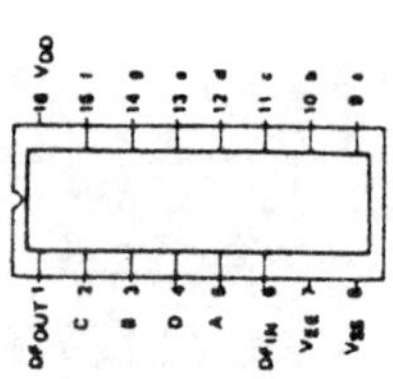

4056
BCD to 7 Segment LCD Driver

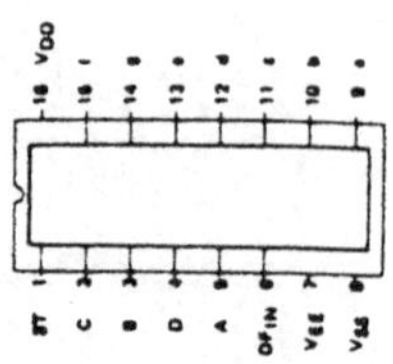

4060
14 Stage Ripple Carry Binary Counter

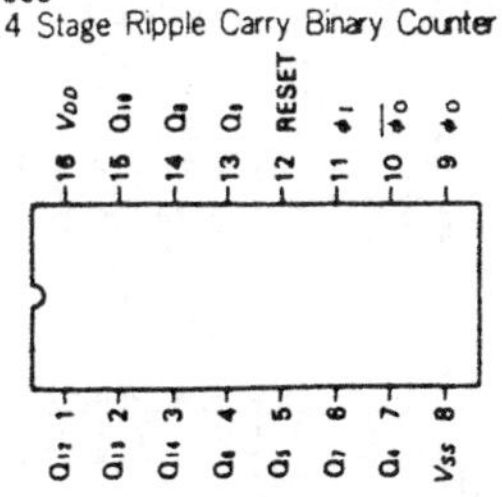

74HC4060

4063
4 Bit Magnitude Comparator

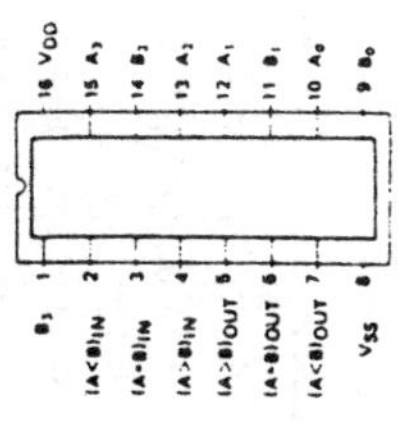

4066
Quad Bilateral Switch

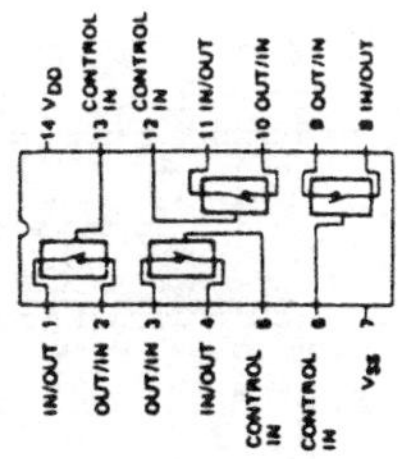

74HC4066

4067
Analog Multiplexer/Demultiplexer

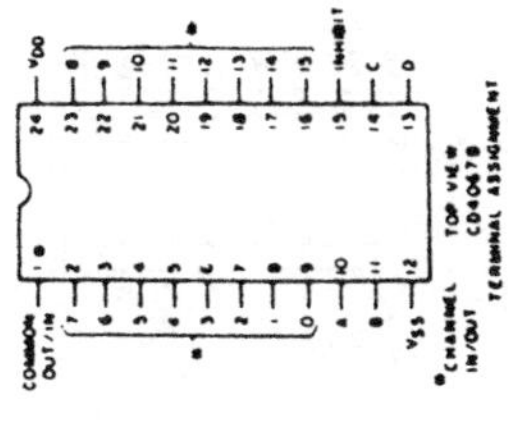

74HC4067

4068
8 Input Positive NAND/AND

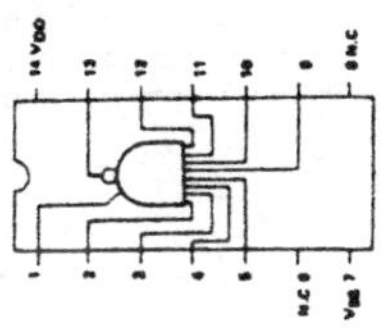

4069
Hex Inverter

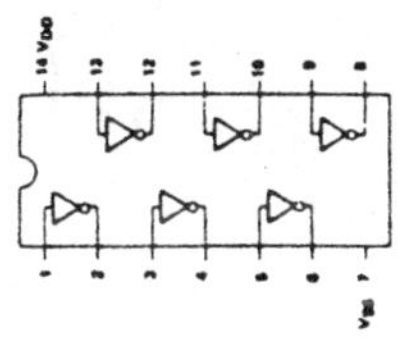

4070
Quad 2 Input Exclusive OR

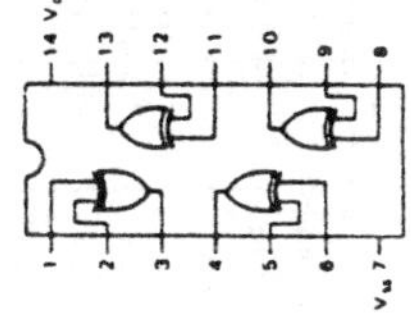

4071
Quad 2 Input Positive OR

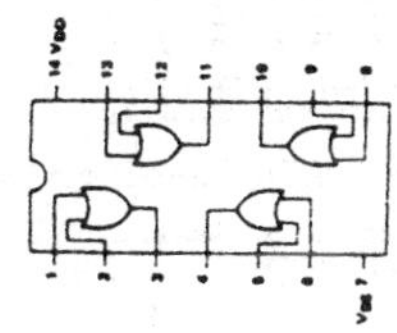

4072
Dual 4 Input Positive OR

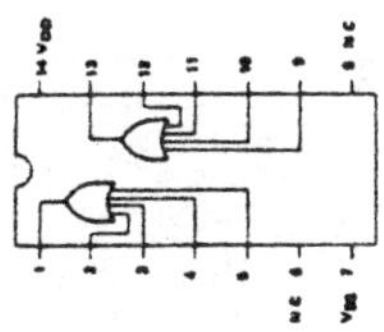

74HC4072

4073
Triple 3 Input Positive AND

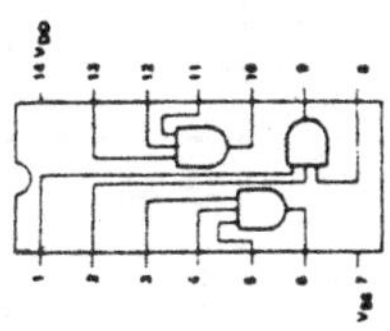

4075
Triple 3 Input Positive OR

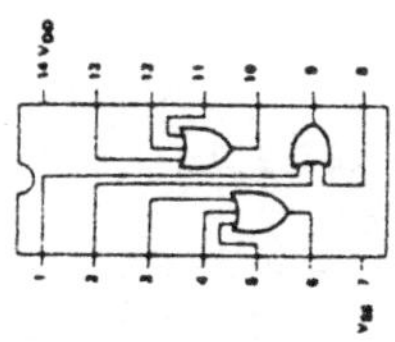

74HC4075

4076
Quad D Type Register

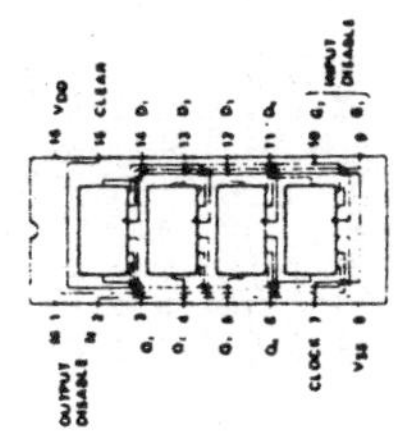

4077
Quad 2 Input Exclusive NOR

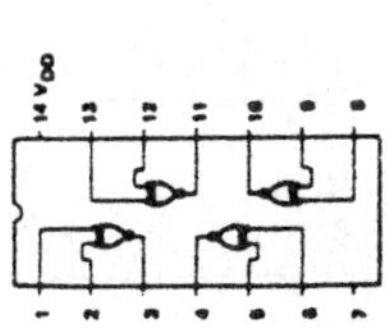

4078
8 Input Positive NOR/OR

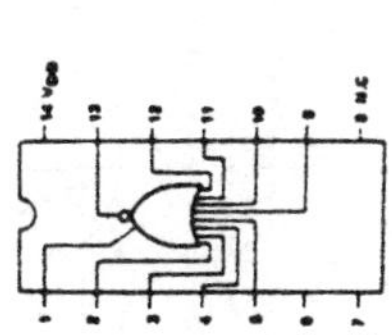

74HC4078

4081
Quad 2 Input Positive AND

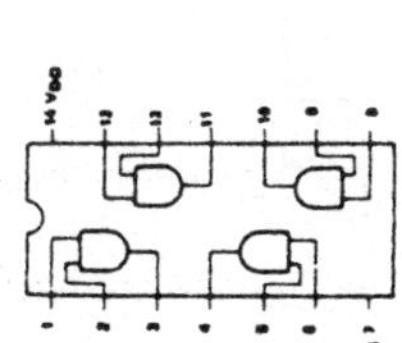

4082
Dual 4 Input Positive AND

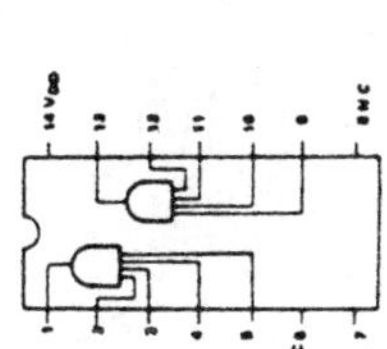

4085
Dual 2 Wide 2 Input AND OR Invert

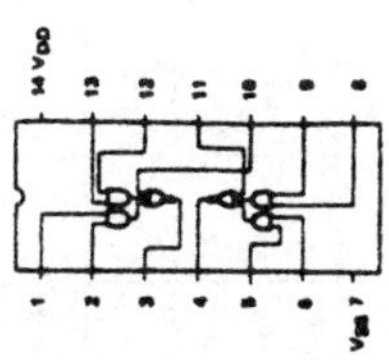

4086
4 Wide 2 Input AND OR Invert

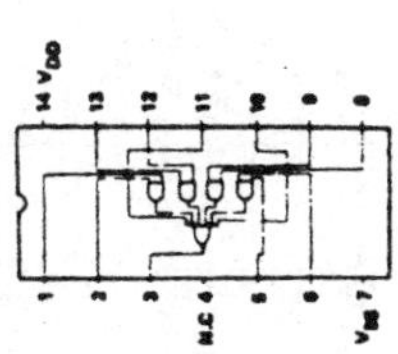

4089
Binary Rate Multiplier

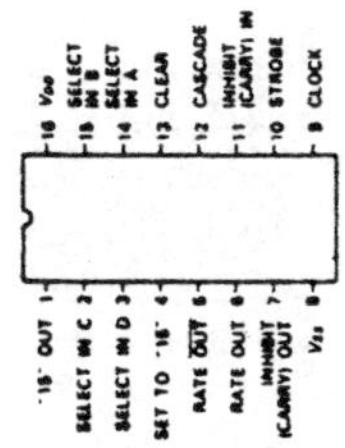

4093
Quad 2 Input NAND Schmitt Trigger

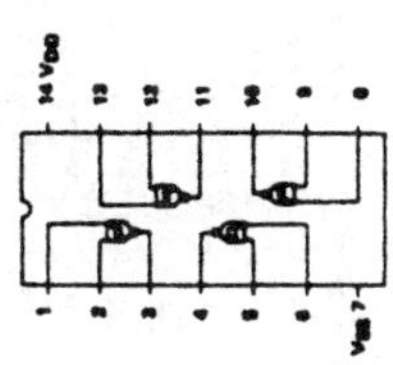

4094
8 Stage Shift And Store Bus Register

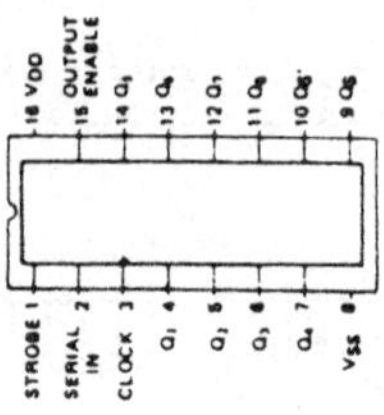

74HC4094

4095
Gated JK Flip Flop

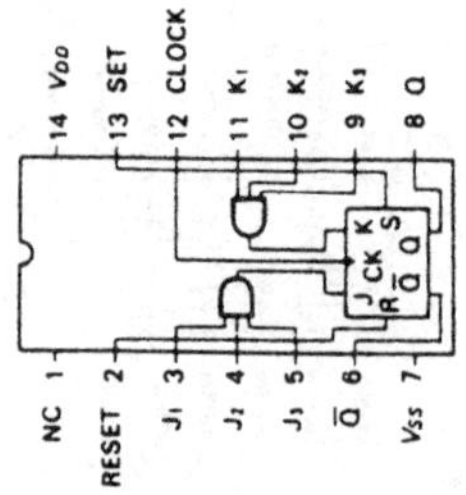

4096
Gated JK Flip Flop

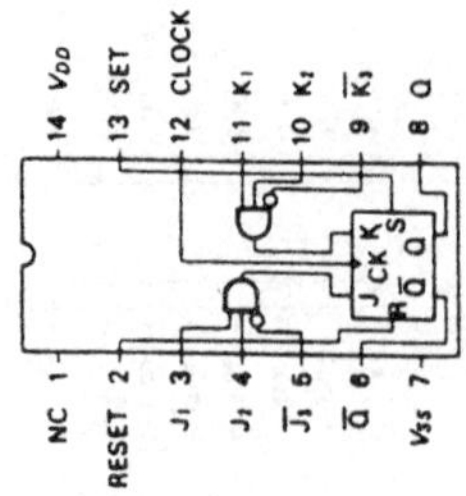

4097
Analog Multiplexer/Demultiplexer

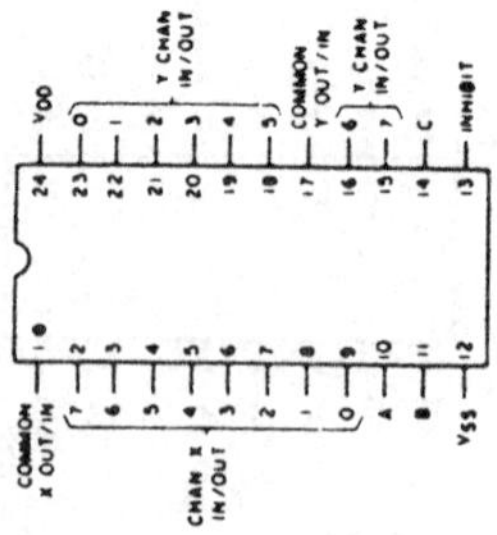

4098
Dual Monostable Multivibrator

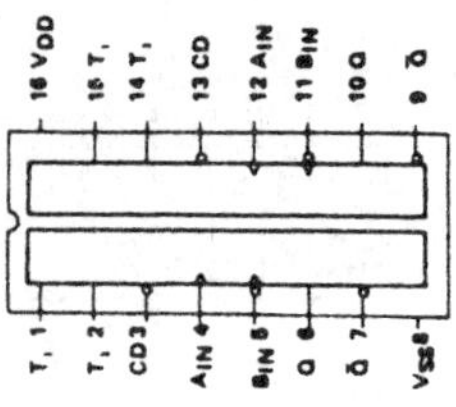

4099
8 Bit Addressable Latch

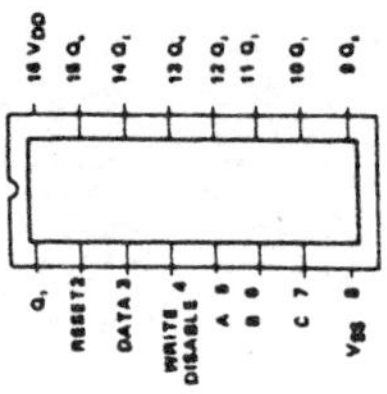

40100
32 Stage Static Left/Right Shift Register

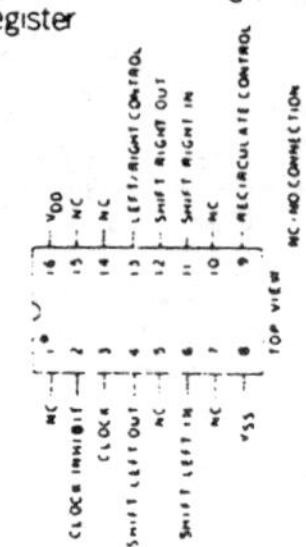

40101
9 Bit Parity Generator/Checker

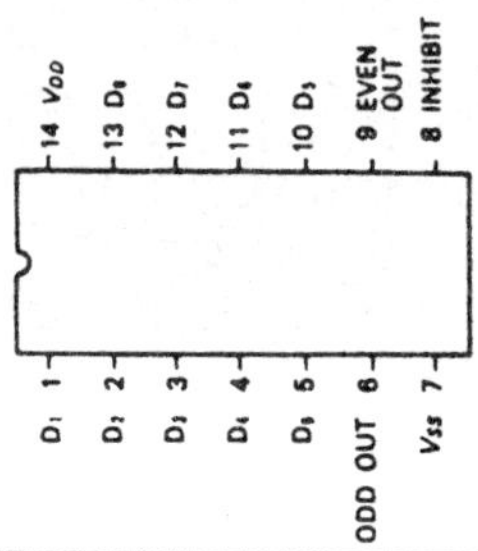

40102 :Dual BCD Presettable Down Counter
40103 :8 Bit Binary Presettable Down Counter

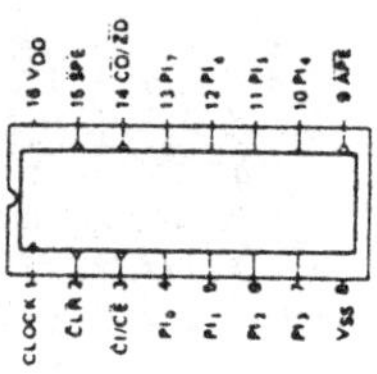

74HC40102
74HC40103

40104
4 Bit Universal Shift Register

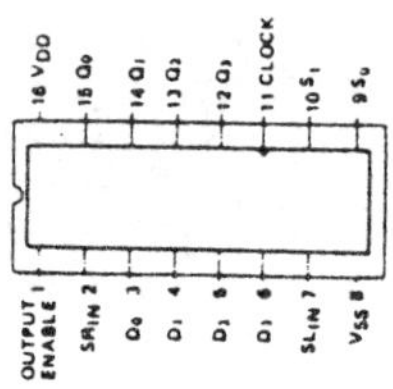

74HC40104

40105
First-In First-Out Register

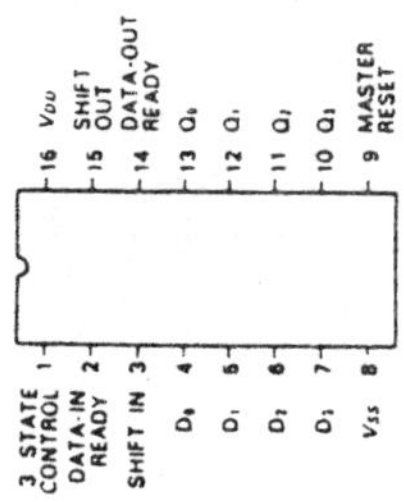

74HC40105

40106
Hex Schmitt Trigger

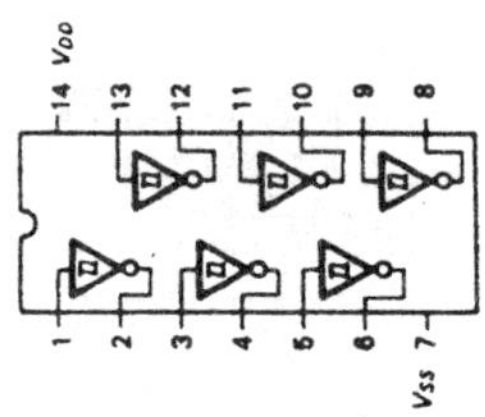

40107
Dual 2 Input NAND Buffer Driver

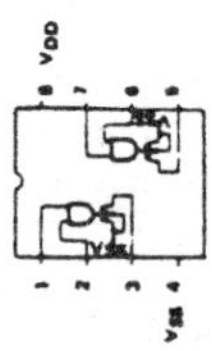

40108
4×4 Multiport Register

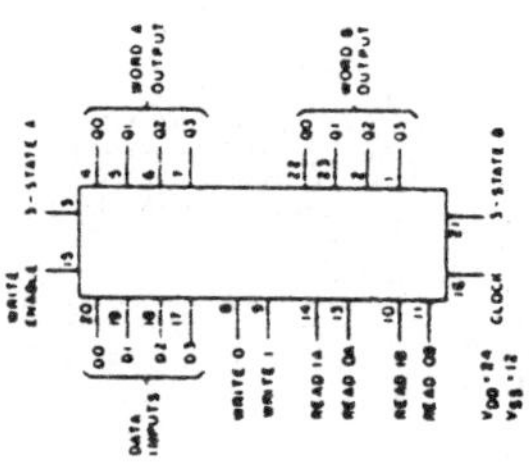

40109
Quad Low-to-High Voltage Level Shifter

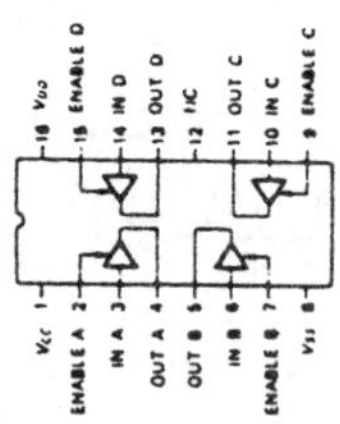

40160: Decade Counter with Asynchronous Clear
40161: 4 Bit Binary Counter with Asynchronous Clear
40162: Decade Counter with Synchronous Clear
40163: 4 Bit Binary Counter with Synchronous Clear

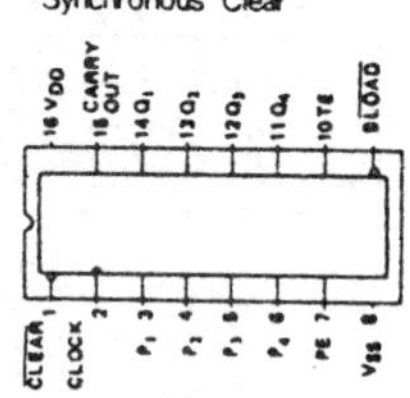

40174
Hex D Type Flip Flop

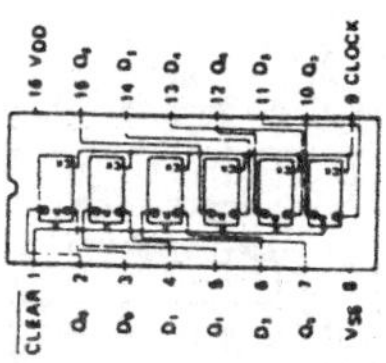

40175
Quad D Type Flip Flop

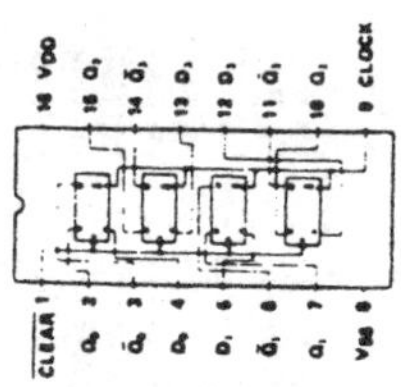

40192: Presettable BCD Up/Down Counter
40193: Presettable Binary Up/Down Counter

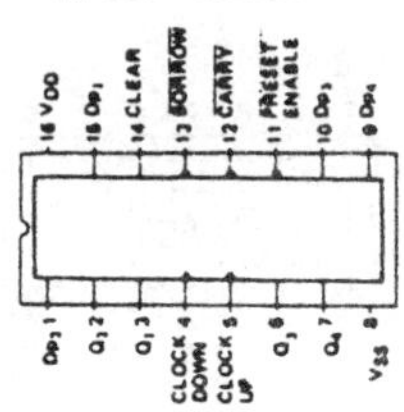

40194
4 Bit Universal Shift Register

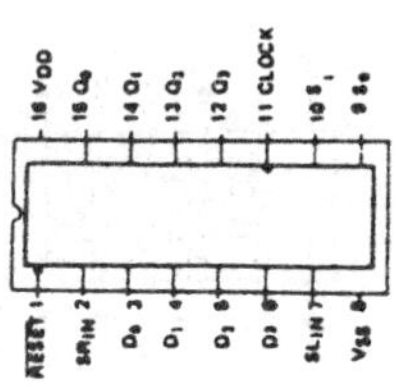

4501
Dual 4 Input NAND+2 Input NOR/OR

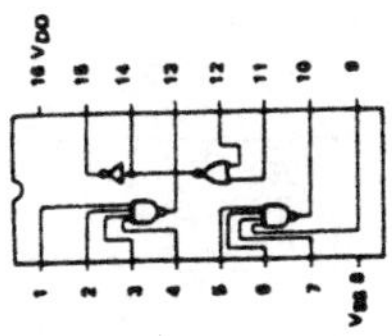

4502
Hex Strobed Buffer

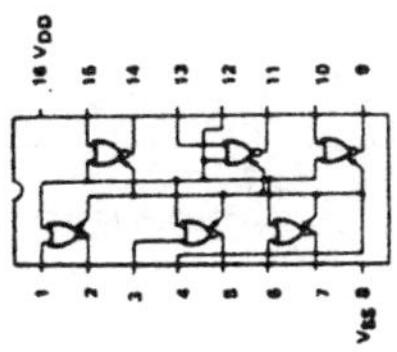

4503
Hex Non-Inverting 3 state Buffer

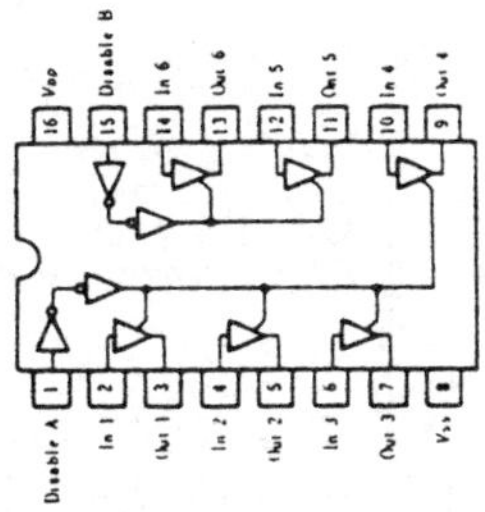

4504
Hex Level Shifter
(TTL→C-MOS, C-MOS→C-MOS)

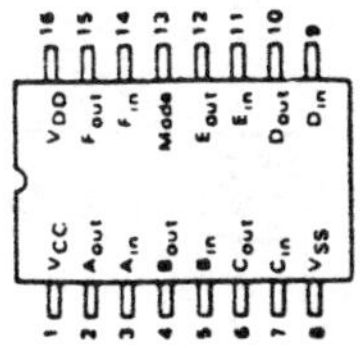

4506
Dual 2-Wide 2 Input
Expandable AND-OR-Invert

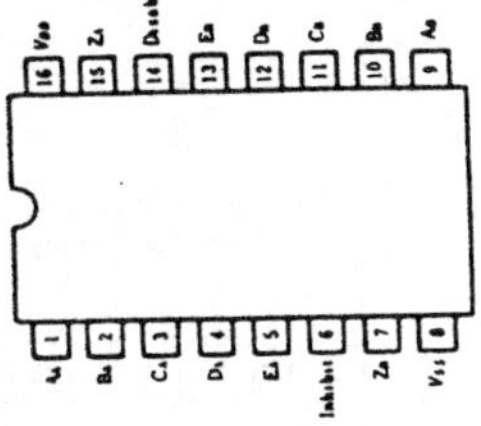

4508
Dual 4 Bit Latch

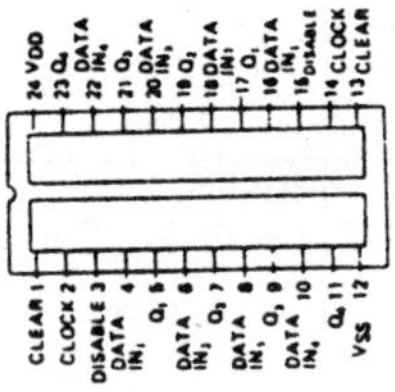

4510
BCD Up/Down Counter

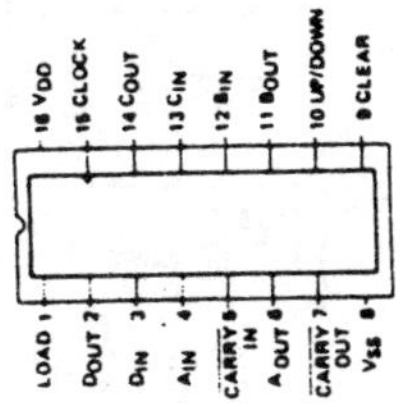

4511
BCD to 7 Segment
Latch/Decoder/Driver

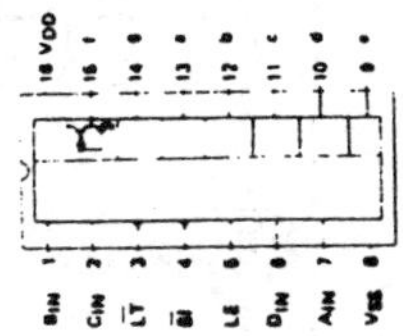

74HC4511

4512
8 Channel Data Selector

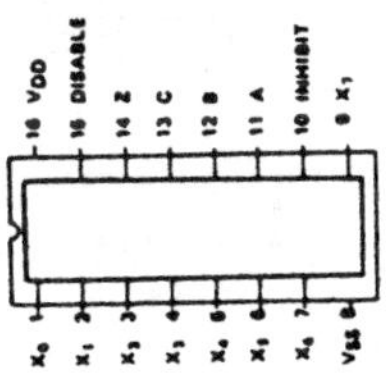

4513
BCD to 7 Segment
Latch/Decoder/Driver

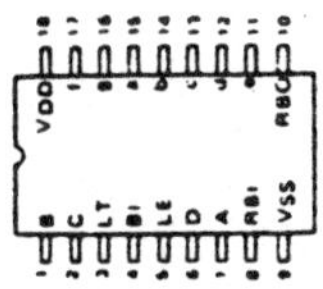

4514
4 Bit Latch/4 to 16 Line Decoder

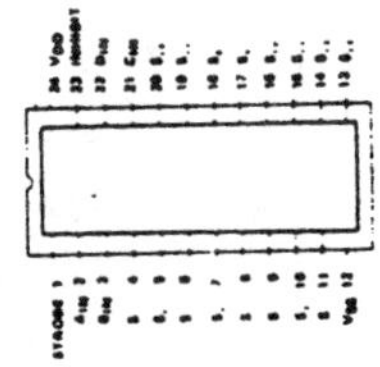

4515
4 Bit Latch/4 to 16 Line Decoder

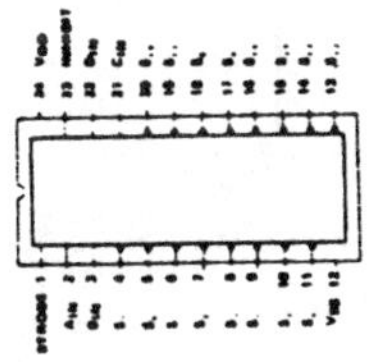

74HC4515

4516
Binary Up/Down Counter

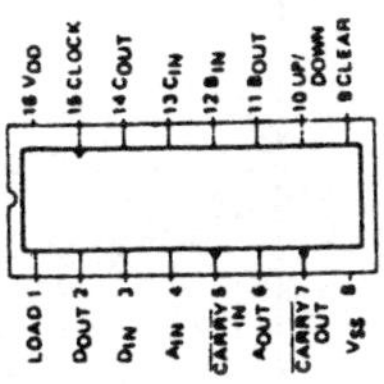

4517
Dual 64 Bit Static Shift Register

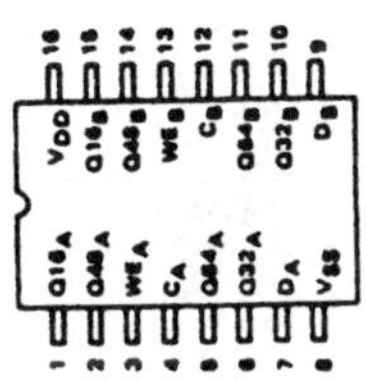

4518
Dual BCD Up Counter

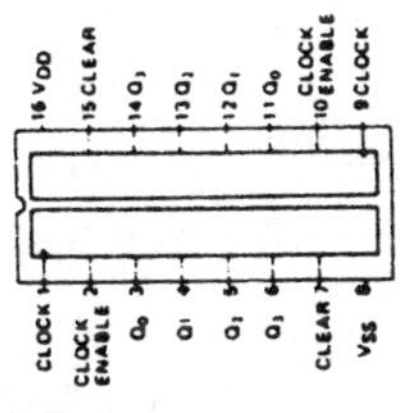

4519
4 Bit AND/OR Selector

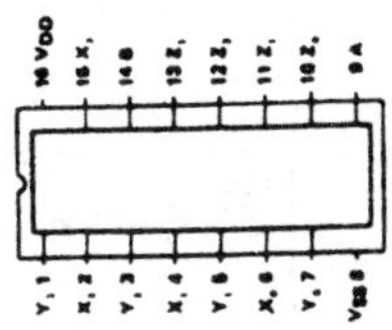

4520
Dual Binary Up Counter

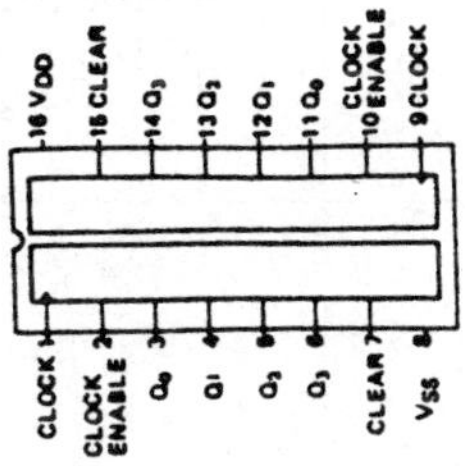

4521
24 Stage Frequency Divider

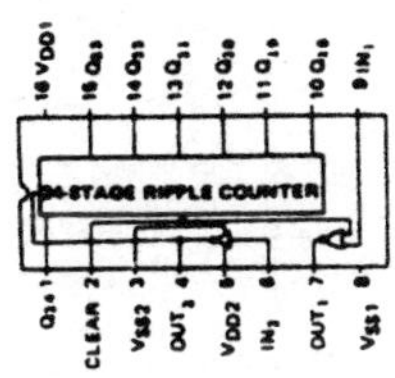

4522
Programmable Divide by N
4 Bit BCD Counter

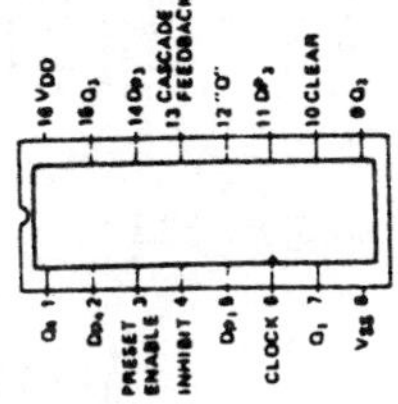

4526
Programmable Divide by N
4 Bit Binary Counter

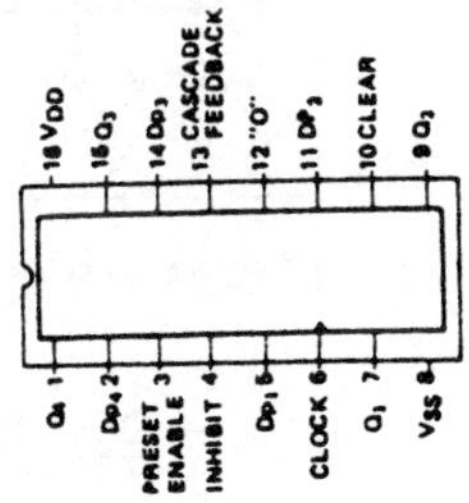

4557
1 to 64 Bit Variable Length Shift Register

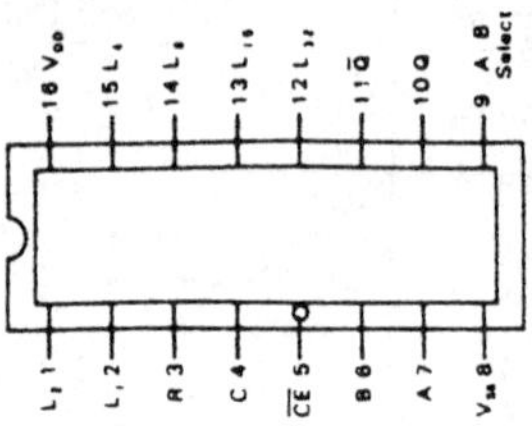

4558
BCD to 7 Segment Decoder

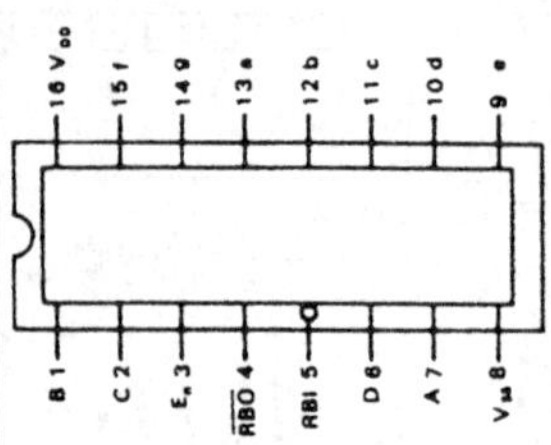

4559
Successive Approximation Register

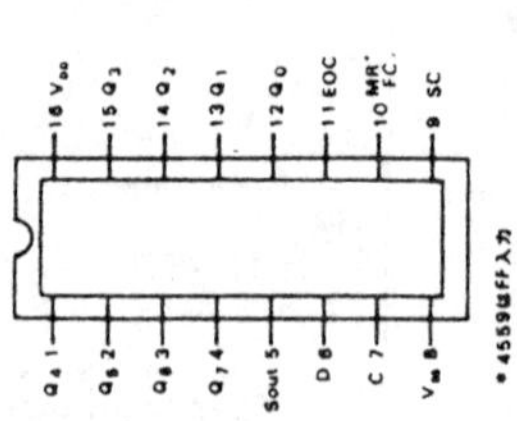

4560
NBCD Adder

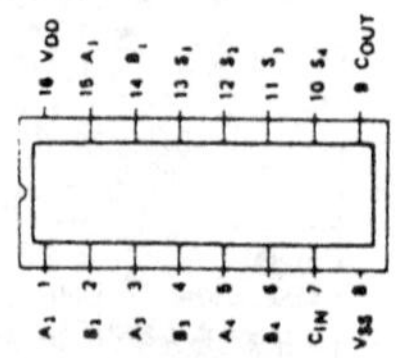

74HC4560

4561
9's Complementer

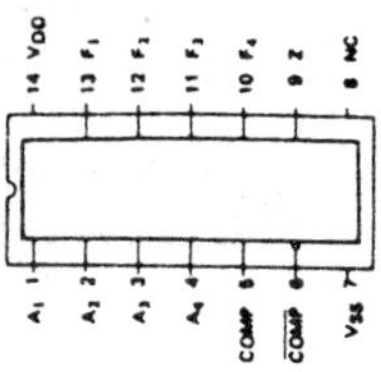

4562
128 Bit Static Shift Register

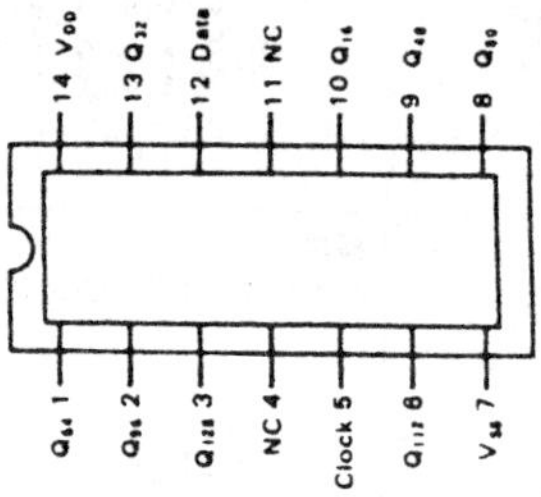

4566
Industrial Time Base Generator

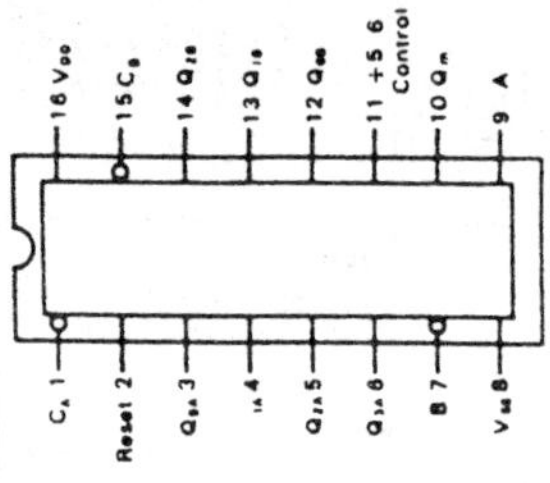

4568
Phase Comparator and Programmable Counter

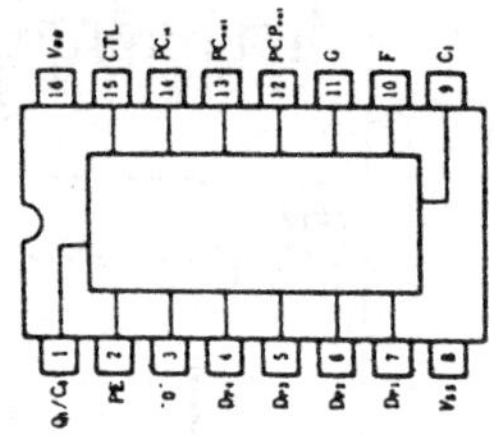

4569
Programmable Divide by N Dual 4 Bit BCD/Binary Counter

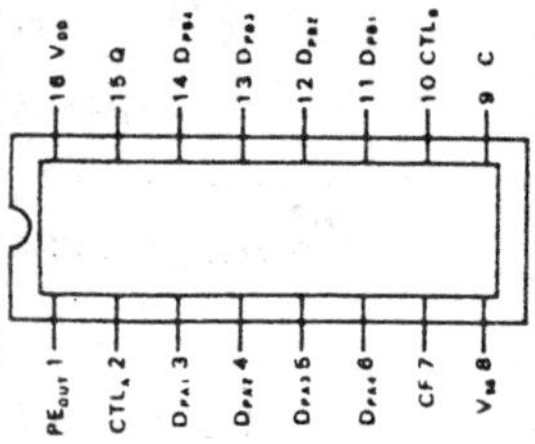

4572
Hex Gate (4 Inverter + 2 Input NOR Gate + 2 Input NAND Gate)

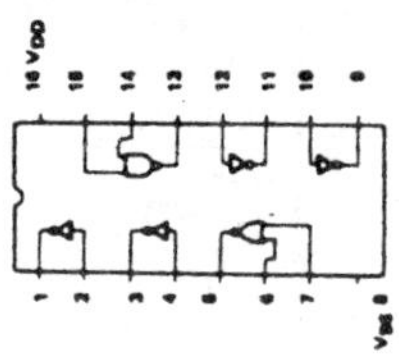

4580
4 × 4 Multiport Register

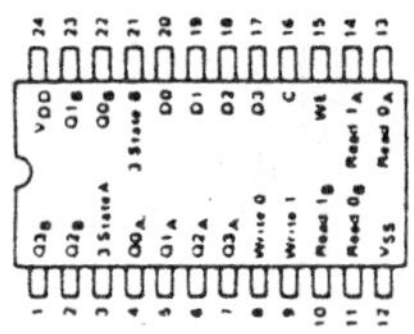

4581
4 Bit Arithmetic Logic Unit

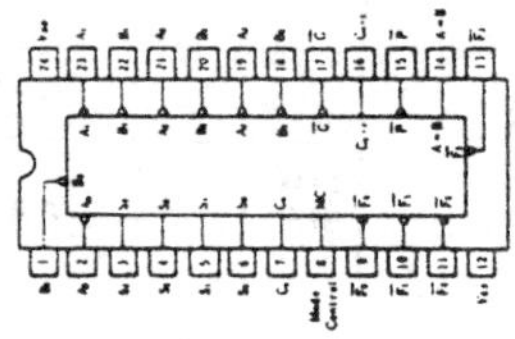

4582
Look Ahead Carry Block

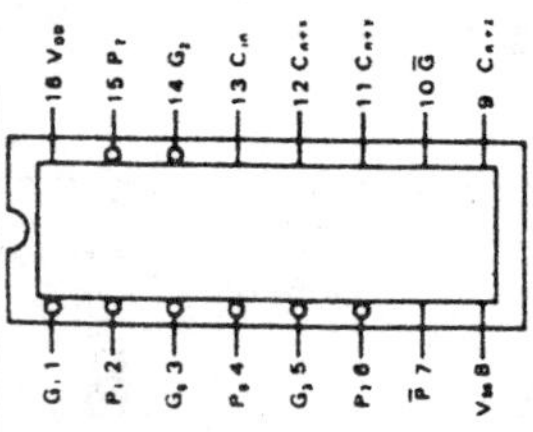

4583
Dual Schmitt Trigger

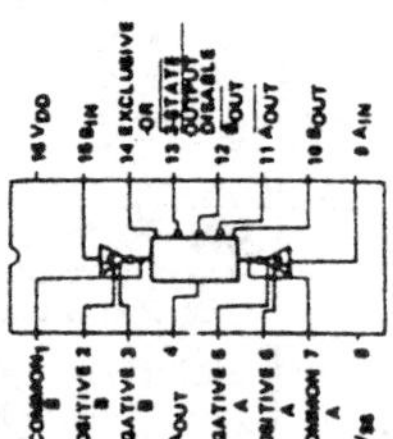

4584
Hex Schmitt Trigger

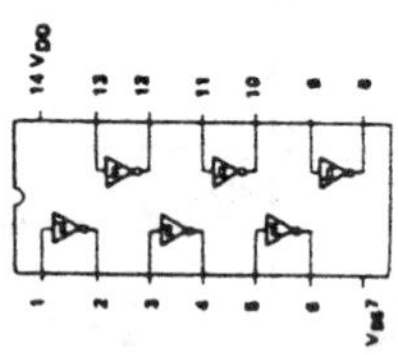

4585
4 Bit Magnitude Comparator

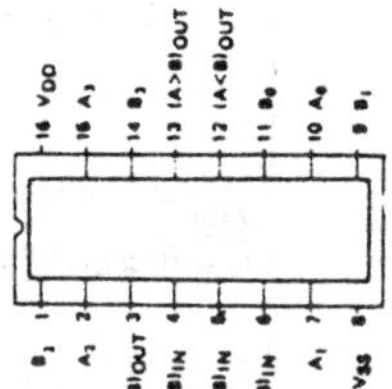

4597
8 Bit Bus Compatible Latch (3 state)

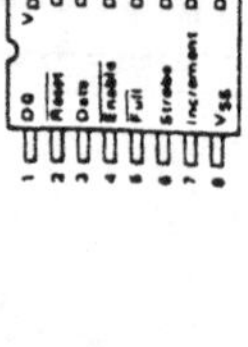

4598
8 Bit Bus Compatible Latch (3 state)

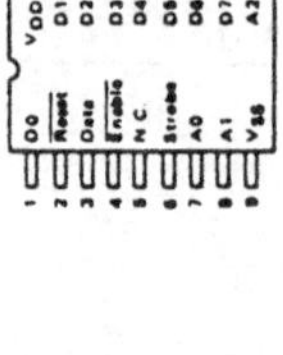

4599
8 Bit Addressable Latch

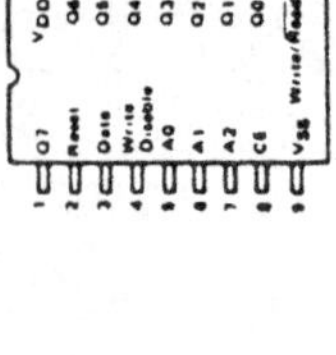

디 지 털 공 학 실 험

2006년 3월 10일 인쇄
2006년 3월 15일 발행
저 자 서 정 훈 저
펴낸이 오 성 걸
펴낸곳 오성미디어
주 소 132-916 서울시 도봉구 창 3동 491-1
전 화 02) 997-0136
FAX 02) 997-0137
등 록 2000. 5. 12 제 7-212 호

ISBN 89-89464-79-X 값 15,000원

· 이 도서의 어느 부분도 인쇄 복제등 기타의 판권소유에 위배되는 제반행위를 할 수 없습니다.
· 위반시 저작권법에 의하여 3년 이하의 징역 또는 3,000만원 이하의 벌금에 처하게 됩니다.